读客文化

寄生虫星球

[美] 卡尔 · 齐默 著
姚向辉 译

天津出版传媒集团
天津科学技术出版社

著作权合同登记号：图字 02-2021-133

图书在版编目（CIP）数据

寄生虫星球 / (美) 卡尔 · 齐默著 ; 姚向辉译 . --
天津 : 天津科学技术出版社 , 2022.1
书名原文 : Parasite Rex
ISBN 978-7-5576-9627-6

Ⅰ . ①寄… Ⅱ . ①卡… ②姚… Ⅲ . ①寄生虫 – 普及
读物 Ⅳ . ① Q958.9-49

中国版本图书馆 CIP 数据核字 (2021) 第 170479 号

寄生虫星球
JISHENGCHONG XINGQIU
责任编辑：胡艳杰

出　　版：天津出版传媒集团 / 天津科学技术出版社

地　　址：天津市西康路 35 号
邮　　编：300051
电　　话：（022）23332695
网　　址：www.tjkjcbs.com.cn
发　　行：新华书店经销
印　　刷：河北鹏润印刷有限公司

开本 880 × 1230　1/32　印张 11　字数 220 000
2022 年 1 月第 1 版第 1 次印刷
定价：58.00 元

寄生虫星球

[美] 卡尔·齐默　著
姚向辉　译

天津出版传媒集团
天津科学技术出版社

著作权合同登记号：图字 02-2021-133

图书在版编目（CIP）数据

寄生虫星球 / (美) 卡尔 · 齐默著 ; 姚向辉译 . --
天津 : 天津科学技术出版社 , 2022.1
书名原文 : Parasite Rex
ISBN 978-7-5576-9627-6

Ⅰ . ①寄… Ⅱ . ①卡… ②姚… Ⅲ . ①寄生虫 – 普及
读物 Ⅳ . ① Q958.9-49

中国版本图书馆 CIP 数据核字 (2021) 第 170479 号

寄生虫星球
JISHENGCHONG XINGQIU
责任编辑：胡艳杰

出　　版：天津出版传媒集团 / 天津科学技术出版社

地　　址：天津市西康路 35 号
邮　　编：300051
电　　话：(022) 23332695
网　　址：www.tjkjcbs.com.cn
发　　行：新华书店经销
印　　刷：河北鹏润印刷有限公司

开本 880 × 1230　1/32　印张 11　字数 220 000
2022 年 1 月第 1 版第 1 次印刷
定价：58.00 元

PARASITE REX

Inside the Bizarre World of Nature's Most Dangerous Creatures

Carl Zimmer

目　录

A Vein Is a River

First sightings of the inner world

序　章　血管之于河流

初窥体内世界

我面前病床上的少年叫贾斯汀，他不想醒来。少年的病床就是金属架子上垫了块海绵垫，病房位于一座窗框上没加玻璃的水泥小楼。医院由几座类似的建筑物组成，其中一些铺着茅草屋顶，它们坐落于一个尘土飞扬的宽阔庭院之中。我觉得此处更像村庄，而不是医院。在我的理解中，医院总是和冰冷的亚麻地毯联系在一起，而不是小羊在院子里喝奶甩尾巴，患者的母亲和姐妹在芒果树下生火，用铁锅煮东西。这座医院位于一个名叫坦布拉的荒凉小镇边缘，小镇位于苏丹南部，离中非共和国的边境不远。你走出医院，无论朝哪个方向走，穿过的都是种植小米和木薯的小片农田，蜿蜒的小径游走于断断续续的森林和沼泽之间。你会经过水泥和红砖垒砌、顶上插着十字架的坟墓，经过状如巨型蘑菇的白蚁蚁丘，经过遍布毒蛇、大象和豹子的山川。然而你不居住在苏丹南部，因此应该不会走向任何一个方向，我在那儿的时候也没有走远过。当地南北两方部落之间的内战已经打了20年。我到访的时候，叛军控制坦布拉已有4年，他们颁布法令，使得乘坐每周一班的螺旋桨飞机降落在泥泞跑道上的外来者，必须在叛军监护人的陪同下外出活动，而且仅限白天。

病床上的少年只有12岁，他肩膀瘦削，腹部像碗一样凹下去。他穿着卡其布短裤，戴着一条蓝色的串珠项链，在他上方的窗台上有个用芦苇编织的口袋和一双凉鞋，两只凉鞋的系带上各镶着一朵金属小花。他的颈部严重肿胀，你甚至找不到后脑勺与颈部的分界线。他的眼睛像青蛙一样外凸，鼻孔被完全堵死了。

“喂，贾斯汀！贾斯汀，喂！”一个女人对他说。包括我在内，病床边一共有七个人。说话的女人是美国医生米琪·里切尔。还有一个名叫约翰·卡尔赛洛的美国护士，他是个高大的中年男人。另外还有四名苏丹的医疗人员。贾斯汀不想理会我们，就好像希望我们全都消失，好让他继续睡觉。“你知道你在哪儿吗？”里切尔问他。一名苏丹护士将其翻译成赞德语。贾斯汀点点头，说：“坦布拉。”

里切尔轻轻地把他托起来，让他靠在她的身上。他的颈部和背部完全僵硬，她抬起他的身体时就像在抬一块木板。她无法弯曲他的颈部，当她尝试这么做的时候，眼睛几乎无法睁开的贾斯汀呜咽着求她停下。“发生这样的情况，”她对苏丹人员强调道，“就呼叫医生。”她尽量掩饰内心的恼怒，因为他们一直没有呼叫她。少年强直的颈部说明他处于死亡边缘。几周以来，一种单细胞寄生虫在他的身体内泛滥成灾，里切尔给他用的药物没有起效。里切尔所在的医院里还有上百名类似的患者，他们患上了同一种致命疾病，也就是昏睡病（sleeping sickness）。

我来坦布拉正是为了此地的寄生虫，就像其他人去坦桑尼亚看狮子，去科莫多看巨蜥。在我生活的纽约，寄生虫这个词没什么意义，至少没什么特别的意义。每次我对别人说我正在研究寄生虫，有些人会说："你是说绦虫吗？"还有一些人会说："你是说前妻吗？"这个词的意思很含糊。即便在科学界，它的定义也会变来变去。它可以指生活在一个生物体表面或内部，通过消耗这个生物体来生存的另一个生物体。按照这个定义，感冒病毒和引发脑膜炎的细菌也包括在内。然而假如你对一个正在咳嗽的朋友说他体内有寄生虫，他会认为异形正在他的胸腔里生长，随时会破胸而出，吞噬视线内的一切。寄生虫属于噩梦，而不是医生的诊室。至于科学工作者们，出于某些特定的历史原因，倾向于用这个词来指代除细菌和病毒外的一切寄生性的生物体。

即便按照这个狭义的定义，寄生虫也还是一个庞大的生物群体。举例来说，贾斯汀之所以会奄奄一息地躺在病床上，是因为他的身体成了一种名叫锥虫（trypanosome）的寄生虫的家园。锥虫是单细胞生物，然而它们与人类的亲缘关系远比与细菌的更密切。它们是在贾斯汀被采采蝇叮咬时进入他的身体的。采采蝇吸食他的血液，锥虫趁机一拥而入。锥虫们窃取贾斯汀血液中的氧气和葡萄糖，增殖，躲避他的免疫系统，侵蚀他的内脏，最终钻进他的大脑。昏睡病因为锥虫破坏人类大脑的方式而得名，锥虫会扰乱宿主的生物钟把白昼变成黑夜。要是贾斯汀的母亲不愿把他送进坦布拉，他肯定会在几个月内死去。昏睡病是一种无解的疾病。

4年前米琪·里切尔来到坦布拉的时候，当地几乎没有昏睡病的病例，人们普遍认为这种疾病正在消亡。然而情况并非一向如此。数千年来，在采采蝇生活的范围内，包括撒哈拉以南的非洲大片地区，昏睡病一直威胁着人们。这种疾病的一个变种还能攻击牲口，使得非洲大陆的多数地区无法豢养家畜。即便在今天，非洲也有450万平方英里（约1165万平方千米）的土地由于昏睡病而成为牛的禁区，即便在能够养牛的地区，每年也有300万人死于昏睡病。欧洲人殖民非洲的时代，他们迫使人们在采采蝇肆虐的地区居住和劳动，因此引发了流行病大暴发。1906年，时任殖民次长的温斯顿·丘吉尔告诉下议院，一场昏睡病瘟疫使得乌干达人口从650万锐减到了250万。

到第二次世界大战时，科学家发现对梅毒有效的药物，也能灭除身体内的锥虫。这些药物是粗暴的毒药，但足够有效，假如医生仔细筛查采采蝇活动密集的地区并医治患者，就能够把寄生虫的活动重新控制在较低水平。昏睡病的病例还是会出现，但仅会是个例，而非常态。20世纪五六十年代消灭昏睡病的运动非常有效，甚至有科学家声称将在几年内根除这种疾病。

但战争、经济崩溃和腐败的政府使得昏睡病卷土重来。在苏丹，内战赶走了在坦布拉镇行医的比利时和英国的医生，而正是他们一直在密切注意疾病的暴发。我走访了一家离坦布拉不远的废弃医院，这家医院曾经拥有独立的昏睡病病房，如今都成了黄蜂和蜥蜴的乐园。随着时间一年年过去，里切尔注意到她经手的昏睡病病例在不断增长，刚开始19例，然后升至87例，然后数以百计。1997年她做了一项调查，根据结果估算出坦布拉镇20%的人口（共12 000名苏丹人）患有昏睡病。

就在那一年，里切尔发动反攻，希望至少能在坦布拉镇击退这种寄生虫。对尚处于疾病初期的人来说，连续10天臀部肌内注射药物喷他脒（pentamidine）就足够了。但像贾斯汀这种寄生虫已经进入脑部的患者则需要更猛烈的治疗手段。他们需要用效用更强的药物直接杀死大脑内的寄生虫，这是一种酷烈的毒药，名叫美拉胂醇（melarsoprol）。美拉胂醇含有20%的砷，能够溶解普通的塑料静脉输液管，因此里切尔必须请人通过空运送来和特氟龙一样坚韧的输液管。万一美拉胂醇从血管中渗出，它能把周围的组织变成一团会引起剧痛的肿块；若是发生这种事情，最乐观的情况是停止给药数日，而最坏的时候则可能不得不截肢。

贾斯汀被送进医院时，寄生虫已经进入大脑。护士给他注射了3天的美拉胂醇，药物杀灭了他大脑和脊髓中的大量锥虫，但造成的结果是死亡寄生虫的组织碎片充满了他的大脑和脊髓，导致休眠的免疫细胞突然转为狂躁。免疫细胞放出毒素，烧灼贾斯汀的大脑，诱发的炎症像老虎钳似的向大脑施加压力。

于是里切尔给贾斯汀开了类固醇，希望能消除水肿。类固醇一针接一针地注射进贾斯汀的手臂，他昏昏沉沉地发出呜咽声，他两眼紧闭，像是深陷于噩梦之中。要是运气好，类固醇能够缓解他大脑受到的压力。等到明天就知道了：他或者情况好转，或者失去生命。

来到贾斯汀病床边之前，我和里切尔一起旅行了几天，观察她的工作。我们去了多个村庄，里切尔的团队人员采集血样，在离心机里将其旋转分离，从中寻找寄生虫存在的标志。我们驱车数小时去她管理的另一家医院，患者在那里接受脊椎穿刺，确定锥虫是否正在进入大脑。我们在坦布拉医院内巡视，查看其他患者的情况：幼小的儿童被按住，尖叫着接受注射；老妇人默默忍受药物烧灼血管；药物使得一个男人精神失常，开始攻击别人，所以他必须被绑在柱子上。每一次（就像此刻我看着贾斯汀的时候）我都试图想象他们体内寄生虫的样子。我想到了一部名叫《神奇旅程》的老电影，拉蔻儿·薇芝和队友爬进潜艇，和潜艇一起被缩小到微观尺寸。然后他们被注射到一名外交官的血管里，打算通过循环系统到达他的大脑，以治疗威胁生命的创伤。我必须潜入那个由暗河构成的世界，血液的河流沿着越来越细的动脉分支流淌，经过毛细血管返回静脉，静脉分支再汇集成越来越大的静脉，最终抵达澎湃跳动的心脏。红细胞在血流中翻滚碰撞，勉强挤过毛细血管，然后恢复原本的冰球形状。白细胞用它们的伪足通过淋巴管爬进血管，淋巴管就像老宅里伪装成书架的暗道。锥虫就跟着它们一起行进。我在内罗毕的实验室里用显微镜观察过锥虫，它们事实上相当美丽。锥虫的名字来源于*trypanon*，也就是希腊语的“钻头”。它们比红细胞长大约一倍，在显微镜下呈银色。它们身体扁平，仿佛一截带子，但游动起来会像钻头似的转动。

寄生虫学家若是在实验室里花了足够多的时间研究锥虫，往往会迷恋上它们。我在一篇原本冷静客观的科学论文里看到过这么一句：“布氏锥虫拥有诸多迷人的特征，因此成了实验生物学家的宠儿。”[1]寄生虫学家观察锥虫的细致程度不亚于动物学家观察鱼鹰，他们研究这种寄生虫如何吞吃葡萄糖；如何通过舍弃旧外壳，换上新外壳来躲避免疫细胞的追击；如何转变形态以在采采蝇的肠道内生存，又如何变回适应人类宿主的那个形态。

锥虫仅仅是生活在苏丹南部民众体内的诸多寄生虫之一。假如你像《神奇旅程》的主角那样穿过人类的皮肤，很可能会遇到弹珠大小的结节，与盘卷成一团的蠕虫擦身而过，它们像蛇一样长，却像线一样细。这种生物名叫旋盘尾丝虫（*Onchocerca volvulus*[1]），它们有雌雄之分，在这些结节中度

1　此处为拉丁文学名，故为斜体标注。文中多用英文常用名，采用正体标注。

过长达10年的生命，生下数以千计的幼虫。幼虫离开父母后穿行于皮肤组织之中，希望能够在宿主受到黑蝇叮咬时被吸走。它们在黑蝇的肠道内成熟后形成第三期幼虫，然后被黑蝇注入新宿主的皮肤，它们将在那里形成自己的结节。幼虫在感染者的皮肤中穿行时会引发免疫系统的猛烈攻击。免疫系统无法杀死这种寄生虫，却会在宿主的皮肤上形成类似豹斑的红疹。红疹会造成强烈的瘙痒，患者可能会把自己活活挠死。假如幼虫移行至眼球的外表面，免疫系统产生的疤痕有可能导致患者失明。旋盘尾丝虫的幼虫为水生动物，而黑蝇通常生活在水体附近，因此这种疾病被称作河盲症（river blindness）。在非洲的部分地区，每40个人中就有1人被河盲症夺去视力。

坦布拉还有麦地那龙线虫（guinea worm）：这是一种两英尺（约60厘米）长的生物，它离开宿主的方式是在腿部咬出一个水疱后钻出来，从头到尾爬完需要数天时间。还有能导致象皮病（elephantiasis）的丝虫（filarial worm），它会让阴囊肿胀得足以装下一辆独轮小推车。还有绦虫（tapeworm），这种生物没有眼睛和嘴部，生活在肠道内，能长到60英尺（约18米）长，由几千个节片组成，每个节片都有独立的雄性和雌性生殖器官。还有树叶形状的吸虫（fluke），它们生活在肝脏和血液内。还有一种会导致疟疾的单细胞寄生虫，它们入侵血细胞，下一代幼虫会撑爆血细胞，然后贪婪地各自扑向其他血细胞。你在坦布拉住久了，周围的人会变得透明，变成闪闪发亮的由寄生虫构成的星座。

你也许会认为坦布拉是个怪诞的异常之处，但实际上并不是。只是在这个地方，你会发现寄生虫特别容易在人类体内繁衍。抛开细菌和病毒不说，地球上的大多数人都携带寄生虫。超过14亿人口的肠道内携带有状如长蛇的蛔虫（roundworm）[2]；近13亿人口携带有吸血的钩虫（hookworm）；10亿人口携带有鞭虫（whipworm）；每年有两三百万人死于疟疾。[1]这些寄生虫中有许多种尚处于蔓延阶段，而不是日益减少。里切尔也许能减缓昏睡病在她工作的那一小块苏丹国土上的传播，但在她周围的其他地区，昏睡病问题正变得越来越严重。昏睡病每年会杀死大约30万人，从刚果民主共和国夺去的生命很可能超过了艾滋病。从寄生虫的角度说，纽约事实上比坦布拉更异常。假如你愿意后退一步，观察人类从类人猿祖先进化开始的这500万年，部分人类在过去100年内享有的不受寄生虫滋扰的生活其实仅是一种短暂的缓和状态。

第二天我又去探望了贾斯汀。他侧身靠坐在床上，吃着碗里的肉汤。吃东西的时候，他懒洋洋地弓着背；他的眼部不再肿胀，颈部又能够弯曲了，鼻子也通气了。但他依然疲惫，对吃东西的兴趣远远大于与陌生人交谈。不过能够见到这短暂的

1 据世界卫生组织2020年的报道，其将有钩虫、蛔虫和鞭虫几种主要蠕虫种类引发的感染概括为土壤传播的蠕虫感染，估计全球约有15亿人患有土壤传播的蠕虫感染。据2020年11月30日发布的最新的《世界疟疾报告》，2019年发生了2.29亿例疟疾病例，死亡人数估计为40.9万人。

缓和状态也出现在他身上，我还是很高兴的。

~~~

探望了像坦布拉这样的地方之后，我渐渐地将人体视为一个几乎没有经过勘探的生命之岛，栖息于此处的生物与外部世界的生物大不相同。然而当我想到我们仅仅是这颗星球上数以百万计物种之中的一个的时候，这个小岛就膨胀成了一块大陆，甚至一颗星球。

造访苏丹的几个月后，在一个摇摆于闷热和暴雨之间的黑夜里，我步行穿过哥斯达黎加的一片丛林。我拿着捕蝶网，一个个塑料标本袋塞满了雨衣的口袋。额上的头灯在我前方的小径上投下一个倾斜的椭圆形光斑。在前方20英尺（约6米）处，一只蜘蛛爬过这团光斑，它的8只眼睛一起闪烁，仿佛一颗钻石的诸多切面。一只巨大的独居黄蜂慢慢爬进小径旁的巢穴，躲避我投出的强光。除了我的头灯，遥远的闪电和头上树叶中缓缓明灭的萤火虫就是黑夜里全部的光亮了。杂草散发出美洲虎的尿臭味。

我和七名生物学家同行，领头的科学家名叫丹尼尔·布鲁克斯。他的外表和我想象中无所畏惧的丛林生物学家大相径庭：他体形肥胖，留着八字胡，戴着大大的飞行员太阳镜，穿运动鞋和红黑双色的慢跑服。我们其余人一边跋涉，一边聊
~~~

如何拍摄鸟类和区分有毒的银环蛇与无毒的模仿者，借此消磨时间。布鲁克斯却一直走在最前面，倾听我们四周唧唧呱呱的叫声。他突然在小径旁停下，朝背后压了压右手，示意我们住嘴。他走向一道被雨水灌满的宽阔沟渠，慢慢地举起捕蝶网。他的一只运动鞋踩进了水里，然后突然把捕蝶网扣向沟渠的对岸。捕蝶网的尖头开始乱冲乱撞，他在收网前先从中间抓住网兜，用另一只手从我身上掏出一个塑料标本袋，吹气让它鼓起来。他把一只浅棕色条纹的大豹纹蛙装进标木袋，它在袋子里疯狂蹦跳。他将充满了空气的塑料袋的开口打上结，把打好的结掖在运动裤的腰绳底下。之后他顺着小径继续前进时，别在腰间鼓鼓囊囊的豹纹蛙标本袋就仿佛是一塑料袋的黄金。

那天夜里到处都是蛙和蟾蜍。沿着小径向前没走多远，布鲁克斯又捉住一只豹纹蛙。东加泡蟾（tungara frog）漂浮在水面上，合唱的声音震耳欲聋。有的海蟾蜍（marine toad）像猫一样大，直到我们接近才懒洋洋地跳开，与我们保持距离。我们走过浓厚得像泡泡浴一般的成团泡沫，数以百计的蝌蚪从中蠕动着游向附近的水体。我们捉住了几只窄口小脸的姬蛙（microhylid frog），它们傻乎乎的小眼睛紧贴着鼻孔上方，肥硕的身躯形状仿佛一坨巧克力布丁。

对一些生物学家来说，他们对动物的搜寻到此也就结束了。但布鲁克斯现在还不知道他究竟找到了什么。他把这些蛙类动物带回瓜纳卡斯特保护区的总部。他把它们留在标本袋里过夜，留了些水让它们保持湿润和活力。第二天早晨，吃过米饭、豆子和菠萝汁的早餐后，我和他走进他的实验室。实验室是个简陋的棚子，有两面由铁丝网组成的墙。

“当地的助手管这儿叫Jaula。”布鲁克斯说。棚子中央有一张台子，上面摆着立体显微镜，灯蛾毛虫和甲壳虫在水泥地上爬来爬去。灯绳上悬着一个泥蜂的蜂巢。包围棚子的藤蔓之外，一只吼猴在树林里嚎叫。Jaula是西班牙语里的监狱。“他们说我们必须待在这儿，否则就会杀光他们的动物。”

布鲁克斯从标本袋里取出一只豹纹蛙，在水槽边缘重重地磕了一下。它立刻死去了。布鲁克斯把它放在台子上，剪开它的腹部。他小心翼翼地用镊子把豹纹蛙的内脏从身体内取出来。他把内脏放进一个大号皮氏培养皿，把身体放在显微镜底下。过去3年的夏天，布鲁克斯在瓜纳卡斯特研究了80种爬行动物、鸟类和鱼类的身体内部。他正在制作一张清单，列举生活在保护区内的所有寄生物种。世界上的动植物体内的寄生生物种类繁多，在瓜纳卡斯特这么广袤的一片土地上，还没有人敢于挑战这么一项任务。他调整长长的黑色物镜上的照明灯。两条好奇的小蛇盯着死去的豹纹蛙。“啊哈，”他说，“有了。”

他让我来看：一只丝虫从它栖息的豹纹蛙背部的一根血管里钻了出来，它是人类体内麦地那龙线虫的近亲。“它很可能是通过蛙类所吃的蚊虫完成传播的。”布鲁克斯解释道。他把整只丝虫抽出来，扔进装有纯净水的培养皿。他去倒了一培养皿的醋酸（工业级的醋），打算固定这个标本，寄生虫却化作了一团白色的泡沫。不过布鲁克斯成功地取出了另一只丝虫，这一只完好无损，放进醋酸后没有化作泡沫，而是挺直了身体，准备被当作标本保存几十年。

这只是我们见到的诸多寄生虫之中的第一种。他从另一条血管里取出一串吸虫，它们仿佛一条蠕动的项链。肾脏携带着另一种寄生虫，它只有在豹纹蛙被鹭或长吻浣熊等猎食者吃掉后才会成熟。这只豹纹蛙的肺部很干净，而当地蛙类的肺部往往有寄生虫。它们的血液里有几种疟原虫，连食道和耳道里都有吸虫。“蛙就像寄生虫的旅馆。”布鲁克斯说。他分开内脏，慢慢地切开肠子，以免破坏里面的寄生虫。他找到了另一种吸虫，这个小小的黑点游过显微镜的视野。“要是你不知道你在找什么，多半会认为这是浮渣。它从一种螺传给一种蝇，然后又被蛙吃掉。”与这只吸虫一同分享这套肠道的还有一只毛圆线虫（trichostrongylid worm），它来到此处的途径更是直达：直接咬开豹纹蛙的腹部钻进去。

布鲁克斯把培养皿从显微镜底下推出来。“朋友，这可真是令人失望。”他说。我猜他说的是寄生虫。我在仅仅一只动物体内就见到了这么多寄生虫，已经感到相当震惊了，但布鲁克斯知道，一只蛙的体内有可能生活着几十种生物，他希望我尽可能多见到一些。他对豹纹蛙说：“希望你的同伴比较多。”

他从标本袋里掏出第二只豹纹蛙。这只的左前足少了两个脚趾。布鲁克斯说："这说明它曾经从一个不如我厉害的猎食者手中逃脱了。"他又是啪地一磕，迅速地杀死了它。他切开豹纹蛙的腹部，在显微镜下观察，忽然高兴地叫道："好！运气不错。不好意思。相对而言，这次运气不错。"他让我往目镜里看。又是一只吸虫，这只名叫拟发状吸虫（gorgoderidae），得名于其状如美杜莎头上的蠕动毒蛇，它扭动着游出豹纹蛙的膀胱。"它们生活在淡水蛤体内。这说明这只豹纹蛙去过有蛤类生活的地方，蛤类需要有保障的水源供应、砂质水底和富含钙质的土壤。它的第二宿主是螯虾，因此那个栖息地必须能够支持蛤类、螯虾和蛙类的存活，而且必须一年四季不断。昨天咱们捕获它的地方并不是它的栖息地。"他开始解剖它的内脏。"有个漂亮的小装饰"——线虫和吸虫在这只豹纹蛙的皮肤上形成了包囊。青蛙蜕皮后会吃掉蜕下的旧皮，从而感染自身。但这时的吸虫还是挂在它身上的虫卵包囊。

布鲁克斯高兴了起来，开始解剖一只姬蛙。"我的天，你给我带来了好运，"他看着姬蛙的体内说，"这东西身上寄生的蛲虫（pinworm）足有上千只。天哪，这玩意儿还在爬呢。"在这锅蛲虫汤里，有一些色彩斑斓的原生动物正在蠕动，这些单细胞的巨物和多细胞的蛲虫一样庞大。

我们观察到的一些寄生生物已经有了名字，但对科学家来说大部分寄生生物都还是陌生的物种。布鲁克斯走到电脑前，输入大致的描述——线虫、绦虫——他本人或其他的寄生虫学家会在斟酌后定出具体的拉丁文名称。电脑里储存了布鲁克斯多年来观测到的其他寄生虫的记录，包括过去几天我看着他解剖的一些样本。其中有鬣蜥携带的绦虫，有龟体内犹如汪洋的蛲虫。就在我到来之前，布鲁克斯和助手们解剖了一头鹿，发现了十几种生活在它体内或体表的寄生虫，包括只生活在鹿跟腱中的线虫和会把卵产在鹿鼻孔内的蝇虫。（布鲁克斯称后者为鼻涕蛆。）

即便在这一个保护区内，布鲁克斯恐怕也不可能列举出所有的寄生生物。布鲁克斯是脊椎动物寄生虫方面的专家，这类寄生虫仅限于传统定义上的那些，换言之就是不包括细菌、病毒和真菌。我去拜访他的时候，他已经识别出了300种此类寄生虫，但他估计本地的寄生虫应该多达1.1万种。布鲁克斯的研究范畴不包括上千种类的寄生蜂和寄生蝇，它们生活在森林中，从内部吞吃昆虫，让宿主一直活到它们盛宴的最后一刻。他的研究范畴也不包括寄生其他植物的植物，它们窃取宿主从地下汲取的水分和用阳光与空气合成的养分。他的研究范围同样不包括真菌，它们能够侵袭动物、植物甚至其他真菌。他非常希望能有其他的寄生虫学家和他并肩作战。寄生虫学家的研究对象过于分散。每一种生物的体内或体表都至少有一种寄生生物。许多生物（例如豹纹蛙和人类）则有许多种。墨西哥有一种鹦鹉，仅它的羽毛里就生活着30种各不相同的螨虫。寄生生物本身也会被寄生，而某些此类寄生生物还有自己的寄生生物。布鲁克斯这样的科学家根本不知道究竟存在多少种寄生生物，但他们知道一个令人震惊的事实：寄生生物占了全地球物种中的大部分。根据一项估算，寄生生物可能比自生生物物种多出3倍。换言之，对生命的研究在很大程度上就是指寄生生物学的研究。

读者手中的这本书写的正是生命研究的全新方向。寄生虫已经被忽视了几十年，但最近它们引起了诸多科学工作者的关注。因为想要窥视它们的生活实在过于艰难，科学工作者花了很长时间才学会欣赏寄生生物对其内在世界做出的精细而复杂的适应反应：寄生生物能够阉割宿主，控制宿主的思维；1英寸（约2.54厘米）长的吸虫能够愚弄我们复杂的免疫系统，让免疫系统认为它和我们的血液一样无害；黄蜂能够把基因注入毛虫的细胞，直接关闭毛虫的免疫系统。直到现在，科学家才开始认真思考寄生生物对生态系统也许与狮子虎豹一样重要。同样直到现在，他们才意识到寄生生物其实是生物演化的主导力量之一，甚至是最重要的主导力量。

也许更准确的说法是，只有少数生命不是寄生的。你需要花一段时间才能习惯这个事实。

Nature's Criminals

How parasites came to be hated by just about everyone

第一章　大自然的不法分子

寄生虫如何被几乎所有人厌恶

就像我们社会对正义的歪曲一样，自然界也不缺少类似的东西，这样的类比有其教育意义[1]。姬蜂寄生在毛虫的活体和其他昆虫的幼虫身上。这种毫无原则的堕落昆虫，其残忍、狡诈和创新的程度只有人类才能超越，它们不顾毛虫的挣扎在其身上打孔，将虫卵生在受害者鲜活的、扭动着的躯体内。

——约翰·布朗，

《论寄生财富或货币革命：致合众国人民和全世界劳动者的宣言》

太初有发烧[1]，有血尿，有颤抖的一串串肉从皮肤内被卷出，有人被蚊虫叮咬后在沉睡中死去。

数千年前，人类就知道寄生虫的存在，或至少是知道它们造成的结果，很久以后希腊人才创造出寄生虫（parasite）这个名词。*parasitos*一词的原意是“在食物旁”，希腊人使用这个词的时候完全不是现在的意义，它原本指的是在神庙盛宴上服务的职员。然而发展到某个时期，这个词挣脱了它的语源学缰绳，开始指代随从，这些人通过溜须拍马、传达消息和做其他工作讨好贵族，从而偶尔得到一顿饭吃。后来，寄生虫变成了希腊喜剧中的一个标准角色[2]，拥有自己的面具。许多个世纪之后，这个词才进入生物学，用来定义从内部消耗其他生命的生命。不过希腊人已经知道寄生虫这种生物的存在。例如亚里士多德就识别出依靠猪舌生活的生物[3]，它们被包裹在像冰雹一样坚硬的包囊之中。

世界上其他地区的人们也知道寄生虫的存在。古埃及人和

1　原文“In the beginning there was fever.”模仿《圣经》中“In the beginning was the Word.”（太初有道）。

中国人使用各种植物来消灭生活在肠道中的蠕虫。《古兰经》告诫读者要远离猪和死水，两者都是寄生虫的重要来源。然而在大多数情况下，古人的认知仅在历史上留下了一些痕迹。颤抖的一串串肉——现在人们称之为麦地那龙线虫——也许就是《圣经》里沙漠中侵扰以色列人的火蛇。它们确实侵袭了亚洲和非洲的大部分地区。你不能一下子把它们拔出来，否则它们会断成两截，留在体内的部分死去后会造成致命感染。对于麦地那龙线虫，通常的疗法是静养一周，慢慢地把龙线虫一圈一圈绕在棍子上，让它活着从体内爬出来。有人想出了这个疗法，这个人已经被遗忘了数千年，但他的发明也许在医学的象征中被铭记，那就是“蛇杖”[1]：一条蛇缠绕在一根权杖上。

至文艺复兴时期，欧洲医生还普遍认为麦地那龙线虫之类的寄生虫并不会让人生病。他们认为疾病是身体本身由于冷或热或其他力量失去平衡而导致的结果。比方说，呼吸糟糕的空气会使人患上名为疟疾的热病。疾病会造成各种症状：比如让人咳嗽，腹部皮肤出现斑点，长出寄生虫。麦地那龙线虫是体内酸质过多的产物，它们其实并不是虫子，而

1　原文“The caduceus”（双蛇杖），是两条蛇缠绕在一根权杖上，并带有一双翅膀。在美国，人们普遍使用双蛇杖作为医疗象征来自对蛇杖的误用，主要是因为1912年美国陆军医务部搞错了医疗用的是单蛇杖而不是双蛇杖，从此美国人民将错就错，现在双蛇杖作为医学标志用于美国76%商业有关的医疗机构，而单蛇杖用于62%的专业医学机构。但双蛇杖一般象征商业，也称商神权杖，中国海关的标志就是由商神手杖与金色钥匙交叉组成的。

是患者身体制造出来的东西：也许是腐坏的神经、黑色的胆汁、拉长的血管。毕竟人们很难相信像麦地那龙线虫这么怪诞的东西可能是某种生物。直到1824年，怀疑论者依然有所保留："我们讨论的这种物质不可能是蠕虫。"[4]孟买的一名外科主任断言道："因为它的出现位置、功能和特性都与淋巴管完全相同，因此说它是一种动物简直荒谬。"

其他种类的寄生虫肯定是生物。举例来说，人类和动物的肠道内生活着细长的蛇形蠕虫，它们后来被命名为蛔虫；还有绦虫——扁平而狭窄的带状生物，能够一直长到60英尺（约18米）。生病绵羊的肝脏里栖息着如树叶状的寄生虫，它们被命名为吸虫（fluke），因为形状酷似比目鱼（在盎格鲁-撒克逊语中是floc）。然而，大多数科学家认为，即便寄生虫真的是生物，也必定是身体本身的产物。携带绦虫的人会惊恐地发现绦虫的节片会随着肠道蠕动被排出身体，但没人见过绦虫一寸一寸地爬进患者的嘴巴。亚里士多德在猪舌上见到过蜷缩在包囊里状如蠕虫的小生命体，但这些无法自立的动物甚至连性器官都没有。过去大多数科学家认为，寄生虫肯定是身体内自发产生的，就像尸体上自发出现的蛆虫，干草垛上自发出现的真菌，树干里自发出现的昆虫。

1673年，肉眼可见的寄生虫又多了一大批肉眼不可见的同伴。荷兰代尔夫特市的一名店主把几滴雨水放在他亲手制作的显微镜底下，看到了里面爬来爬去的球状生物，有些长着粗大的尾巴，有些长着爪子。这名店主名叫安东尼·范·列文虎克，尽管在他那个年代，科学家只把他当作一名业余爱好者，但他是第一个亲眼见到细菌和细胞的人。他把手边的东西全都放在显微镜底下。在牙垢里，他发现了长杆形状的生物，一口热咖啡就能杀死它们。吃过一顿令人肠胃不适的热熏牛肉或火腿后，他会把自己的稀软粪便放在显微镜底下，在粪便中见到了更多的小生命：长着腿状附肢的小球像潮虫似的爬行，鳗鱼状的生命体像鱼在水里那样游动。他意识到，他的身体是无数微观寄生生物的家园。

其他生物学家后来发现有几百种不同类型的微观生物生活在其他动物体内，接下来的两个世纪里，科学家并没有将它们和体形更大的寄生虫区分开来。这些新发现的小小蠕虫有着诸多形态，有的像蛙类，有的像蝎子，有的像蜥蜴。1699年，一名生物学家写道："它们有的长着向前的长角，有的长着分叉的尾巴，有的长着家禽般的鸟喙，有的身披毛发，也有的外表粗糙，还有一些身披鳞片，形如毒蛇。"[5]另一方面，其他生物学家鉴别出了几百种肉眼可见的寄生虫、吸虫、蠕虫、甲壳类以及其他生物，它们生活在鱼类、鸟类和被解剖的各种动物体内。大多数科学家坚持认为寄生虫无论大小都是由其宿主自发产生的，它们仅是对疾病的被动反应。这样的观点一直持续到18世纪，即便有一些科学家做实验检验了自发产生的设想，发现它其实站不住脚。这些怀疑论者展示了出现在蛇尸体上的蛆虫来自蝇卵，蛆虫长大后会变成蝇虫。

也许蛆虫确实不是自发产生的，但寄生虫是另一码事。它们完全不可能从外部进入身体，因此必定是在身体内部产生的。科学家没有在动物或人类的身体之外见过它们。你能在幼小的动物体内找到它们，甚至流产的胚胎体内也有。你会在肠道中找到某些种类的寄生虫，它们和被消化液摧毁的其他生物体愉快地生活在一起。你也会发现其他种类的寄生虫堵塞了心脏和肝脏，但你想象不出它们能通过什么方式进入这两个器官。它们有钩爪、吸盘和其他装备，能够在动物体内自由活动，然而一旦它们来到外部世界便不可能存活。换言之，寄生虫显然是按照在其他动物体内（甚至在特定的器官内）度过一生的样子来设计的。

就手头的证据而言，自发产生是对于寄生虫的最佳解释。然而这也是极其明显的异端邪说。《圣经》教导我们，生命是上帝创世第一周创造出来的，每一种生物都反映了上帝的设计和上帝的仁慈。今天所存在的一切生物必定是那些原始造物的后代，经过父与子的链条一代代繁衍而来——不可能有任何东西由于某种与生命相关的野性力量而自行突然出现。假如我们的血液能够自发产生生命，那么在创世纪的时代，还需要上帝做什么呢？

寄生虫的神秘特性制造出了一套怪异的、令人不安的教理问答[6]。上帝为什么要创造寄生虫？为了提醒我们，我们仅是尘土，从而不让我们过于骄傲。寄生虫是如何进入我们的身体的？肯定是上帝放进去的，因为它们显然没有办法自己进去。也许寄生虫是一代又一代从我们的身体传到孩子的身体里的。这是不是意味着亚当这个纯洁无瑕的造物被创造出来的时候，身体里就已经有寄生虫了呢？也许寄生虫是他堕落后在他身体里被创造出来的。但那岂不是第二次造物了吗？也就是第一周之外的第8天——“在第二个星期一，上帝创造了寄生虫”？呃，好吧，也许亚当被创造的时候身体里就有了寄生虫，然而在伊甸园，寄生虫是他的好帮手。它们吃掉他无法完全消化的食物，舔净他身体内部的伤口。然而亚当在被创造时不但纯洁无瑕而且完美无缺，他为什么需要帮手呢？说到这儿，问答终于进行不下去了。

寄生虫之所以会带来如此之多的烦恼，是因为它们的生命周期不同于人类见过的任何动物。我们的身体和我们的父母在我们这个年龄时的身体是一样的，鲑鱼、麝鼠和蜘蛛也一样。但寄生虫能够打破这个规则。首先认识到这一点的是丹麦动物学家约翰·斯滕斯特鲁普。19世纪30年代，他开始思考吸虫的奥秘，寄生虫学家在羊的肝脏、鱼的大脑、鸟的肠道内，无论在解剖什么动物都能找到吸虫树叶状的身影。吸虫会产卵，然而在斯滕斯特鲁普的时代，没人在吸虫宿主体内发现过吸虫的幼虫。

但他们也发现了另一些看上去非常像吸虫的生物。在沟渠、池塘或溪流里，只要这些地方有某些特定种类的螺，寄生虫学家就会发现一些能够自由游动的动物，它们看上去很像缩小的吸虫，只是身体后半截多了个巨大的尾部。这些动物被称为尾蚴（cercariae），它们甩着尾巴在水里疯狂游动。斯滕斯特鲁普从沟渠里采集带有螺和尾蚴的水样，把水样保存在温暖的房间里。他发现尾蚴会穿透螺身体和外壳上的黏液层，脱去尾部，形成一个坚硬的包囊，他说："包囊覆盖在尾蚴身上，就像一个小小的封闭表壳。"[7]斯滕斯特鲁普把尾蚴从这样的庇护所里拽出来，发现它们已经变成了吸虫。

生物学家知道螺类身上还栖息着其他种类的寄生虫。其中有一种看上去像个不成形的袋子，被他们称之为金氏黄虫的小生物：这种动物身体柔软，生活在螺类的消化腺内，体内携带着状如尾蚴的生物，这些生物在它体内蠕动，就像麻袋里的一只猫。斯滕斯特鲁普还发现了另一种能自由游动的状如吸虫的生物，但这种生物游动时靠的不是导弹状的尾巴，而是覆盖全身的数百根纤毛。

这些生物体中的大多数现在已经有自己的拉丁文物种名称了，但斯滕斯特鲁普看着它们在水里游动，在螺的身体里活动，产生了一个离奇的想法：这些动物全都是一种动物，只是不同世代或处在生命周期中的不同阶段。成年个体产卵，卵离开宿主的身体，落入水中，孵化成浑身纤毛的形态；浑身纤毛的个体在水中游动，寻找螺，找到螺并穿透螺的体表之后，这种寄生虫变形成为不成形的袋状；不成形的袋状个体逐渐膨胀，里面是下一代吸虫的胚胎。然而新生的吸虫与羊肝内的叶状形态毫无相似之处，也和进入螺身体的毛蚴形态不同。它们是金氏黄虫。它们在螺的体内活动，进食并繁育再下一代的吸虫，也就是有着导弹状尾巴的尾蚴。尾蚴离开螺的身体，在螺的外壳上形成包囊。接下来它们以某种方式进入羊或其他最终宿主的身体，脱去外壳后变为成熟的吸虫。

通过史无前例的方法，寄生虫进入了我们的身体："一种动物产下的幼体与它们的上一代毫无相似之处[8]，这些后代生出新一代，新一代或新一代的后代再恢复这种动物的原有形态。"斯滕斯特鲁普说，科学家早已见过了这些前例，只是无法相信它们实际上都属于同一个物种。

斯滕斯特鲁普的想法最终被证明是正确的。许多种寄生虫会在生命周期中从一个宿主向另一个宿主迁移，许多种类会在当前一代和下一代之间转变形态。多亏了他的洞察力，寄生虫自发产生的一个最佳证据就此灰飞烟灭。斯滕斯特鲁普将注意力从吸虫转向亚里士多德在猪舌上观察到的包囊。这种寄生虫当时被称为囊尾蚴（bladder worm），能够在哺乳动物的任何肌肉中存活。斯滕斯特鲁普认为，囊尾蚴其实是另一种尚未发现的寄生虫的早期一代。

其他科学家注意到囊尾蚴看上去有点像绦虫。你切掉绦虫的大部分长带状身体，把头部和前几个节片塞进硬壳，得到的就是一只囊尾蚴。也许囊尾蚴和绦虫其实是同一种生物。也许囊尾蚴其实是绦虫卵进入了错误的宿主之后的产物。虫卵在不利于其生长的环境中孵化，绦虫无法按正常的方式发育，而是长成了发育不良的畸形怪物，在还没成熟前就死去了。

19世纪40年代，一名虔诚的德国医生听说了这个理论感到义愤填膺。弗雷德里希·屈兴迈斯特在德累斯顿开设了一家小诊所，利用业余时间撰写有关圣经生物学的书籍并在当地经营一家名叫“骨灰瓮”（Die Urne）的火葬场。屈兴迈斯特认为囊尾蚴实际上就是绦虫的想法虽然避开了自发产生的异端深渊，但又掉进了另一个充满罪恶的陷阱，也就是说上帝会允许他的一种造物落入如此怪诞的死胡同。屈兴迈斯特声称“它违背了大自然的睿智设计，因为大自然安排的任何事物都不可能没有目的。这个荒谬的理论与造物主的智慧相抵触，也违背了上帝塑造大自然的和谐与简洁的法则”[9]——就连绦虫也受这些法则的管辖。

屈兴迈斯特有个更符合信仰的解释：囊尾蚴就是绦虫的自然生命周期[10]中的一个早期阶段。囊尾蚴往往出现在被食者的体内——例如老鼠、猪和牛之类的动物，而绦虫则出现在掠食者的体内：猫、狗、人。有可能当掠食者吃下猎物之后，囊尾蚴就会从包囊中钻出来，逐渐长成完整的绦虫。屈兴迈斯特从1851年开始做了一系列的实验，准备将囊尾蚴从死胡同中解救出来。他从兔肉中取出40个包囊，将它们喂给狐狸吃。过了几周，他在狐狸体内发现了35只绦虫。他在老鼠和猫体内用另一种绦虫和囊尾蚴做了相同的实验。1853年，他把一头病羊体内的囊尾蚴喂给一只狗，狗的粪便中很快就出现了成年绦虫的节片。他把这些节片再喂给一头健康的羊，在16天后羊开始步履蹒跚。这头羊被杀死后，屈兴迈斯特打开它的颅骨，发现囊尾蚴附着在大脑顶端。

屈兴迈斯特报告了他的成果，震惊了那些毕生研究寄生虫的大学教授。这是一名喜欢单打独斗的业余爱好者，居然妄图解决专家们几十年都没能解开的谜团。他们想在屈兴迈斯特的研究中找到漏洞，想要维护囊尾蚴的死胡同。屈兴迈斯特的研究里有个问题，他有时候会把囊尾蚴喂给错误的宿主物种，这些寄生虫会全部死亡。举例来说，他知道猪肉携带着一种囊尾蚴，他也知道德累斯顿有很多屠夫和其家人遭受猪带绦虫（Taenia solium）的折磨。他怀疑这两种寄生虫实际上是同一个物种。他把猪带绦虫的虫卵喂给猪，得到了囊尾蚴，他把囊尾蚴喂给狗，却无法得到成年的猪带绦虫。想要证明该寄生虫生命周期的办法只有一个，那就是解剖它唯一的真正宿主：人类。

屈兴迈斯特决心要证明上帝的仁慈与和谐，于是设计了一个可怕的实验。他得到许可，让一名即将被处决的囚犯吃下囊尾蚴。1854年，他收到通知，有一名杀人犯将在数日后被斩首。他妻子凑巧注意到他们家晚餐里的烤猪肉里有几只囊尾蚴。屈兴迈斯特立刻冲进他们买猪肉的那家餐馆。他求店主给他一磅生肉，尽管两天前宰杀的猪已经开始变质。店主给了他一些生肉，第二天，屈兴迈斯特挑出肉里的囊尾蚴，放进冷却到体温的面汤里。

囚犯不知道他在吃什么，觉得味道不错，于是要求再添一点儿。屈兴迈斯特又给他盛了一碗，还给他吃了加入囊尾蚴的血肠。3天后，杀人犯被处决，屈兴迈斯特在他的肠道内搜寻证据。他找到了猪带绦虫的幼小个体。它们还只有四分之一英寸（约6毫米）长，但已经长出了特有的双排顶突和22个小钩。

5年后，屈兴迈斯特重复了这个实验，这次他在罪犯被处决前4个月给其喂下了囊尾蚴。事后他在罪犯的肠道内发现了长达5英尺（约1.5米）的绦虫。他得意扬扬，同时代的科学家却感到厌恶。有人评论道，这些实验“有悖于我们共同的天性”。还有评论者将他和当时疯狂的医生相提并论，那些家伙从刚被处决的囚犯体内掏出还在跳动的心脏，仅仅是为了满足他们的好奇心。有一名评论者引用了华兹华斯的诗：“谁会在他母亲的坟墓上／四处张望和研究植物？”不过有一点毫无疑问，寄生虫是最奇异的生命体之一。寄生虫不是自发产生的，而是来自其他宿主。屈兴迈斯特还帮助发现了寄生虫的另一个重要特性，这是斯滕斯特鲁普未能注意到的：寄生虫从一个宿主到另一个宿主的过程中，并不总要在外部世界中活动一段时间。它们可以在一种动物的身体内成长，然后等待这种动物被另一种动物吃掉。

自发产生论还残存一丝希望，那就是微生物。然而没过多久，法国科学家路易斯·巴斯德就掐灭了最后的火苗。在他的经典实验中，他把肉汤放在烧瓶里。只要时间足够长，肉汤终究会变质，里面还充斥着微生物。有些科学家声称微生物是在肉汤中自发产生的，但巴斯德实验证明实际上是空气中的微生物进入烧瓶并在其中繁衍生息。他进而证明微生物不只是疾病的症状，还是疾病的成因，细菌导致感染的理论因此诞生。从这一认识出发，西方医学取得了巨大的成就。巴斯德和其他科学家分离出了引起炭疽、肺结核和霍乱等疾病的特定细菌，为其中一些细菌制作出了疫苗。他们证明医生被污染的手和手术刀会传染疾病，但用肥皂和热水就能阻断传染。

随着巴斯德的研究深入人心，寄生生物的概念也发生了特殊的转变。到1900年，人们几乎不再将细菌称为寄生虫[11]，尽管细菌和绦虫一样也生活在另一个生物体的内部并消耗另一个生物体的资源。对医生来说，细菌是不是生物体并没有那么重要，重要的是它们有能力导致疾病，现在已经能够通过疫苗、药物和良好的卫生习惯消灭细菌了。医学院把学习的重点放在传染性疾病上，而且通常是由细菌（后来还有比细菌小得多的病毒）导致的传染病。这种偏见有一部分原因来自科学家对疾病原因的鉴定。他们往往遵循由德国科学家罗伯特·科赫提出的一套规则。首先，必须证明病原体与特定疾病之间的关联；其次，病原体必须被分离出来，在纯粹培养的环境下生长，培养出来的生命体还必须被接种到宿主体内，诱发相同的疾病；最后，还必须证明后一个宿主体内的生命体与接种的生命体相同。细菌符合这些规则，不费吹灰之力。但许多其他的寄生生物就很难做到了。

在水体、土壤和生物体内生活的除了细菌，还有一类尺寸更大（但依然是微观级别）的单细胞生物：原生动物。列文虎克在观察自己的粪便时[12]，他见到了一种现在被称为蓝氏贾第鞭毛虫（*Giardia lamblia*）的原生动物，它正是导致他腹泻的原因。比起细菌，原生动物更接近于构成我们身体、植物和真菌的细胞。细菌大体而言就像个装着松散的DNA和散乱的蛋白质的袋子。但原生动物不一样，它们和我们的细胞一样把DNA小心翼翼地盘卷在分子构成的轴线上，然后藏在名叫细胞核的腔体内。和我们的细胞一样，原生动物也有用来产生能量的其他区室，而整个内容物被类似于骨骼的骨架包围着。这些只是生物学家发现的诸多线索中的几条，它们能够证明原生动物与多细胞生命的亲缘关系更近，而不是和细菌更近。生物学家甚至据此将生命划分为两大类：原核生物（包括细菌）和真核生物（包括原生生物、动物、植物和真菌）。

许多原生动物，例如在森林地面上啃食植物的变形虫（amoebae）和把海洋变成绿色的浮游藻类对人类都是无害的。然而也存在其他几千种寄生的原生动物，其中包括了一些最凶残的寄生虫。到了世纪之交，科学家已经发现，造成疟疾这种恶性热病的并不是糟糕空气，而是数种名为疟原虫（*Plasmodium*）的原生动物，这种寄生虫生活在按蚊体内，会在按蚊刺穿人类皮肤吸血时进入我们体内。采采蝇携带的锥虫会导致昏睡病。尽管原生动物拥有导致疾病的能力，但是它们中的大多数都不符合科赫的鉴定规则。这些生物符合斯滕斯特鲁普的猜想，它们通过世代交替完成传播。

举例来说，疟原虫通过按蚊叮咬进入人体时呈现出西葫芦状的形态，它被称为子孢子（sporozoite）。子孢子随血流来到肝脏后入侵一个肝细胞，然后增殖成4万个后代，它们被称为裂殖子（merozoite），外形类似葡萄。裂殖子涌出肝脏后搜寻红细胞寄生，制造出更多的裂殖子。新一代的裂殖子涨破红细胞，搜寻其他的血细胞寄生。过了一段时间，部分裂殖子会产生另一个形态，这种形态拥有性别，被称为配子体（macrogamont）。假如按蚊吸了一口宿主的血，刚好吞下含有配子体的血细胞，那么配子体就会在按蚊体内成熟。雄配子体使雌配子体受孕，然后产下小小的圆形后代，它称为动合子（ookinete）。动合子在按蚊的肠道内分裂为几千个子孢子，子孢子上行进入按蚊的唾液腺，随后被注入下一个人类宿主的身体。

疟原虫的繁殖会经过如此之多的世代和形态，想要培养疟原虫，你不能只是把它们扔进培养皿，然后希望它们乖乖开始增殖。你必须让雄性和雌性配子体相信它们生活在按蚊的肠道中，然后等配子繁育出后代，你必须让动合子相信它们已经通过按蚊的口器被注射入人类血液。这并不是做不到的，但直到20世纪70年代，也就是科赫制定规则的一个世纪之后，科学家才研究出在实验室环境下培育疟原虫的方法。

地理环境进一步区隔开了寄生性的真核生物和寄生性的细菌。在欧洲，细菌和病毒导致了最严重的疾病，例如结核病和小儿麻痹症。然而在热带地区，原生动物和寄生虫的问题同样严重。研究它们的科学家以殖民地的医生为主，他们的专业后来被称为热带医学。欧洲人逐渐将寄生虫视为抢夺当地劳动力的元凶，认为寄生虫拖慢了运河和水坝的建造进度，不让白种人在赤道地区快乐地生活。拿破仑率领军队远征埃及的时候[13]，士兵抱怨称他们像女人一样来月经。事实上，他们感染了血吸虫。他们感染的血吸虫类似于斯滕斯特鲁普研究的吸虫，从螺类的身上脱落，在水中游动，寻找人类皮肤。它们最终进入士兵腹部的静脉，将虫卵排入宿主的膀胱。从非洲西海岸到日本的河流地带，血吸虫都在侵袭人类；奴隶贸易将血吸虫带往新大陆，它们在巴西和加勒比群岛大肆泛滥。它们导致的疾病名叫血吸虫病（bilharzia或schistosomiasis），耗尽了本应为建立欧洲帝国奉献力量的数亿人的精力。

随着细菌和病毒占据了医学的中心，寄生虫（事实上是除了细菌和病毒之外的一切）被日益边缘化。热带医学的专家继续与他们的寄生虫做斗争，但往往收效甚微。针对寄生虫的疫苗以惨败告终。还剩下几种古老的治疗手段，例如治疗疟疾的奎宁、治疗血吸虫的锑剂，但效果都不理想。有时，它们的毒性过于强烈，造成的伤害不亚于疾病本身。另一方面，兽医也在研究生活在牛、狗和其他家畜体内的生物。昆虫学家在研究钻进树木的昆虫，在树根上吸食树液的线虫。这些互不相同的学科逐渐被统称为寄生虫学，它与其说是一门实在的科学，不如说是一个松散的联盟。假如说存在什么因素将它的各个分支联合在一起，那就是寄生虫学家都敏锐地认识到他们的研究对象是活生生的生物，而不仅是致病的病原体，每一个研究对象都拥有自己的生命周期，当时的一名科学家称之为“医学动物学”[14]。

确实有一些真正的动物学家在研究这门医学动物学。就在细菌致病理论改变医学界的同时，他们也在酝酿属于自己的革命。1859年，查尔斯·达尔文提出了对于生命的全新解释。他认为，自从地球诞生以来，生命的存在并非一成不变，而是经历了不同形态之间的演变。演变的驱动力是他称之为自然选择的力量。每个物种的每一代都由不同的变种组成，有些变种比其他变种表现得更好，它们能捕获更多的食物，更能避免成为其他物种的食物。它们的后代会继承其特性，经过几千代的代际传递，这种没有蓝图的繁育产生了现今地球上形形色色的生命形式。在达尔文看来，生命不是通往天国的梯子，也不是塞满了贝壳或毛绒玩具的展柜。生命是一棵向上生长分支的树，从一个共同的祖先，演化出了地球现在和曾经存在的所有物种。

寄生生物在演化革命中的遭遇和在医学革命中的一样糟糕。达尔文只会偶尔思考一下寄生虫，通常是在他试图证明大自然难以证明上帝的仁慈设计的时候。他曾经写道："若说创造了无数星球系统的造物主会在每一个星球上都造出无数蠕行的寄生虫，那就实在是一种不敬。"[15]他认为对有关上帝的感性认知来说，寄生蜂是一种特别有效的解毒剂。幼虫从内部吞吃宿主的过程过于恐怖，使得达尔文写下了如此的文字："我无法说服自己相信，一个仁慈和无所不能的上帝会在设计姬蜂科（一类寄生蜂）时，明确表达出要让它们在活生生的毛虫体内进食的意图。"[16]

然而，比起继承他事业的几代生物学家，达尔文对寄生虫已经算是宽厚亲切了。后来那些人的态度不是善意的忽视或轻微的厌恶，而是彻头彻尾的蔑视。维多利亚时代晚期的这些科学家被演化论的一种特别形式所吸引，这种形式现已被推翻。他们愿意接受生命演化的概念，但认为达尔文通过自然选择完成代际过滤的理论过于随机，无法说明他们在过去数百万年的化石记录中观察到的趋势。他们认为生命有一种内在的驱动力，使得生命朝着越来越复杂的方向发展。在他们看来，这种力量给演化带来了目标[17]：从较低等的生物中产生更高等的生物——像人类这样的脊椎动物。

这些理念的捍卫者中有影响力巨大的英国动物学家雷·兰

克斯特[18]。兰克斯特在演化论的伴随下长大。他小时候，达尔文来他家做客，向他讲述在太平洋小岛骑海龟玩乐的故事。他成年后有着庞大的身躯和略似查尔斯·劳顿[1]的肥胖面庞。兰克斯特是牛津大学的教授和大英博物馆的馆长，推广达尔文的理论时偶尔会让你觉得他纯粹是在用身体力量慑服他人。他让周围的人觉得自己无论在体形还是在心灵上都分外渺小，和他打过交道的一个人将他比作亚述人的有翅怪兽。有一次他去谒见国王爱德华七世，国王随口说了点科学逸闻，兰克斯特毫不客气地说："阁下，事实并非如此，您受到了误导。"

在兰克斯特看来，达尔文的理论统一了生物学，高度的统一性在其他的任何一种科学中都意义深远。他对将他研究的科学视为趣味爱好的颟顸贵族毫无耐心。他宣称："我们不再满足于坐视生物学被嘲笑不够严谨，或与博物学一样受到轻易贬低，或因为它与医学的关系而得到称颂。恰恰相反，生物学的发展是属于时代的。"理解生物学将有利于帮助后代摆脱各种各样愚蠢的正统观念，不管它们来自"自命不凡的小官僚、言语浮夸的公务员、任性狂妄的指挥官还是愚昧无知的教育家"[19]。理解生物学将有助于推动人类文明向上发展，正如生命本身千百万年以来的卓绝奋斗。1879年，他撰写的论文《退化：达尔文主义的一个篇章》就阐述了他对生物学和政

1　英国著名演员，曾获奥斯卡最佳男主角奖。被称为有着臃肿又稚气却说变就变的娃娃脸，"千面人"。

治秩序的如此看法。

这篇论文描述的生命之树可不是达尔文心目中的野生丛林。它看上去就像一棵塑料圣诞树，枝杈从主干两侧向外伸展，而主干朝着天空越升越高，直到抵达最顶点的人类。在生命崛起的每一个阶段中，都有一些物种放弃了奋斗，满足于自己所达到的复杂程度——卑微的变形虫、海绵或蠕虫——而其他物种则继续向上拼搏。

然而，兰克斯特的这棵树上还有一些下垂的枝杈。有些物种不但停止了上升，事实上还放弃了已经取得的部分成就。它们退化了，它们放任自己适应更轻松的生活，身体逐渐变得简单。对兰克斯特时代的生物学家来说[20]，寄生就是退化的必要条件，无论所寄生生物是动物还是单细胞的原生动物，总之它们都放弃了自生生活。在兰克斯特看来，最典型的寄生生物是一种名叫蟹奴虫（*Sacculina carcini*）的可悲藤壶。它刚从卵里孵化出来的时候，有头部、嘴部、尾部、腿部和分节的身体，完全符合你对藤壶或任何一种甲壳类动物的期待。然而它没有成长为一种会自行觅食和为食物厮杀的动物，而是会去寻找一只螃蟹，然后钻进螃蟹的外壳。一旦进入壳内，蟹奴虫会迅速退化，甩掉体节、腿部、尾部甚至嘴部。它会长出一整套树根般的触须，扩散到螃蟹的整个身体里。它会用这样的触须从螃蟹体内吸收营养，退化到了纯粹的植物状态。兰克斯特警告道：“寄生的生命一旦获得了牢固的地位，腿脚、上下颚、眼睛和耳朵都会消失，而活跃、具有天赋能力的螃蟹就会变成一个卑微的囊袋，只会吸收营养和产卵。”[21]

生命的跃升和文明的历史之间不存在区隔，因此兰克斯特在寄生虫身上看到了针对人类的沉重警示。寄生生物的退化“正如一个活跃而健康的人在突然得到一笔财富后时而有之的退化，或者正如罗马人在拥有了古代世界的财富之后的退化。寄生的习性无疑会以这种方式影响动物的机体组织”。在兰克斯特看来，玛雅人已经退化，因为他们生活在先祖废弃神庙的阴影之中，就像维多利亚时代的欧洲人只是辉煌的古希腊文明的暗淡仿品。他忧心忡忡地说：“很可能我们都在随波逐流，在智性上日益趋近那种藤壶。”

从自然到文明就如一条不间断的河流，这意味着生物学和道德可以彼此互换。兰克斯特时代的人们开始抨击自然，然后反过来以自然为权威来抨击他人。兰克斯特的论文启发了一名名叫亨利·德拉蒙的作家，他在1883年出版了一部畅销的醒世著作——《精神世界中的自然法则》。德拉蒙宣称寄生“是自然界最严重的罪恶之一。它违背了演化的法则。你应当进化，应当将你所有的能力发展到极致，你应当达到你所属物种可想象的最完美的至高状态——从而使得你所属的物种变得完美——这是大自然首要也是最高的戒律。但寄生生物不为它所属的物种着想，也不考虑其外形或形态的完美。它只想要两样东西——食物和住所。如何获得这两者则并不重要。它们的每一个成员都过着自己的生活，那是一种孤立、懒惰、自私和倒退的生活形式”[22]。人类也没有区别：“靠投机暴富的个人，有钱人的后代，继承权的牺牲品，依附于他人生活的人，贵族的扈从，集市上的所有乞丐——他们全都是活生生的、不会撒谎的见证者，向我们证明了寄生法则不可更改的惩罚。”[23]

早在19世纪末之前，就经常有人会被斥为寄生虫，但兰克斯特和其他科学家赋予这个比喻前所未有的精确性和明晰度。从德拉蒙的滔滔雄文到种族灭绝言论只有一步之遥。你不妨看看他关于一个物种可想象的最完美的至高状态与以下言论是多么接近。“在为每日口粮争斗的过程中，虚弱有病和意志薄弱者都会屈服；而在雄性为雌性争斗的过程中，只有最健康的个体才有权利和有机会繁殖。斗争永远是促进一个物种的健康和抵抗力的手段，因此也是促使其向着更高处发展的动因。”[24]写下这些话的人并不是进化生物学家，而是一个卑鄙的奥地利政客，他后来杀害了600万犹太人。

阿道夫·希特勒的理论基础是某种混乱的三流进化论。他将犹太人和其他“退化”种族想象为寄生虫，进一步将他们视为对其宿主（雅利安种族）的健康的威胁。维护种族的健康进化是一个国家的职责，因此必须消灭宿主身上的寄生虫。希特勒采纳了寄生虫比喻的每一个隐秘转折。他描绘犹太人的“感染”过程，声称犹太人扩散到了工会组织、股票市场、经济运行和文化生活的方方面面。他宣称，犹太人“仅仅是也永远是其他民族体内的寄生虫。他们时而离开先前的生活空间，但那与他们的自身目标无关，只是他们一次又一次地被他们所剥削的宿主国家驱逐出境。犹太人的扩散是一切寄生过程的典型现象；他们永远在为自己的种族寻找新的进食地点”[25]。

在马克思和列宁看来，资产阶级和官僚阶层同样是社会必须根除的寄生虫[26]。1898年，社会主义得到了一个非常精妙的生物学阐述，一个名叫约翰·布朗[1]的宣传家写了一本书，名叫《论寄生财富或货币革命：致合众国人民和全世界劳动者的宣言》。他控诉全国四分之三的财富集中在百分之三的国民手中，富人吸走了全国的财富，他们所保护的产业以全国人民为代价而兴盛发达。他在自然界找到了敌人的忠实写照：寄生蜂在毛虫体内的生活方式。他写道：“这些寄生虫以其与生俱来的精致而残忍的方式，蚕食不情愿但无能为力的宿主的活生生的身体，它们会避开所有的关键部位，延长宿主在死亡前受到的痛苦折磨。”[27]

寄生虫学家有时也会在污名化人类寄生虫的事业中助一臂之力。至1955年，知名的美国寄生虫学家贺瑞斯·斯顿卡德在发表于《科学》期刊上的一篇论文中继承了兰克斯特的遗

1 约翰·布朗领导了美国南北战争前夕的反奴隶制的起义——约翰·布朗起义。此次起义惨遭镇压，连布朗在内有七人被俘。约翰·布朗在临赴绞刑架之前，挥笔留下了最后的遗言：“我，约翰·布朗，现在坚信只有用鲜血才能清洗这个有罪国土的罪恶。过去我自以为不需要流很多血就可以做到这一点，现在我认为这种想法是不现实的。”

志，论文题为《自由、束缚和福利国家》[28]。他写道："由于动物性习性和行为模式的研究对象是动物，因此通过研究其他动物得到的规律也适用于人类。"所有动物都被对食物、栖身之处和繁殖机会的需要所驱使。在许多情况下，恐惧会驱使动物放弃自由，换取某些安全措施，结果导致其陷入了永久性的依赖。在寻求安全的动物之中，最明显的范例无疑是蛤蜊、珊瑚和海鞘之类的动物，它们会把自己固定在海床上，过滤流过的海水并获取食物。然而没有任何生命形式能与寄生虫相提并论。在生命的发展史上，时常有本来能自生生活的生物体放弃自由成为寄生虫，以逃离生活中的种种危险。于是演化带领它们走上了退化的道路。"假如其他的食物来源不够充足，还有什么比以宿主的身体组织为食更轻松的呢？众所周知，习惯于依赖的动物总会寻找最轻松的出路。"

在说到寄生生物的这条法则如何适用于人类时，斯顿卡德的表达有点含糊其辞。"它或许适用于任何生物群体，笔者指的并不仅是政治实体，尽管可能会有某些暗示。"寄生虫在彻底放弃自由的同时，进入了斯顿卡德所谓的"福利国家"——在这个比喻意义上来说，绦虫和罗斯福新政几乎没有任何区别。寄生虫一旦放弃了自由，就极少会努力重新获得自由；相对地，它们会投入全部精力制造新一代的寄生虫。它们的创造力只会体现在五花八门的繁殖方式上。吸虫会在代与代之间轮换形态，在人类体内有性生殖，在螺类体内无性繁殖。绦虫每天能产下100万颗卵。除了疯狂繁殖的吃福利的家庭，斯顿卡德的脑子里还能想到什么呢？他写道：“这么一个福利国家只为那些幸运的个体存在，他们是受上天宠爱的少数，能够哄骗或迫使其他人提供福利。妄图什么都不付出就得到一切，这种不劳而获的陈旧念头，无论在什么时代都持续存在，它是引诱和误导无知者的诸多幻象之一。”

文章写于1955年，斯顿卡德代表的是演化论陈旧诠释的垂死挣扎。在他抨击领取免费食品券的穷困者是寄生虫的时候，其他的生物学家正毫不留恋地抛弃他这种科学观的整体基础。他们发现地球上的所有生物都在细胞内以DNA的方式携带遗传信息，DNA是一种双螺旋的化学分子。基因（DNA的特定片段）携带着制造蛋白质的指令，而这些蛋白质能够构成眼睛、消化食物、调节其他蛋白质的制造和完成数以千计的其他任务。每一代生物都会把DNA传给下一代，在过程中基因被打乱，形成全新的组合。有时候基因会出现突变，创造出前所未见的遗传密码。这些生物学家意识到，演化的基础不是某种神秘的内在力量，而是基因和基因随时间流逝的崛起或衰落。基因提供了丰富的变化，自然选择保留了特定的种类。随着基因的起起落落，新的物种被创造出来，新的身体被改造出来。由于演化基于自然选择的短期效应，生物学家不再需要演化的内在驱动力，不再将生命视为一棵塑料圣诞树了。

寄生虫本该从科学理念的转变中受益，它们不再是生物学的落后贱民了。然而，直到20世纪中后期，寄生虫依然无法逃脱兰克斯特所给予的污名。这种蔑视态度在科学界内外都持续存在。希特勒的种族神话已经崩溃，还相信要根除社会性寄生虫的人为数极少，而且都是边缘团体，例如雅利安光头党和小国独裁者。寄生虫这个词语也依然带着同样的侮辱语气。同样地，在20世纪的大多数时间里，生物学家认为寄生虫只是不重要的退化生物，尽管也是有趣的，但比起生命的盛会来说微不足道。生态学家研究太阳能如何通过植物流向动物时，寄生虫仅仅是个畸形的注脚。寄生虫所经历的那一丁点儿演化，无非是被宿主裹挟着向前发展的结果。

即便到了1989年，动物行为学的伟大先驱康拉德·洛伦兹也还在书写寄生虫的“逆向演化”。他不想称之为退化，因为退化已经惨遭纳粹滥用，于是创造出了“蟹奴化（sacculinasation）”一词，词源是兰克斯特描述过的那种堕落藤壶。他写道：“我们在谈到生物和文化时会使用‘高等和低等’的说法，我们的判断依据是这些生物体系生来蕴含的信息和有意识或无意识的知识。”[29]根据这个衡量标准，洛伦兹贬斥寄生虫道：“假如我们根据退损的信息量来判断寄生虫的适应形态，就会发现损失的信息不但符合而且更加坚定了我们对它们的蔑视态度和内心感受。成熟的蟹奴虫没有携带任何与其栖息地的特殊性和独特性有关的信息，它所了解的一切就是它的宿主。”和110年前的兰克斯特一样，洛伦兹认为寄生虫唯一的用处就是警示人类。“人类的特定特征和能力的退化，让我产生了令人恐惧的低于人类甚至非人类的怪异想象。”[30]

从兰克斯特到洛伦兹，这些科学家都搞错了。寄生生物是高度适应环境的复杂生物，它们处于生命叙事的核心位置。假如高墙没有将研究不同生命形式的科学家隔开——动物学家、免疫学家、数学生物学家、生态学家——寄生生物也许会被更早发现它们并不是什么恶心的事物，至少不仅是恶心的事物。假如寄生虫真的那么软弱和懒惰，它们怎么可能生活在每一个自生生活的物种体内，感染数十亿的人类？它们怎么可能随着时间的推移而改变，使得原本能够治疗它们的药物变得无效？它们又怎么可能打败疫苗，而疫苗已经征服了像天花和小儿麻痹症这样的残酷杀手？

归根结底，问题源于一个事实：20世纪初的科学家以为他们已经搞清楚了一切。他们知道疾病如何被引发，也知道如何治疗一些疾病，他们还知道生命如何演化。但他们不尊重他们不了解的事物的广度。他们应该牢牢记住斯滕斯特鲁普的话，这名生物学家首先展示了寄生虫如何不同于地球上的其他生物。斯滕斯特鲁普在1845年写下的话现在依然正确：“我相信，在这片辽阔的未知土地上，我仅仅大致勾勒出了一个小区域的轮廓，我们还没有探索过这片未知土地，对它的探索将带来我们现在还几乎无法理解的回报。”[31]

Terra Incognita

Swimming through the heart, fighting to the death
inside a caterpillar, and other parasitic adventures

第二章　未知土地

游过心脏，在毛虫体内战斗至死，以及寄生虫的其他冒险

愿我永远不会失去你，噢，我慷慨的主人，噢，我的宇宙。你之于我，就像你呼吸的空气、你享受的阳光之于你。

——普里莫·莱维，《人的朋友》

假如没有潜艇的保护，拉蔻儿·薇芝的下场恐怕不会很美妙。假如她被缩小到针尖的尺寸，然后必须靠自身的力量进入垂死外交官的血管。即便她能用手挖穿坚韧的一层层皮肤，勉强钻进一根血管，她也会被心脏脉动的力量推动，翻着跟头在外交官的循环系统中前进。为了方便讨论，就假设她戴着类似于潜水面罩的东西，能够从血液中抽取氧气供她呼吸，然而当她最终来到了身体里几乎不存在氧气的某些部位——例如肝脏——还是一样会窒息。另外，她在黑暗中翻翻滚滚前进的时候会完全迷失方向，根本不知道所在之处是腔静脉还是颈动脉。

身体内部是个艰难的求生场所。人类拥有能够呼吸空气的肺部，完全适应空气振动的耳朵，我们所适应的是陆地上的生活。鲨鱼为大海而生，它们通过撞击海水使海水进入鳃裂，能闻到数英里外猎物的气味。寄生虫的栖息环境则截然不同，科学家几乎无法了解它们对环境的适应方式。寄生虫能在没有光线的迷宫中找到方向，能轻而易举地穿过皮肤和软骨，能毫发无损地游过胃这口熔炉。它们能把宿主身体里的几乎每一个器官变成栖息地，无论那是耳咽管、鳃、大脑、膀胱还是跟腱。它们为了自己能舒适生活而改造宿主的部分身体。它们能以任何东西为食：血液、肠壁、肝脏、鼻涕。它们能命令宿主的身体给它们带来食物。

寄生虫学家需要耗费几年甚至几十年来解析这些适应现象。而无法像动物学家一样，只用花上一个夏天跟踪一个猴群，或者给一群狼戴上无线电项圈。寄生虫生活在肉眼不可见的地方，寄生虫学家通常只能在杀死并解剖宿主后才能看见寄生虫的所作所为。这些光怪陆离的快照逐渐积累，终于成了一部自然历史。

斯滕斯特鲁普知道吸虫是非同寻常的动物，但除此之外他知道得并不多。经过一个半世纪的实验，寄生虫学家才能够证明它们究竟有多么非同寻常。以曼氏血吸虫（*Schistosoma mansoni*）为例[1]，刚离开它所寄生的螺类时，它就像一颗微型导弹，在池塘里游动，寻找人类的脚踝。假如它感觉到阳光中紫外线的存在，就会停止游动，沉到黑暗的池底，躲避有破坏力的辐射。但假如它感觉到来自人类皮肤的分子，就会开始疯狂游动，朝着各个方向乱转。假如它碰到人类的皮肤，就会钻出一条路扎进去。人类皮肤比螺类柔软的肉体要坚韧得多，吸虫会让它的长尾自行折断脱落，就在它钻进皮肤的同时，伤口已经快速愈合。它会从外皮释放某些特殊的化学物质，软化皮肤，使得它能像淤泥中的蠕虫那样扎进宿主的身体。

几小时后，吸虫已经进入一条毛细血管。它将生存环境从外部世界的水流变成了人体内部的血流。这些毛细血管顶多比吸虫粗一丁点儿，因此吸虫必须使用一对吸盘才能慢慢向前挪动。吸虫从毛细血管进入一条大一些的静脉，然后再进入更大的静脉，直到最终进入力道足以裹挟吸虫前进的一股血流。寄生虫随着血流行进抵达肺部。它接着从静脉向动脉移动，就像树冠中的一条蛇。它先从静脉回到肺部的一条毛细血管中，然后进入一条主要静脉，血流再次带着它走遍全身。它有可能在宿主的整个身体里走上3遍，最终才在肝脏中停下。

来到肝脏后，吸虫会把自己固定在一条血管里，开始吃它自从离开螺类身体后的第一顿饭：一滴血。这时，它开始成熟。假如它是雌性，子宫就会逐渐成形。假如是雄性，8颗睾丸会像一串葡萄似的陆续出现。无论是什么性别，吸虫都会在几周内长大几十倍。接下来这只寄生虫就要寻找终身伴侣了。假如它的运气好，还有其他吸虫也觉察到了这个人类宿主的存在，同样栖息在肝脏中。雌性吸虫细长优雅，雄性状如独木舟。它们散发出的气味由血液传播，吸引异性个体，若是雌性个体遇到雄性个体，就会滑入雄性个体的抱雌沟。两者的身体就此锁定，雄性带着雌性离开肝脏。在接下来的几周时间内，这一对吸虫会从肝脏开始经过长途旅行后进入遍布内脏的静脉。在行进的过程中，雄性会把一些分子传进雌性的身体，调动雌性的基因促使其性成熟。两只吸虫继续行进，最终来到这个物种独一无二的栖身之处。曼氏血吸虫会在大肠附近停下。假如我们研究的是埃及血吸虫（*Schistosoma haemotobium*），会发现它走另一条道路前往膀胱。假如我们研究的是鼻血吸虫（*Schistosoma nasale*）——寄生在牛身上的一种吸虫，会发现它走的是与两者都不同的另一条道路前往鼻腔。

吸虫夫妻一旦来到它们命中注定的归宿地，就会在那里度过余生。雄性吸虫用它强有力的喉咙吸血，然后挤压雌性的身体，使得数以千计的血细胞流入其口部，穿过它的肠道；雄性每5个小时就会消耗与其身体等重的葡萄糖，将大部分能量传递给雌性。它们大概是动物界最秉承一夫一妻制的动物，即便在雌性死后，雄性依然会牢牢地抱着它不放。（偶尔也会有同性的吸虫抱在一起。尽管它们的结合并不紧密，但假如科学家对此不太赞成，分开这两者，它们也还是会一次又一次地重新聚首。）

异性的一对吸虫在它们漫长生命中的每一天里都会交配，每次雌性准备产卵时，雄性就会顺着肠壁爬行，直到找到一个合适的位置。雌性的部分身体会从抱雌沟里滑出来，但也只够它把卵产在最小的毛细血管之中。部分虫卵会被血流带走，回到肝脏，它们会卡在这个肉质的过滤器官内，引起组织发炎，血吸虫病会带来的大部分痛苦由此产生。其余的虫卵会进入肠道，离开宿主的身体，准备寻找新的螺类，划开它们的外壳。

研究寄生虫之谜的每一块拼图都耗费了多年的时间。寄生虫如何定向这一问题几乎占据了一名科学家的整个职业生涯，这名科学家名叫迈克尔·苏克迪奥，如今在新泽西的罗格斯大学任教。新泽西离坦布拉或许很远，但这里的牛羊马的身体里绝对不缺寄生虫供他研究。我前往苏克迪奥的办公室拜访他。他是个矮壮的男人，留着邪气的山羊胡。办公室的墙上挂着一辆自行车，办公桌旁的鱼缸里有小鱼游来游去，收音机在播放经典摇滚。苏克迪奥和我见过的许多寄生虫学家一样，会毫无预兆地把话题转向令人反胃的方向。我猜假如你每天从早到晚都在研究啃噬肝脏和肠道内壁的动物，对生命中更丑陋的基本事实闪烁其词也就没什么意义了。他谈到象皮病患者会变得多么怪诞，他在英属圭亚那度过了大半个童年，这种疾病在那里算是常见病。他说："无论走到哪儿，你都会看见人们裆部有个巨大的隆起，两只脚肿得像是象足。"

苏克迪奥随后说起他11岁时是怎么被感染的。他的身体开始肿胀，于是父母带他去了一家诊所。"检验你有没有得象皮病的难点在于微丝蚴只在黄昏时分进入血流。没人知道它们躲在哪儿。所以我们必须在晚上去诊所给我验血。诊所里有个女孩，年龄和我差不多；她11岁，只有一个乳房。寄生虫就寄生在那儿。她很漂亮，我爱上了她。我和她同时验出了结果。治疗需要12圭亚那元，合6美元。女孩的父母付不起。我们家提出为他们付钱，但他们的自尊心非常强，甚至连借钱都不肯。于是女孩只能继续被感染，就因为6美元。"

苏克迪奥在蒙特利尔的麦吉尔大学接受教育，在那里他发现寄生虫尽管怪诞可怖，却也是他遇到过的最有意思的生物。“我上了一门人类寄生虫的课，哎呀，确实让人恶心，但同时也非常刺激。我已经上了4年大学，没有任何一门课能让我这么兴奋。它们实在太怪异了，我们对它们的了解也少得可怜。”

他决定在研究生院继续研究寄生虫，在那里他意识到，人们对寄生虫这一实际存在的、活生生的生物体的行为方式知之甚少。许多寄生虫学家甘于从抽象角度研究寄生虫，例如根据吸盘和刺毛来为新物种编目，但根本不知道那些吸盘和刺毛的用途。

苏克迪奥选择旋毛虫（*Trichinella spiralis*）作为硕士论文的研究对象。这种微小的线虫通过未煮熟的猪肉进入人类身体[2]，它躲在猪的肌肉里，生活在由单个肌肉细胞构成的包囊中。人吃下这样的猪肉后，寄生虫会从包囊中破壳而出，钻进我们的肠道，穿过内壁的细胞。它们在那里交配，产下新一代的旋毛虫，之后离开肠道，随着血流行进，最终停留在人的肌肉中并形成包囊。人类仅仅是旋毛虫的偶然性宿主，人们无法将这种寄生虫带入其生命周期的下一个阶段。猪是旋毛虫收益更高的宿主，死猪也许会被老鼠啃食，老鼠死后也许会被另一只老鼠啃食，老鼠有可能会再被另一只猪吃掉，猪会因为吃了被感染的肉或咬掉其他猪的尾巴而相互传染旋毛虫。在野生环境中，捕食性的哺乳动物和食腐动物会让这个循环生生不息——从极地的北极熊和海象到非洲的鬣狗和狮子。

科学家将每一个循环中传播的寄生虫都定为一个单独的物种，但没人知道它们会不会都是同一个物种，只是分散在不同的地区和宿主之中。苏克迪奥搜罗了来自俄罗斯、加拿大和非洲的旋毛虫样本，他磨碎各个样本喂给小鼠，然后提取小鼠对寄生虫粉末产生的抗体，比较它们，判断几者间的相似程度。

过了一段时间，他停下来思考他为什么要这么做。他的实验基于一个假设：一个物种的多个个体会彼此类似。这个假设通常站得住脚，但生物学家已经意识到情况并非永远如此。举例来说，贵宾犬和杜宾犬属于同一个物种。然而另一方面，看上去几乎一模一样的两只甲壳虫有可能属于不同物种。现在的生物学家更关注的不是外表，而是将物种定义为一群生物体，它们在一起能够繁殖后代，但和其他群体无法繁殖后代。正是由于这样的区隔，演化才能使得物种和物种之间界限分明。

苏克迪奥认为，想要研究这种寄生虫，最好的方法就是搞清楚它们的性生活。他从肌肉中解剖出旋毛虫包囊，挑出仅有250微米长的寄生虫。他确定个体的性别，然后把寄生虫装进针管，注射进小鼠的胃部。然后他再从包囊中找出另一个性别的寄生虫，也注射进小鼠的胃部。一个月后，他去检查小鼠的肌肉，看寄生虫有没有交配并产下后代。

苏克迪奥得出结论，这种寄生虫的非洲形态很可能是个亚种，而不是一个独立的物种。但这个实验又引出了一个更深刻也更有意思的问题。这些寄生虫是如何找到对方的？

再用《神奇旅程》打个比方：情况就好比把你扔进一条长达12英里（约19千米）的黑暗隧道，隧道的四壁长满了滑不溜秋、排列紧密、一个人那么大的蘑菇。把你随便放在其中某处，让你随意移动，在这么一个地方，你不可能找到你的同伴。但是，旋毛虫总是能够找到，它们没有地图，甚至没有像样的大脑。

苏克迪奥想知道它们是怎么做到的，但导师劝他别浪费时间。“你不可能搞清楚这些动物是怎么去要去的地方的，因为100多年来，寄生虫学家一直想找到答案，但没人成功。比你优秀的人已经试过了。”

苏克迪奥没有理会导师的忠告[3]，决定去揭开寄生虫如何定向的秘密。不幸的是，他走错了方向。他以为寄生虫和外部世界的动物一样，也在遵循某种梯度的指引。鲨鱼能从几英里之外闻到受伤海豹的血腥味，继而游向海豹，幕后功臣不仅是它敏锐的嗅觉，还有血液在水体中扩散的简单规律。离海豹越远，血液就越稀薄。鲨鱼顺着梯度上升的方向前进，自然而然地就会找到源头。要是它偏离了正确方向，血液的气味就会变淡，于是鲨鱼就能纠正错误。梯度在空气中和在水体里一样有效。梯度帮助蜜蜂找到花朵，帮助鬣狗找到尸体。跟着梯度走的原理既然适用于海洋和陆地，那么符合逻辑的推论就是寄生虫同样在运用这条规则。寄生虫学家搜寻胆囊散发的气味、像是眼睛的些微特征。但他们什么都没找到。

苏克迪奥花了好几年试图解开这个谜。他用有机玻璃制造小隔间，将寄生虫放进去，然后加入各种各样的化学物质，看寄生虫会不会游向源头。刚开始他把整个实验室加热到体温水平，后来他搭建了一套管道系统，让热水在他的人工肠道中循环。“我想尝试用它们会在宿主体内遇到的所有物质。我首先尝试的是唾液这种分泌物，然后向下试到肠道分泌物。”他的所有努力都失败了。他无法让寄生虫游向或远离他放进小隔间里的任何物质。

寄生虫有时候确实会做出反应，但反应的方式完全不符合逻辑。苏克迪奥说：“每次当小寄生虫遇到胆汁，就会像发疯似的游动。这并不是我想要的结果，我希望能找到吸引它们的东西。它们本来会每分钟来回游动50次，你把胆汁滴进去，它们会立刻做出反应，开始画正弦曲线。”

苏克迪奥转入多伦多大学后，继续寻找寄生虫定向的关键。随着他的研究的推进，他陷入了学术上的灵薄狱[1]。他在多伦多认识了他的妻子苏珊娜，苏珊娜也在攻读寄生虫学的博士，她的导师正是苏克迪奥所在实验室的主任。主任罹患阿尔茨海默病后，苏克迪奥接管实验室，成为苏珊娜的论文导师。

1 基督教中的一个地方，指天堂和地狱之间的区域。

假如他想在寄生虫学方面真的有所建树，就应该去其他地方找工作，然而他选择留在多伦多，年复一年申请越来越多的经费。他在这个死胡同里卡了6年，但他发现他得到了自由，能够去寻找其他科学家认为不可能得到的答案。苏克迪奥说："我没什么可失去的。我可以想干什么就干什么，我反正没有未来。"

他决定将研究范围扩大到其他物种，例如牛羊肝吸虫（*Fasciola hepatica*）。它是血吸虫的近亲，有着类似的生命周期。它生活在牛和其他食草的哺乳动物体内，卵随着粪便排出宿主的身体。它从卵中孵化后在水中游动寻找螺蛳，在螺蛳体内经历数代后长大。尾蚴离开螺蛳的身体，四处游动，直到遇到某个物体——通常是岩石或植物——附着后长出坚硬的透明包囊，变成囊蚴。另一头草食动物吃下囊蚴，囊蚴耐酸的外壳会帮助它安然穿越胃部并进入肠道。来到肠道后，囊蚴会破壳而出，咬破肠道进入腹腔，然后前往肝脏。它们会在肝脏内长大为成虫，成虫长约1英寸（约2.54厘米），树叶状，能够数以百计地挤在肝脏内，存活11年之久。肝吸虫偶尔也会进入人类的身体，但主要的威胁对象是家畜。在热带国家，30%～90%的牛携带肝吸虫[4]，导致的损失每年高达20亿美元。它们造成的损失巨大，科学家耗费了几十年时间研究它们，却还是不知道肝吸虫究竟是怎么找到肝脏的。

苏克迪奥用铜和铝建造了新的隔间，把肝吸虫放进去。

他花了3年时间试验肝脏分泌的各种化学物质，希望能找到是什么东西吸引肝吸虫游向最终的栖息之地。恼怒之余，他找到一名著名的肝脏生理学家，想看看他会不会遗漏了什么引诱剂。

生理学家想了很久，说："小子，你知道吗？肝脏四周有个囊，名叫格利森氏囊。"

苏克迪奥说："我知道。"

生理学家说："唉，那就是我的宇宙的尽头了。"

苏克迪奥发现，尽管他无法让肝吸虫逆流游向任何一种特定的物质源头，但某些化学物质会让肝吸虫做出剧烈的反应，其中包括胆汁。他在旋毛虫身上见过类似的奇特反应，当时他让旋毛虫暴露在胃蛋白酶之下。这时，他在思考研究结果的时候，意识到他一直在从错误的角度看待问题。他将吸虫或丝虫视为自生生活的动物，而不是寄生虫。身体并不是平静的海洋，而是一个密闭空间，液体在其中搅动和泼溅。一个器官释放的化学物质不可能平滑而顺畅地穿过其他器官。气味在空气中会平均扩散到无穷远处，但身体内的化学标志物必定会遇到各种障碍，会反弹，会饱和，摧毁它有可能提供的任何线索。

苏克迪奥在办公室里向我解释他的顿悟，朝着墙壁挥舞手臂。"想要形成梯度，你需要一个开放系统，而且不能有湍流。我在房间里放一块吐司，你会闻到气味，找到它在什么地方。要是在封闭的房间，气味很快就会饱和。因为它处于一个封闭系统之中，不可能形成梯度。假如你把肠道放进这个系统里，也会得到相同的结果。”

寄生虫所处的世界和我们生活的世界截然不同，它拥有自己特定的限制和机会。由于身体内部的奇异状态，苏克迪奥考虑寄生虫有可能不是通过梯度来定向的，而是仅对少数几种不同的刺激物做出反应。康拉德·洛伦兹演示过，外部世界中可自由活动的动物在发现自己处于可预测的情境之中，会依靠反射性的行为来做出反应。假如你是一只鹅，你的一个蛋要滚出你的窝了，你会通过一系列无意识的动作来把蛋弄回去：伸出脖子，收回脖子，低头。这样就能用你的喙挡住蛋并把它拨回窝里了，你完全不需要对蛋本身投入注意力。假如生物学家在这个过程中从鹅的喙底下偷偷地拿开蛋，鹅还是会继续把脖子拉回去。

苏克迪奥猜想寄生虫有可能比非寄生虫更依赖这种程序化的行为。身体在某些方面比外部世界更容易预测。出生在落基山脉的山狮必须了解其活动范围的环境，每次发生山火或滑坡，或者停车场突然改变地形，它都必须重新学习。寄生虫能够安全地穿行于老鼠的身体之内，它知道自己正在穿过的这个小生态圈与其他老鼠的身体内部几乎完全相同。心脏永远位于双肺外侧，眼睛永远位于大脑前方。通过对旅程中的特定地标做出特定反应，寄生虫能够前往它们需要去的任何地方。苏克迪奥说："其他的一切都不重要，它们不必浪费时间去生成神经元，识别除此之外的任何事物。"

旋毛虫和肝吸虫的所有怪异行为都得到了解释，它们有通往成功的直截了当的解决方案。旋毛虫蜷缩在肌肉包囊里，随着包囊落入胃部。它们在胃部感知到一种化学物质的存在，这种化学物质名叫胃蛋白酶，能够分解胃里的食物；旋毛虫的回应是开始扭动身体。"最初的运动使得它们突破包囊。你会看见它们像挥舞鞭子似的扭动尾部，直到尾巴破壳而出，它们来到胃里。"它们所寄生的那一小块肌肉通过胃部进入肠道，而胆汁顺着导管从肝脏流进肠道，帮助消化食物。胆汁是第二个触发器，使得旋毛虫的动作从甩尾变成蛇行。它们于是从食物中爬出来，进入肠道。

苏克迪奥想出了一个办法来检验他的猜想。他说："假如我能改变胆汁流入的位置呢？我学过大量外科手术的知识，我能插入套管，把胆汁导向我想让它去的任何地方。"无论他在肠道内把胆汁的源头移动到哪儿，旋毛虫都会在那里定居下来。"它们去那里只有一个原因，那就是胆汁。"

苏克迪奥于是又去研究肝吸虫，发现它们遵循的同样是规则，而不是梯度。它们所经历的旅程比旋毛虫长，因此需要三条规则，而不是两条。肝脏中的囊蚴落入肠道后，它们同样会感知到胆汁的存在。一旦感知到胆汁，囊蚴就开始抽动——"它会开始痉挛。"苏克迪奥说。随着囊蚴的蠕动，它会破开包囊，同样的动作驱使它咬穿肠道黏糊糊的内壁和外壁，进入腹腔。肝吸虫有两个吸盘，一个在口部附近，另一个在腹部。它会先伸出前半身，用口吸盘吸住一个地方，把后半身拉过去，然后用腹吸盘固定身体，这样就可以完成爬行了。吸虫还会“弹行”，它的整个身体像剧烈痉挛似的突然伸缩，然后同时松开两个吸盘。

仅仅通过这些动作，吸虫就能够到达肝脏了。它不需要一本《格雷氏解剖学》来为它指路。吸虫离开小肠后，会把自己弹进腹腔，最终抵达腹部肌肉的光滑内壁。第二天，吸虫转为爬行。现在它躲过了肠道内的激流，可以沿着腹腔内壁慢慢爬行，不再需要担心被冲走。

过了这个阶段，无论选择什么路线，爬行的肝吸虫几乎总是能够抵达肝脏。你也许会认为肝吸虫至少必须知道几件事情：比方说哪个方向是上，哪个方向是下，或者肝脏是紧靠着胰腺而不是胆囊。不，它不需要。吸虫利用了一个关键的事实：腹腔实际上就像沙滩排球的内壁。即便它径直爬向底部，只要它沿着一条直线继续爬，到底后还是会爬向顶部，迟早能抵达位于顶部的肝脏。苏克迪奥发现95%的吸虫是从肝脏与横膈膜相接的上半部进入肝脏的，那里位于腹腔的最顶部，这就是原因。尽管肝脏的下半部更大也更靠近肠道，却只有5%的吸虫从那里进入肝脏。

苏克迪奥花了10年才搞清楚这两种寄生虫是如何定向的。

现在他已经算是个颇有名望的科学家了。令他惊讶的是，尽管他在冷宫里待了好几年，罗格斯大学还是给了他一份寄生虫学家的工作。他的实验室招满了学生，他们急切地想要揭开其他寄生虫的定向奥秘。苏克迪奥还在思考该如何将他的发现改造成杀死寄生虫的手段，也就是在错误的时间向寄生虫释放定向信号。他还有许多其他的谜团需要解开。上次和苏克迪奥谈话的时候，他正在研究另一种吸虫。它刚开始也生活在一种淡水螺的身体内，离开这个宿主之后，它要寻找的不是羊，而是一条鱼。鱼游过时，吸虫会嵌入它的尾部，然后钻进肉里。吸虫会径直穿过肌肉，前往鱼的头部，然后栖息在鱼眼的水晶体内。他说："看起来，前人的所有想法都是错误的，因此我们必须从头开始。"

苏克迪奥赢得了其他寄生虫学家的尊重，因为他证明了寄生虫存在行为模式，寄生虫会以特定的方式穿过宿主身体内独特的内部环境，而我们能够搞清楚它们所遵循的规则。不久以前，他甚至因为他的工作而获得了一个奖项，他经常一脸困惑地把奖牌递给访客欣赏。"他们发奖给我的时候，我说：'我何德何能能得到这个奖？'要知道，我被排斥了那么多年。"提到他如何受到无视和嘲笑时，口吻中带着一丝情绪。他曾经向一家期刊投过一篇动物行为学方面的论文，结果被退稿了。他问编辑为什么，编辑重新读了一遍，这次却接受了，说："我完全不了解寄生虫的行为方式。请原谅我的脊椎动物沙文主义。”说他有错的寄生虫学家不只是他以前的导师。“有一次我去参加研讨会，我说在研究寄生虫的时候，我们必须使用生态学的概念，一名老寄生虫学家站起来，喷着唾沫星子大喊‘异端’‘歪理邪说’！”

这个词让苏克迪奥笑了起来，那一刻他的山羊胡显得格外像是魔鬼。“那是我学术生涯的最高点。”

寄生虫在宿主体内找到栖息之地后，并不能高枕无忧地开始享受生活。首先，它需要有办法在它的新居所一直住下去。成年的肝吸虫只能适应在肝脏内存活，把它放进心脏或肺部，它很快就会死去。在寄生虫存活的每一个地点，演化都产生了让它们长期停留的方法。举例来说，有许多种寄生性的桡足动物（甲壳纲下的一类生物）生活在鱼体内的各个部位；有一种桡足动物生活在格陵兰鲨的眼睛里；有一种桡足动物生活在灰鲭鲨的鳞片上；有一种桡足动物生活在灰鲭鲨的鳃弓上；还有一种桡足动物会钻进剑鱼的身体侧面，附着在剑鱼的心脏上。

这些桡足动物每一种的外形都和其他种类截然不同[5]，除了研究它们的专家，你很难看出它们都由同一个祖先演化而来。它们的演化远远不是退化，而是演化出各种奇异的形态，目的是牢牢地守住各自选择的生态位。假如这些桡足动物不小心“失足”，就会飘向必死无疑的结局。每一条鲨鱼的鳞片都有独特的几何形状，生活在鳞片上的桡足动物丝丝入扣地用腿部抱紧鳞片，彼此的关系就仿佛锁和钥匙。生活在格陵兰鲨眼睛里的桡足动物将一条腿变成了蘑菇状的锚，将它插进眼球内的胶状物质。

即便是紧贴在肠壁上的绦虫，它们也需要付出巨大的努力才能留在原处。随着绦虫的进食，它们会以恐怖的速度成长[6]，体形会在两周内增长180万倍。它们没有嘴部和肠胃，因此无法像绝大多数动物那样进食。绦虫的皮肤由数以百万计充满血液的手指状小凸起构成，它们能够吸收养分。宿主肠道的内壁上也有形状几乎相同的凸起。你可以说绦虫其实并不缺少消化道，它实际上就是内外翻转的一根肠子。

绦虫生活在涌动的洪流之中，洪流由半消化食物、血液和胆汁构成，推动力来自肠道无休止的蠕动。假如绦虫什么都不做，肠蠕动会带着整只绦虫离开宿主的身体。有些种类的绦虫会用头部的小钩和吸盘把自己固定在肠壁上，但另一些种类会不断朝着食物的来源方向蠕行。我们进食的时候，肠蠕动会立刻在我们的肠道中掀起波澜[7]，没有固定住的绦虫的反应是游向上游。它们接触到进入肠道的食物，然后一直向前游动，直到抵达浓度最高之处。它们会在这里通过皮肤吸收食物。然而在它们进食的时候，食物会被肠蠕动带向下游，绦虫会在一段时间内放任自己被流动的盛宴带着走。与此同时，绦虫会通过感知宿主肠蠕动的变化来判断它们的漂流距离。要是它们朝着下游走得太远了，就会停止进食，重新游向上游。绦虫长到惊人的长度之后，游向上游的行为会变得很复杂。难点在于肠蠕动会让肠道一个地方快速起伏，但上游更远的地方毫无动静。绦虫能通过某种机制觉察到这样的区别。它们的反应是让身体的一些节片游得更快，而另一些更慢。

肠道也是钩虫的栖身之处[8]，这种寄生虫在进食时会玩一个更加危险的游戏。钩虫的生命周期始于潮湿的土壤之中，虫卵从土壤中孵化出来，长成微小的幼虫。它们能通过两种途径进入人体：一条很简单，一条很曲折。人吞下幼虫，它会直接进入肠道。但钩虫和血吸虫一样，也能穿透皮肤，钻进毛细血管。它们会通过静脉游入心脏和肺部。宿主咳嗽的时候，幼虫从肺部向上进入咽喉，然后顺着食道向下走。

钩虫进入肠道后，会成长为大约半英寸（约1.27厘米）长的成虫。与绦虫不同的是钩虫有嘴，它的口囊极为发达，长着匕首般的牙齿，连接着遍布肌肉及强而有力的食道。与绦虫不同的另一点是钩虫感兴趣的不是流过肠道的半消化食物，而是肠道本身。它会张开大嘴，咬进肠道内壁，撕碎血肉。寄生虫学家还在争论钩虫是会喝宿主的血，还是会吸食撕下来的肠道组织。先不管它吃的究竟是什么，总之过上一段时间，钩虫会松开嘴，游向另一块组织去进食。

然而当钩虫撕开肠道，将组织塞进嘴里时，血液会开始凝结。血管破裂后，会从周围的组织中吸收某些分子。这些分子会和悬浮于血液中的化学物质结合。这些化学物质会与血液中的其他因子引发连锁反应，最终激活名叫血小板的特殊细胞。血小板会游到创伤处聚集在一起，连锁反应还会在血小板周围筑起由纤维组成的网状结构，形成一团硬块，阻止出血。对钩虫来说，凝血就意味着饥饿，因为它嘴里的血管会变硬。

寄生虫做出的反应复杂得只有生物科技学家才能理解。钩虫会释放出一些分子，它们能够与凝血连锁反应中的不同因子相结合。通过中和凝血因子，钩虫会阻止血小板的聚集，使得血液继续流进它嘴里。钩虫在一个位置结束进食后，血管恢复愈合和凝结能力，而钩虫转向肠道中的另一个位置。假如钩虫使用的是某种低劣的血液稀释剂，它们充斥肠道后会把宿主变成血友病患者，宿主很快就会流血至死，夺走钩虫的食物来源。一家生物科技公司已经分离出了这些分子[9]，目前正在尝试将其改造成抗凝血药物。

对一些寄生虫来说，抵达它们在宿主身体中的新栖息地还远远不够。它们在进食和繁殖前会为自己建造住所，使用宿主的身体组织当作建筑材料。

疟原虫，导致疟疾的寄生虫，它通过按蚊叮咬进入血流，在肝细胞中生活一周左右。然后它会突破肝细胞，回到血流之中。它在血液中翻翻滚滚，寻找它的下一个栖息地：一个红细胞。疟原虫在红细胞中以血红蛋白为食，红细胞用血红蛋白结合氧原子，从肺部将氧原子送向全身。疟原虫吞噬红细胞中的大部分血红蛋白后，就能获得足够的能量来分裂成16个自身的副本了，两天后这群新生的寄生虫涨破红细胞，前去搜寻其他红细胞继续入侵。

从许多方面来说，红细胞内的生存环境非常糟糕。严格地说，红细胞甚至不是细胞，而是小体（corpuscle）。真正的细胞都在细胞核内携带基因，会复制DNA以形成两个新的细胞。红细胞来自深藏在我们骨髓里的一种细胞。正如我们所知，这些干细胞会分裂，形成血液内的各种成分，包括白细胞、血小板和红细胞。其他细胞都会得到自己的一份DNA和蛋白质，只有红细胞不会得到任何DNA。红细胞的任务很简单。它们在肺部将氧原子储存在血红蛋白的分子里。氧原子的结合力非常强，很容易就会发生反应，破坏其他的分子，血红蛋白实际上是用它的四条蛋白链将氧原子包围起来的。红细胞离开肺部后穿过身体，最终释放出氧原子，使得身体燃烧燃料以产生能量。红细胞仅仅是容器，被心跳推动着穿过整个循环系统。你把白细胞放在显微镜底下，它们会伸出分叶爬过载玻片，而红细胞只会停留在原处一动不动。

红细胞的任务非常简单，因此它们不需要像样的新陈代谢。这意味着红细胞只携带了少量必要的蛋白质以产生能量。它们不需要燃烧燃料和排出废物。真正的细胞需要通过复杂的孔道和小泡结构帮助分子穿过外膜，从而泵入燃料和排出残渣。红细胞几乎没有这些设施，它们只有几条供水分子和其他必需品使用的孔道，这是因为氧和二氧化碳能够在没有外力帮助的情况下穿过它的外膜。其他细胞的膜层内有着精细的支架结构来保持它们的形状和坚固性，红细胞却是体细胞这个马戏团里的柔术大师。它在一生中要行进300英里（约483千米），必须承受血流的冲击，会撞在血管壁上，被挤压穿过狭窄的毛细血管；在毛细血管里，红细胞必须排成一列前进，直径会被压缩到平时的五分之一，一旦通过毛细血管后就会弹回正常尺寸。

为了熬过这样的虐待，红细胞拥有一套由蛋白质织成的支撑网，它位于细胞膜的底下，排列形式类似于网兜。组成网兜的每一根蛋白质链条都能像手风琴似的折叠起来，因此红细胞可以随着来自任何方向的压力而伸长和缩短。尽管红细胞有着良好的柔韧性，但它也不可能永远承受这样的虐待。过了一段时间，红细胞的细胞膜会渐渐僵硬，变得难以挤过毛细血管。脾脏的功能是保持身体血液的年轻和活力。红细胞穿过脾脏时，脾脏会仔细检查它们。脾脏能识别出红细胞表面上的衰老迹象，就像我们脸上的皱纹。只有年轻的红细胞才能穿过脾脏，其他的会被销毁。

尽管红细胞有着各种各样的不利条件，但疟原虫还是会来寻找这个奇异的空屋。这种寄生虫不会游泳，但能顺着血管壁滑行。它们会用小钩钩住血管壁[10]，把身体拖向尾端，然后放下新的小钩取而代之，动作就像细胞级的坦克履带。疟原虫的顶端有些传感器，只会对年轻的红细胞做出反应，它们会攀附在红细胞表面的蛋白质上。一旦疟原虫抓住了一个红细胞，它就会攀附上去，用头部对着红细胞，准备开始入侵。

这种寄生虫的头部环绕着一圈腔室，模样像是左轮手枪的弹仓。仅仅在几秒钟之内，分子就像打闪电战似的涌出腔室。其中一些分子会帮助疟原虫推开膜骨架，钻进红细胞的内部。疟原虫顺着血管壁移动时，充当坦克履带的小钩现在钩住了洞口边缘，推动疟原虫进入红细胞。疟原虫喷出大量分子，它们彼此衔接，在疟原虫进入红细胞时在它四周形成护罩。突袭开始后15秒[11]，疟原虫的尾部已经消失在了洞口内，红细胞有弹性的网状结构恢复原状，将红细胞重新封闭起来。

进入红细胞后，疟原虫就像掉进了米缸。每一个红细胞的内部都有95%是血红蛋白。疟原虫身体的一侧拥有类似于口器的结构，像个能够开合的舱口，它打开时，疟原虫食物泡的膜也会打开，使得疟原虫能够短暂地直接接触红细胞的内容物。一小团血红蛋白渗入疟原虫的口部，然后它会立刻扭曲关闭。血红蛋白悬浮在疟原虫内部的食物泡之中，食物泡内含有能够切割血红蛋白分子的分子手术刀。疟原虫会连续切割血红蛋白，打开其折叠分支，切碎血红蛋白，劫掠储存在化学键中的能量。血红蛋白分子的核心[12]是一种带强电荷、富含铁的化合物，对疟原虫有毒性。它会附着在疟原虫的膜上，其电荷会破坏其他分子的流入和流出。但疟原虫有办法无害化这顿大餐的有毒核心。它把部分这种化合物转换成一种长链的惰性分子，也就是疟色素（hemozoin）。疟原虫分泌的酶会处理掉其余的部分，释放电荷，使得它无法穿透细胞膜。

但是，疟原虫并不仅靠血红蛋白生存。它需要氨基酸来构建分子手术刀，也需要氨基酸来增殖成16个下一代的疟原虫。在接下来的两天内，被感染的红细胞内的新陈代谢率会上升350倍，疟原虫需要合成新的蛋白质，排出它在生产时产生的废物。假如疟原虫感染的是真正的细胞，它可以劫持宿主的生化机制来完成这些任务，然而在红细胞内部，它必须从零开始建设整个生产机器。换句话说，疟原虫必须将这种简单的小体变成真正的细胞[13]。它在细胞中伸展出如迷宫般彼此纠缠的许多管道，一直延伸到红细胞的细胞膜上。目前还不清楚疟原虫产生的管道是会突破红细胞的细胞膜，还是会插入已经存在的孔道。无论实情如何，被寄生的红细胞[14]现在都能够将疟原虫生长所需的构件拖入细胞了。

红细胞的表面突然挤满了孔道和管道，于是逐渐失去弹性。这对疟原虫来说有可能是致命的，因为一旦脾脏发现红细胞不再是它年轻时的模样了，就会摧毁这个红细胞——连同藏在它体内的所有寄生虫。疟原虫进入红细胞后，会立刻释放出一些蛋白质，它们通过管道被运送到红细胞的细胞膜内侧。这些分子属于一类常见的蛋白质，在地球上的所有生物体内都能找到。它们名为分子伴侣（chaperone），能协助其他蛋白质正确折叠和展开，即便在蛋白质被热或酸破坏的情况下也依然如此。然而，疟原虫释放出的分子伴侣似乎能保护红细胞不受疟原虫的影响。在它们的协助下，红细胞的膜骨架会伸展并重新紧紧地折叠起来，不顾寄生虫制造的碍事结构。

短短几个小时后，经过疟原虫改造的红细胞已经变得僵硬，不可能再伪装成一个健康的小体了。于是疟原虫向红细胞表面释放出一组新的蛋白质。它们中的一部分在红细胞表面下堆积成团，使得细胞膜看上去像是起了鸡皮疙瘩。

疟原虫随后用黏性分子刺穿这些疙瘩，它们能抓住血管壁细胞上的受体。这些红细胞黏附在血管壁上之后，就会脱离身体的血液循环。疟原虫没有去尝试蒙混穿过脾脏这个屠宰场，而是干脆避开了它。受到感染的红细胞在大脑、肝脏和其他器官的毛细血管里堆积起来。疟原虫会再花一天进行分裂，到最后红细胞变得仅仅是一层绷紧的外皮，里面包着一团鼓鼓囊囊的寄生虫。最后，下一代疟原虫涨破红细胞，去寻找其他的红细胞入侵。死亡的红细胞里只剩下一坨被榨干的血红蛋白。有一段时间，这个细胞曾经一度沦为寄生虫的住所，它和人体内的其他任何细胞都不一样，最后成了寄生虫的垃圾场。

∿∿∿

旋毛虫同样是生物学上的创新大师[15]，它在某些方面比疟原虫更胜一筹：它是多细胞动物，却能生活在单个细胞内。这种线虫在宿主肠道内从卵中孵化出来，然后会钻开肠壁，通过循环系统穿行于身体之中。它跟随血流进入毛细血管，在那里离开血流，然后钻进肌肉。它会顺着肌肉长纤维爬行，然后钻进构成肌肉的某个长长的纺锤形细胞。19世纪40年代，科学家刚发现寄生在肌肉中的旋毛虫包囊时，以为肌肉组织已经退化，寄生虫在其中沉睡，在等待进入它的最终宿主。一开始，被入侵的肌肉细胞看上去确实会萎缩。构成细胞骨架并赋予细胞硬度的蛋白质逐渐消失。肌肉自身的DNA失去了制造新蛋白质的能力，旋毛虫进入细胞后的几天内，肌肉从瘦长有力变得平滑失序。

但旋毛虫破坏细胞只是为了能够重建它。旋毛虫不会让它宿主细胞的基因失效，事实上，基因会开始自我复制，直到增长至4倍。但增长后的基因现在听从旋毛虫的命令，制造蛋白质，将细胞变成旋毛虫的舒适小窝。科学家一度认为只有病毒才拥有这样的基因控制能力，利用宿主的DNA来完成自我复制。他们后来意识到了，旋毛虫是一种病毒性动物。

旋毛虫把肌肉细胞变成了寄生胎盘。它将肌肉细胞弄得松散柔软，在细胞表面为新的受体腾出空间，以便摄取食物。旋毛虫还会强迫细胞的DNA制造出胶原蛋白，在细胞周围形成一个坚韧的囊体。它会让细胞释放被称为血管内皮生长因子的信号分子。这种分子的正常功能是向血管传递信号，使血管长出新的分支，帮助伤口愈合或向正在生长的组织输送营养。旋毛虫利用这个信号来实现它自己的目标：以胶原蛋白囊体为模子，环绕它编织一个毛细血管网。血液携带营养通过这些血管流向肌肉细胞，使得寄生虫在细胞内生长和胀大；旋毛虫在细胞内来回晃动，探索它的小小天地，肌肉细胞随之鼓胀和呻吟。

寄生虫也能彻底重建植物的内部结构，就像在动物体内一样。植物也有寄生虫，这也许会让你大吃一惊，寄生虫在植物内简直是泛滥成灾。细菌和病毒愉快地生活在植物内，与动物、真菌和原生动物分享这个世界。（有一种锥虫生活在棕榈树内，它是引起人类昏睡病的寄生虫的近亲。）植物甚至会成为寄生植物的宿主[16]，寄生植物会把根系插进宿主体内。寄生植物之所以会形成这种生存方式，是因为它们缺乏植物独立生存所必需的某些技能。生活在盐沼地带的鸟喙花（bird’s beak）是一种半寄生植物，它必须从盐角草和其他能去除水中盐分的植物体内窃取水分，但它能自己进行光合作用，也能从土壤中获取其他养分。槲寄生（mistletoe）能进行光合作用，但无法从土壤中获取水分和矿物质。肉苁蓉则无法自行获取一切养分。

有几百万种昆虫和其他动物生活在植物上，但在1980年之前，很少有生态学家将它们视为寄生虫。它们被视为草食动物，就像没有脊椎的山羊。但北亚利桑那大学的生态学家彼得·普莱斯指出，这些动物与草食动物之间有一个本质性的区别。草食动物之于植物就像猎食动物之于猎物：它们都能把多个物种当作食物。郊狼乐于享用蝙蝠、兔子甚至猫，而羊也不会挑剔它吃的植物，羊走进一片田野，会愉快地啃食苜蓿、梯牧草和野胡萝卜。有些昆虫，例如灯蛾毛虫，像羊一样吃草，会在不同物种的不同个体上咬几小口，然后继续向前爬。然而，也有许多昆虫只在一种植物上生活[17]，至少在它们的一个生命阶段内是这样。一只毛毛虫在一株乳草上从卵变成蛹，它和只能生活在人类肠道里的成年绦虫并没有什么区别。许多以植物为食的昆虫在单独的一株植物上度过一生，按照宿主的生命轨迹塑造自己的生活。

生活在植物根部的线虫[18]极为有力地证明了普莱斯的观点。这些寄生虫是可怕的害虫，摧毁了全世界所有经济作物中的12%。其中有一个特别的物种叫根结线虫（root-knot nematodes），完全是旋毛虫在植物界令人不安的镜像。根结线虫从土壤中的虫卵里孵化出来，爬到植物根系的尖部。它的口器中有一根中空的尖刺，它会把尖刺刺进植物根部。根结线虫的唾液会使得根系的外层细胞爆裂，释放出一小块空间，根结线虫就从那里钻进根部。它在根部内的细胞间向前钻，直到抵达根系的核心。

根结线虫随后会刺穿周围的几个细胞，注入一种特殊的毒素。细胞于是开始复制DNA，外来基因制造出大量蛋白质。这些根系细胞有一些在正常情况下不会激活的基因就此被打开。根系细胞的任务是从土壤中汲取水分和营养物质，然后将它们泵入植物的循环系统，后者是一个由导管和空腔构成的网络，能将食物送往植物的其他部位。但是，在根结线虫的魔咒下，根系细胞会反其道而行之，它开始从植物中汲取食物，细胞壁变得千疮百孔，使得食物易于回流，它还会长出手指状的赘生物，在其中储藏食物。根结线虫向被改造的细胞分泌分子，形成细胞间的某种吸管，用它来吸收从植物其他部位送来的食物。细胞被食物胀大，威胁要胀破整个根系。为了保护根系，根结线虫会促使它周围的细胞分裂，形成一个坚固的根结来承受压力。就像旋毛虫会说哺乳动物的遗传语言，根结线虫也学会了植物的语言。

寄生虫生活在一个偏离正轨的外部世界之中，无论是定向、觅食还是建立巢穴，这个世界都有它独特的规则。獾给自己挖洞，鸟给自己垒窝，而寄生虫往往会扮演建筑师的角色，它施展生物化学的咒语，使得血肉变化成它们想要的形状，一堆木板旋转着飞到一起，自己搭成一座房屋。即便在宿主的体内，寄生虫也拥有自己怪异的内部生态。

生态学家研究的是地球上的几百万个物种如何分享这个世界，但他们无法同时关注一整个星球，通常只会把注意力集中在一个单一的生态系统上，这个生态系统也许是一片草原、一块潮漫滩或一个沙丘。即便划出了这样的界限，其他的问题也还是会让他们苦恼，例如不稳定的边缘地带、种子以各种方式从几英里外被吹来、从山坡另一头绕过来的狼群。结果，生态学家最重要的一些工作都是在岛屿上完成的，这些岛屿在几百万年内被垦殖的次数屈指可数。岛屿是大自然自己建的隔离实验室。生态学家在岛屿上搞清楚了栖息地的大小如何决定有多少个物种能生存其中。他们把这个知识带回大陆，展示一个破碎的生态系统如何形成生态碎片，其中的生物如何灭绝。

对寄生虫来说，宿主就是一个活生生的岛屿。大宿主往往比小宿主拥有更多种类的寄生虫[19]，就像马达加斯加拥有的物种比塞舌尔多一样。类似的，宿主也有一些稀奇古怪的角落。寄生虫能在其中找到不计其数的生态位，因为身体拥有数不胜数的不同位置供寄生虫去适应。仅仅在一条鱼的鳃上[20]，就有100种寄生虫能找到各自不同的生态位。肠道看上去只是个简简单单的圆筒，但对寄生虫来说，每一段肠道都有独一无二的酸度、氧含量和食物的组合。一种寄生虫有可能会适应生活在肠道的表面上、覆盖肠道的内膜上或指状突起间的沟壑中。

有14种寄生虫会生活在鸭子的肠道中（一只鸭子的寄生虫总量平均为22 000只），每一种都以特定的一段肠道为栖息地，有时候邻居间会有所重叠，大多数时候不会。寄生虫甚至能找到办法在人类眼睛中划分领地：有一种寄生虫生活在视网膜里，一种在眼房里，一种在眼白里，还有一种在眼眶里。

假如寄生虫在宿主体内能找到足够多的生态位，它们往往不会为了血肉的小岛而竞争。然而假如它们都想要同一个生态位，往往就会爆发残酷的争夺。举例来说，有十几种吸虫能感染一只淡水螺，但它们都需要在它的消化腺里才能生存。寄生虫学家破开淡水螺的外壳时[21]，通常不会在里面找到十几种不同的吸虫，而是只会发现同一种吸虫的几只个体。吸虫会吞噬竞争者，会释放化学物质，使得后来者难以入侵。生活在其他动物体内的其他寄生虫也会相互竞争。棘头虫进入老鼠的肠道后，会把绦虫赶出最肥沃的区域，绦虫只能前往更靠近末端的一段肠道，在那里更难以找到食物。

不过，最狠毒和最缺乏邻里精神的行为还是非某类寄生蜂莫属，它们给达尔文留下了深刻的印象。考虑到寄生蜂对待宿主的残忍方式，我们其实并不该吃惊的。母蜂在乡间游荡，在空气中嗅闻，寻找宿主爱吃的植物的气味，它的宿主以毛虫为主，有时也包括蚜虫或蚂蚁之类的昆虫。来到植物附近，它开始嗅闻寻找毛虫本身或其排泄物的气味。寄生蜂会落在宿主身上，把刺插进毛虫外骨骼板块间的柔软部位。寄生蜂的刺实际上不是螯针，而是产卵器，寄生蜂通过它来产卵——在一些情况下只是几颗卵，在另一些情况下则是几百颗。有些种类的寄生蜂会注射毒液来让宿主失去行动能力，有些种类则会让宿主继续去啃食植物的叶和茎。无论是哪种情况，虫卵都会孵化，幼虫直接进入毛虫的体腔。有些种类的幼虫只喝毛虫的血液，另一些连肉一起吃。寄生蜂会尽量延长宿主的生命，放过体内重要的器官，让宿主活到它们完成发育的时候。几天或几周后，寄生蜂幼虫钻出毛虫的身体，堵住钻出来时所挖的孔洞，然后在濒死的宿主身上织茧把自己包在里面。幼虫成熟，成蜂飞走，至此，毛虫才终于能够咽气。

不同种类的寄生蜂争夺同一只毛虫的时候，竞争会变成一场残酷的斗争。假如一批寄生蜂幼虫面临过度的竞争，它们的结局很可能是发育不良或因饥饿而死，对需要较长时间来在毛虫体内成熟的寄生蜂种类来说，危险就更加巨大了。佛罗里达多胚跳小蜂（*Copidosoma floridanum*）[22]要花一整个月才能在粉纹夜蛾（cabbage looper）体内成熟，结果它演化成了一种不友善得令人震惊的寄生虫。

通常来说，多胚跳小蜂只会在宿主体内产下两颗卵，一雄一雌。与任何卵一样，它们开始时都是一个单细胞，然后开始分裂；但是，接下来它就偏离了大多数动物所遵循的一般发育过程。多胚跳小蜂的这一群细胞会分裂成几百个更小的群落，每一个都会发育成一只幼虫个体。忽然间，单独的一颗卵就产生了1200个克隆体，其中有一些个体发育得比其他个体快得多，在卵产下仅仅4天后就会变成完全成形的幼虫。这200只幼虫被称为“士兵”，它们是体形细长的雌性，拥有圆锥形的尾部和尖利的口器。它们会在毛虫体内漫游，寻找毛虫用来呼吸的管道。它们会用尾部缠住一根呼吸管，就像固定在珊瑚礁上的海马一样，随着毛虫血液的流动而摇摆。

士兵幼虫的任务很简单，它们活着就是为了杀死其他的寄生蜂幼虫。从它们附近经过的所有幼虫，无论是其他多胚跳小蜂还是另一个种类，都会促使士兵幼虫从它附着的呼吸管出击，用口器咬住路过的幼虫，吸出内脏，让空壳漂走。随着屠杀的展开，多胚跳小蜂的其他胚胎慢慢发育，最终长成另外1000只幼虫。这些幼虫被称为繁殖体（reproductives），外观与士兵迥然不同。它们的口部仅仅是一根吸管，身体短胖，行动迟缓，只能随着毛虫的血流移动。繁殖体无力抵抗任何攻击，然而由于士兵幼虫的存在，它们可以畅饮毛虫的体液，而竞争对手只有萎缩的尸体徐徐漂过。

过了一段时间，士兵会把目标转向它们的同胞——更确切地说，它们的兄弟。一只母多胚跳小蜂会产下一颗雄性卵和一颗雌性卵；两者都分裂发育后，会产生雌雄各半的幼虫。但士兵会选择性地屠杀雄性，因此存活下来的个体以雌性为主。昆虫学家曾记录下从一只毛虫里诞生了2000只雌蜂和仅仅一只雄蜂。

士兵幼虫进攻自己的兄弟有着符合逻辑的演化原因。雄性除了提供精子，对于下一代的繁殖毫无用处。多胚跳小蜂的宿主很难找到，它们的分布犹如小岛，彼此之间相距数英里，因此从毛虫中诞生的雄蜂很可能会在离诞生地很近的地方与它的姐妹们成功交配。在这样的前提下，雄蜂只需要几只就够了，雄蜂数量增加就意味着可供交配的雌蜂数量减少，产下的后代也会相应减少。雌性士兵杀死雄性繁殖体，就能确保宿主养活尽可能多的雌性幼虫，使得它们与姐妹们共享的基因能够继续传播。

士兵幼虫尽管无情，但同时也是无私的。它们生下来就缺少能用来钻出毛虫身体的工具。它们的繁殖体同胞会打洞离开宿主并开始织茧，士兵幼虫却会被困在毛虫体内。宿主死去的时候，它们也会随之死去。

离开宿主的最后这段旅程是寄生蜂一生中最重要的一步。它们必须特别小心，要做好准备，才能够在时机正确时离开，否则它就会和宿主一同死去。接受象皮病检测的人必须在夜间进行检测，就像迈克尔·苏克迪奥小时候那样，这就是原因。成年丝虫生活在淋巴管里[23]，它们产下的幼虫会进入血流，在身体组织深处的毛细血管中度过大部分时间。但是，幼虫想要变成成虫，唯一的出路就是在蚊子叮咬时被带走，而蚊子只在夜间才出来活动。幼虫藏在我们身体的深处，却能通过某种方法知道现在是什么时间（有可能是通过宿主体温的升高与下降），并相应地移动到皮肤下的血管里，它们在那里更有可能被蚊子吸走。深夜两点，还没有在叮咬中被吸走的幼虫会逐渐返回宿主的身体深处，等待下一个黄昏。

寄生虫也能把荷尔蒙当作它们的脱离信号。母兔皮肤上的跳蚤[24]能侦测到它们吸食的血液里的荷尔蒙。它们知道母兔会在什么时候分娩，做出的回应是奔向母兔的面部。母兔产下幼兔后，会用鼻子拱它们，用舌头舔它们，跳蚤于是跳到幼兔的身上。幼兔还不会梳理毛发，母兔只有每天回窝喂奶时才会为它们清洁身体。于是幼兔就成了跳蚤完美的宁静家园。跳蚤立刻在幼兔身上吸血、交配和产卵。下一代跳蚤在幼兔身上成长，然而当它们感觉到母兔又怀孕了，就会跳回母兔的身上，在那里等待感染下一窝幼崽。

假如寄生虫选择寄生的物种是独居生物，那么寻找新宿主就会构成艰巨的挑战。举例来说，夏天你在亚利桑那沙漠挖开几英尺深的硬土[25]，有可能会发现一只蟾蜍。这是库氏掘足蟾（*Scaphiopus couchi*），它正在休眠中度过每年长达11个月的旱季。它躲在地下，不吃东西不喝水，心脏几乎停止跳动，但细胞依然在进行新陈代谢，它把废物储存在肝脏和膀胱里。等到七八月第一场雨落下，季风呼啸而来，土壤变得松散。第一个潮湿的夜晚，蟾蜍恢复活力，爬出地面。

蟾蜍聚集在水塘里，雄性比雌性多10倍。雄性以多变的大合唱吸引雌性，它们叫得激情洋溢，甚至喉咙出血。雌性会在雄性之中游荡，直到找到喜欢的声音，然后轻轻推动雄性。雄蛙爬到雌蛙身上，两者抱在一起，雌蛙生出大量卵子，雄蛙用精子使之受孕。凌晨4点，求偶结束。炽热的太阳升起之前，蟾蜍已经爬回地面下数英寸的地方。等太阳再次落山（而且要有足够的水源），蟾蜍才会返回地表。不交配的时候，蟾蜍会吃下大量食物，以帮助它们熬过一年中其余的时间。一只蟾蜍能在一夜之间吃掉它一半体重的白蚁。与此同时，它们的后代会在10天内疯狂地从卵长成小蟾蜍，这是因为雨季只会维持几周时间。随着雨水渐渐减少，蟾蜍会集体消失在地下，它们在地面上度过了短短几天，现在又回去继续沉睡了。

从一个宿主到另一个宿主的机会如此渺茫，你也许会认为掘足蟾对寄生虫来说是个糟糕的选择。事实上也确实没有寄生虫能在掘足蟾体内找到立足之地，它们大多数只能做到微弱的感染。然而有一种寄生虫在掘足蟾的生命中过得乐此不疲，这种寄生虫名叫美洲伪双睾虫（*Pseudodiplorchis americanus*）。伪双睾虫属于一类名叫单殖纲的寄生虫，这些小小的水滴状小虫几乎都生活在鱼类的皮肤上，在舒适的水体中从一个宿主向另一个宿主传播。然而，有半数掘足蟾携带着伪双睾虫，每只蟾蜍体内平均有5只。

在蟾蜍漫长的休眠期之中，伪双睾虫选择生活的地方不是别处，而正是蟾蜍的膀胱。蟾蜍将多余的盐分和其他废物排入膀胱，而寄生虫在膀胱里愉快地生活、吸血和交配。每只伪双睾虫的雌性个体内有数百颗卵逐渐成熟为幼虫。幼虫在它体内一待就是几个月，等待蟾蜍苏醒。蟾蜍等多久，寄生虫就等多久，哪怕直到第二年才会下雨。等到真的下雨了，寄生虫也会进入它的泛滥期。掘足蟾爬出地面后，皮肤浸泡在水里，水通过血流涌入身体，冲走这一年在体内蓄积的有毒废物，经过肾脏进入膀胱。尿的洪流突然把伪双睾虫的栖息地从盐水海洋变成了淡水池塘。伪双睾虫在激流中坚守阵地，继续等待。它等待的是雄性的大合唱和雌性的盘查。只有在宿主蟾蜍被唤醒性欲，尝试与另一只蟾蜍交配时，雌伪双睾虫才会让它的几百个幼小后代被尿液冲出膀胱，进入水塘。幼虫进入水塘后会立刻撕破卵囊，自由游动。

长达11个月的等待之后，幼虫现在必须争分夺秒。它们只有短短的几个小时，要是不能在掘足蟾交配的水塘里找到另一个宿主，等掘足蟾爬回地下，太阳升起之后，搁浅的幼虫都会被晒死。幼虫在水塘里游动的时候，必须确保自己不会爬到同样在水中聚集的另一种沙漠蟾蜍身上去。引导幼虫游向宿主的有可能是掘足蟾皮肤的某些独特分泌物。伪双睾虫在水塘中拥有强得可怕的归巢能力。对很多种类的寄生虫来说，几千只幼虫中仅有几只找到能供其成熟的宿主并不稀奇。伪双睾虫的成功率却高达30%。幼虫找到宿主后，会沿着掘足蟾的身体向上爬。它会完全离开水塘，尽可能向高处爬。它的目的地是蟾蜍的头部，一旦爬到那里，它就能找到鼻孔并钻进去。

赛跑还没有结束：伪双睾虫必须在雨季结束前进入掘足蟾的膀胱。幼虫在蟾蜍体内面对的情况和沙漠太阳一样残酷。它要顺着蟾蜍的气管向下爬，边爬边吸血，最终进入肺部。它会在掘足蟾的肺部内生活两周，扛住蟾蜍想把它咳出去的气流，成熟变成十分之一英寸（约2.54毫米）长的幼年成虫。接下来它会离开肺部，爬进掘足蟾的口腔，然后掉头钻进食道，向下进入肠道。

蟾蜍用来消化食物的酸和酶应该能溶解这么小的寄生虫。假如你把刚进入掘足蟾肺部的伪双睾虫拽出来，直接塞进它的肠道，寄生虫会在数分钟内死亡。然而在肺部待的那两周里，寄生虫会为这趟旅程做好准备，它会在皮肤上产生许多充满液体的小泡。伪双睾虫进入掘足蟾的消化道后，会让那些小泡破裂，喷洒出来的化学物质能够中和企图溶解寄生虫的消化液。然而即便拥有这样的保护手段，伪双睾虫也不会浪费时间：它会在短短半小时内跑完整条消化道，一头扎进膀胱。从鼻孔到肺部到口腔到膀胱的这趟旅程，耗时从头到尾不会超过3周，而这时宿主掘足蟾已经完成一年一度的交配和进食，重新回到地下。

掘足蟾是极少数和寄生虫一样活得与世隔绝的宿主动物之一：两者会一起在地下度过近一年时光，等待见到同类的下一个机会。

寄生虫垦殖了大自然中条件最恶劣的栖息地，在这个过程中演化出了复杂而优美的适应性。从这个角度说，它们和能自生生活的对手没什么区别，这一点大概会让兰克斯特既惊又惧。在本章中，我都还没抽出工夫来谈寄生虫做出的最伟大的适应呢，那就是如何抵御免疫系统的攻击。这场攻防战值得另开一章。

The Thirty Years' War

How parasites provoke, manipulate,
and get intimate with our immune system

第三章　30年战争

寄生虫如何刺激、操纵和欺骗我们的免疫系统

噢，玫瑰，你病了！
那无形的飞虫
乘着黑夜飞来，
在风暴呼号中。
找到了你的温床
钻进红色的欢愉；
他黑暗而隐秘的爱
毁了你的生命。

——威廉·布莱克，《病玫瑰》

一天，一个男人走进澳大利亚的珀斯皇家医院[1]说他感到疲倦。他感到疲倦已有两年了，现在（1980年夏）他觉得必须搞清楚他出了什么问题。他的健康状况不算完美，但也不算糟糕。他在青春期和二十几岁时曾大量吸烟，现年44岁，唯一的嗜好就是每天晚上喝一杯白葡萄酒。

医生隔着皮肤摸到他的肝脏有肿大。在超声波成像中可以看到三个肝叶中有两个明显变大。然而，没有任何征兆表明他患上了医生以为会发现的那些疾病，比方说肿瘤或肝硬化。直到医生看见病人的粪便检验报告才意识到他究竟怎么了：粪便中含有曼氏血吸虫的多刺虫卵，这种血吸虫只在非洲和拉丁美洲被发现过。

医生请他讲述他的人生历程。他早年过得很艰苦，于1936年出生于波兰的他，在第二次世界大战期间，苏联军队将其全家送进西伯利亚的战俘营。临近战争结束时，他们逃了出来，穿越阿富汗和伊朗，最终抵达东非的一个难民营。接下来的6年里，大草原就是他的游乐场，直到1950年全家移民到澳大利亚。他的后半生一直待在澳大利亚。

尽管难以置信，但病因很简单：他一生中只有一段时间有机会接近曼氏血吸虫，也就是20世纪40年代末，他在坦桑尼亚的湖泊里洗澡游泳的时候，至少有一对血吸虫侵入他的皮肤，一路挺进他的血管。他带着它们来到澳大利亚，和它们一起开始了新生活，雄性和雌性血吸虫活在他体内，静静地彼此纠缠，产下虫卵，就这么度过了30年。

血吸虫的长寿固然令人惊讶，但更了不起的是，它们是在持续不断的威胁和攻击之下做到这一点的。兰克斯特以为寄生虫一旦进入宿主的身体就像是回到了家里。寄生虫可以无所事事，只需要取用包裹着它的食物就行。然而在1879年他写作《退化》一文时，免疫学这门关于身体抵抗外界侵袭的科学比炼金术强不到哪儿去。医生知道注射一丁点儿水痘脓液就能保护人们不受天花的伤害，但他们不知道这样做究竟是如何拯救生命的。兰克斯特的论文发表几年后，科学家才发现猎食性的细胞在我们体内游荡并吞噬细菌，免疫学就此诞生。

想要总结科学家从那以后掌握的关于免疫系统的知识，就好比企图用蜡笔重现西斯廷大教堂。免疫系统的复杂程度不亚于交响乐队，它拥有各种各样的细胞，彼此之间沟通的信号语言加起来有一本字典那么厚，还有几十种化学分子用来协助细胞判断应该摧毁还是放过所遇到的东西。它就像是血液中的大脑。尽管非常复杂，接下来我还是要大致描述一下我们身体杀死寄生虫的主要方式。[2]

免疫系统对入侵者（例如钻进伤口的细菌）的攻击由接连不断的几波攻势组成。第一波攻势中有许多名叫补体（complement）的蛋白质分子。补体分子碰到细菌后会依附在细菌表面，改变形状以抓住路过的其他补体分子。这些分子在细菌表面逐渐堆积，将自己装配成破坏工具，像钻头一样在细菌的细胞膜上开孔。它们还能发挥信标一样的功能，使得细菌更容易被免疫细胞发现。补体分子也会落在人体细胞上，但不会造成伤害。我们的细胞外层覆有某些分子，能够夹在补体分子上并将其分离。

第一批赶到伤口处的有游走性的免疫细胞，最重要的一种是巨噬细胞（macrophage）。它们能靠一些粗略的识别方式在碰到细菌时认出细菌，它们能把入侵者吸入细胞内，然后慢慢消化。另一方面，巨噬细胞还会释放信号促使免疫系统的其他成员注意这个位置。其中一些信号会让附近的血管壁变得蓬松，从而使感染部位变得肿胀，这样就能让其他免疫细胞和分子涌入组织了。巨噬细胞释放的信号分子也会依附在临近血管中恰好路过的免疫细胞上，它们会带领免疫细胞穿过血管壁，来到感染部位，就像孩子拖着母亲的手走向玩具店的货架。

如果有足够的时间，免疫系统还会组织新一波的攻势，使用的是更加复杂的免疫细胞：B细胞和T细胞。人体大多数种类细胞的表面都有一些标准的受体。所以一个红细胞和另一个红细胞看上去完全相同。然而当B细胞和T细胞形成时，它们会改变在其表面生成受体的基因。这些改变了的基因可以制造新的受体，导致这些细胞的受体形状与其他免疫细胞的都不一样。这套改变机制能产生上千亿种不同的形状，因此每一种新的B细胞和T细胞都和人脸一样是独一无二的。

由于B细胞和T细胞的多样性，它们能捕获种类繁多的分子，其中就包括入侵者表面上的那些。能够触发免疫反应的外来分子被称为抗原。但是，B细胞和T细胞首先必须以恰当的方式认识抗原。完成这项任务的是巨噬细胞和其他免疫细胞，它们在吞噬细菌或细菌的残片时会把这些东西切成碎片，然后将这些碎片抗原送到细胞表面放在一个特殊的容器（主要组织相容性复合体，简称MHC）中展示。免疫细胞带着战利品抗原进入淋巴结，在这里和T细胞相遇。假如T细胞刚好有对应抗原的受体，它就能锁定巨噬细胞展示的抗原。一旦识别到抗原，T细胞就会快速增殖，形成一支由相同的T细胞组成的军队，每个细胞都装配有相同的受体。

这些T细胞会演变成三种形态，每一种都能以不同的方式杀死入侵者。它们有时候会变成杀手T细胞，在身体内搜寻被病原体入侵的细胞。在MHC的帮助下，它们能识别出被感染的细胞。和巨噬细胞一样，人体的大多数细胞都能在自身的MHC受体上展示抗原。只要杀手T细胞识别到出问题的迹象就会命令受感染的细胞自杀。细胞内的寄生虫也会随之死去。

有时，被激活的T细胞会协调其他免疫细胞，从而更有效率地杀死入侵者。它们有些会变成炎性T细胞。这些T细胞会主动接近正在对抗汹汹来犯的细菌大军的巨噬细胞，然后锁定巨噬细胞MHC所展示的抗原。这种锁定就像扣动扳机，把巨噬细胞变成更加凶猛的杀手，喷出更多的毒素。与此同时，炎性T细胞会促使伤口进一步肿胀，远远超过巨噬细胞本身能做到的地步。炎性T细胞同时还能杀死疲惫衰老的巨噬细胞，通过吞噬它们来刺激产生新的巨噬细胞。炎性T细胞就像好战的将军：在战争中很有用，但不能放任它们脱离控制。当巨噬细胞产生过多的炎症和毒素，免疫系统就会开始摧毁机体本身。

第三种形态的T细胞能帮助B细胞制造抗体。B细胞与T细胞一样，也拥有能够千变万化的表面分子，因此有能力抓住几十亿种不同的抗原。B细胞附着在病原体片段上之后，有时候也会出现辅助T细胞同时附着在上面。通过这样的联合，T细胞能向B细胞发出信号，促使后者开始制造抗体。抗体就像能够自由漂动的B细胞受体，同样能附着在入侵者的抗原上。

一旦受到激活，B细胞就会开始喷吐抗体，根据抗体的不同特性，它们能用几种方式对抗感染。它们可以聚集在细菌分泌的毒素周围并中和它。它们可以协助补体分子钻开细菌，制造出更大的孔洞。它们能附着在细菌上，破坏其用来入侵体细胞的化学分子。它们能给细菌做标记，使之成为巨噬细胞更明显的攻击目标。

B细胞和T细胞的主体前去消灭从伤口入侵的细菌时，有少数细胞会坐山观虎斗。它们被称为记忆细胞，其任务是在被入侵后保留有关入侵者的记录，一般可以保留许多年。假如同样的细菌再次进入身体，记忆细胞会重新变得活跃，组织一场压倒性的迅猛进攻。这些细胞是疫苗能够成功抵抗疾病的关键：即便免疫细胞只接触到一个抗原，它们也能产生记忆细胞。疫苗只包含抗原分子，而不是一个活的有机体，因此不会使人得病，但依然能让免疫系统在再次遇到相同病原体的时候主动消灭它们。

T细胞、B细胞、巨噬细胞、补体分子、抗体和免疫系统的其他所有部分加起来，织成了一张紧密的大网，能够持续不断地清扫一切入侵者。然而时不时地，也会有某种寄生虫悄悄溜进来，建立自己的根据地。它之所以能做到，可不是因为免疫系统的疏忽，而是寄生虫有能力逃过免疫系统的监察。细菌和病毒有自己的技巧，但许多最有意思的策略出现在“经典”寄生虫群体中，也就是原生动物、吸虫、绦虫和其他真核生物。它们能躲避免疫系统，声东击西，以逸待劳，甚至反客为主，混淆免疫系统，削弱（或者在必要的时候增强）免疫系统释放的信号。寄生虫极为诡计多端，人类已经有了形形色色的疫苗对付病毒和细菌，但至今还没有发明针对寄生虫的疫苗，这个事实就足以说明问题了。假如兰克斯特知道这些，也许就不会给寄生虫一个它们到现在也无法摆脱的恶名了。

~ ~ ~

1909年9月[3]，罗得西亚东北部靠近卢安瓜河的地方，一个来自诺森伯兰郡的强壮青年患上了昏睡病。他的疾病有两个月未能得到确诊，但确诊后不久，他被送回英格兰，在利物浦热带医学院接受治疗。12月4日，他被收进皇家南部医院，他的医生是罗纳德·罗斯少校。罗斯是热带医学的巨匠之一，他在10年前搞清楚了疟疾的传播环：疟原虫如何往返于按蚊和人类之间。昏睡病患者的血液中布满了锥虫，一滴血中就有几千只的钻头状生物。他的腺体肿胀起来，双腿满是红疹。许多个星期中患者不断消瘦下去。罗斯试图用含砷化合物杀死寄生虫，但患者的眼睛受到了伤害，他不得不停止治疗。第二年4月，患者一连呕吐了4天，体重下降10磅（约4.5千克），随后，他变得越来越嗜睡，只会偶尔有精神。他的肝脏胀大，脑部的血管严重充血。

罗斯转而尝试其他治疗手段。他用患者的血液给小鼠接种，让寄生虫增殖，然后抽出小鼠的血液。他加热血液杀死锥虫，然后把这种粗糙的疫苗注射回患者体内。5月，患者的肛门括约肌失去功能，罗斯确定他命不久矣，但一周后，患者的病情突然明显好转。然而好景不长，仅仅几天后他再次变得衰弱，患上肺炎，很快就去世了。解剖尸体的时候，罗斯连一只锥虫都没找到。

几年前，罗斯发明了一种快速检测血液中寄生虫的方法，他在这名患者生命的最后3个月中使用了这种方法。在这个过程中，他得到了全世界第一套昏睡病的每日画像。他把结果整理在患者的病历中，绘制成“令人惊愕的图表”。图中能看出清晰的节奏：在几天的时间内，锥虫会急剧增加原数量的15倍之多。然后同样突然地，锥虫数量会下跌到几乎检测不到的水平。这个周期从头到尾会持续一周左右，患者的发烧和白细胞计数的变化也遵循相同的规律。侵袭这名患者的并不是单独一场的寄生虫攻势，攻势会接二连三地在他体内爆发和衰竭。

罗斯在患者身上看到了“一场争斗，一方是受到感染的身体的防御能力，另一方是锥虫的侵略性力量”[4]。他无从说明这场争斗的本质究竟是什么。之后经过90年的研究，科学家依然无法制造昏睡病的疫苗，但他们至少理解了锥虫如何掀起一场场波澜，直到宿主失去生命。锥虫玩的是一场消耗性的“偷梁换柱”游戏[5]。

假如你像《神奇旅程》里演的那样飞过一只锥虫上方，见到的景象一定会让你感到厌倦。你仿佛见到了艾奥瓦州最单调的玉米田，几百万根玉米秆挤在一起，彼此之间几乎没有任何缝隙。飞过下一只锥虫，情况也没什么改变，是和前一只一模一样的无数玉米秆。事实上，无论什么时候，你飞过人类宿主体内的几百万只锥虫中的任何一只，见到的都会是同样的表层。

对人类的免疫系统来说，这些寄生虫就像桶里的鱼一样容易杀死。假如免疫系统能学会如何识别构成玉米秆的分子中的任何一个，它就能向身体内的几乎所有寄生虫发动攻击。事实上，宿主的B细胞开始针对玉米秆产生抗体的时候，锥虫就会批量死亡，但它们不会彻底灭绝。就在锥虫看上去即将完全消失的那一刻，其数量会忽然触底反弹。景象随之改变。此刻你再飞过锥虫，见到的不会是玉米，而是麦子——依然是单调的农田，但作物变成了另外一种。

这样的迅速改变之所以能够发生，是因为锥虫基因有着独特的排列方式。制造构成锥虫外壳分子的指令位于单独的一个基因上。通常来说，锥虫分裂的时候，新诞生的寄生虫会使用相同的基因来制造相同的外壳。然而每分裂一万次左右，锥虫会突然弃用这个基因，把它从DNA中切割下来，然后从储存了上千个其他构建外壳的基因储备库里捡取一个，粘贴在上一个基因的原位上。新基因于是开始指挥制造表面分子，它与上一种分子相近，但并不相同。

免疫系统的注意力都放在前一种外壳上，它需要时间来识别新的外壳并针对它制造抗体。在这段时间里，拥有新外壳的锥虫是安全的，它们可以疯狂增殖。等免疫系统追赶上来，用新的抗体攻击锥虫，另一只锥虫已经装配上了第三个基因，正在制造第三种外壳。这样的你追我赶会持续几个月甚至几年，锥虫数百次地舍弃旧外壳换上新外壳。这么多种类的锥虫碎片在血流中逐渐积累，宿主的免疫系统会长期过度兴奋，从而开始攻击宿主的身体，直到患者死亡。

这套偷梁换柱策略之所以能够成功，唯一原因就是锥虫能够调取用于构建外壳的基因储备库。但锥虫不能从库中以随机顺序取用这些基因。假如进入宿主体内的第一代锥虫打开了全部构建外壳的基因，免疫系统会对全部种类的外壳产生抗体，迅速阻止感染。假如新一代锥虫又采用了以前用过的外壳构建基因，免疫系统会使用上次遗留的抗体来杀死它们。因此，锥虫会严格按照既定顺序来使用那些基因。取两只锥虫克隆体，感染两只小鼠，它们的后代会以相同的顺序开启相同的基因。这么一来，锥虫就能把感染时间延长到以月为计数单位了。

罗纳德·罗斯被今人记住的是他对疟疾的探索，而不是昏睡病。但他在疟原虫如何对抗人体免疫系统的研究中并无太多建树。锥虫通过大起大落来炫耀逃避免疫系统的功绩，而疟原虫则要低调得多。这种寄生虫在人体内的大部分时间里都在从一个隐蔽处溜向下一个隐蔽处。疟原虫刚通过蚊叮进入人体后，能在短短半小时内抵达肝脏，这个速度往往快得足以逃过免疫系统的视线。疟原虫钻进肝细胞发育成熟，这时就会引起人体的关注了。肝细胞抓取悬浮在其中的疟原虫的游离蛋白质，切碎后转送到肝细胞的表面上，用MHC分子呈现展示。宿主的免疫系统识别出抗原，开始组织进攻被感染的肝细胞。

但进攻需要时间，这段时间足以让疟原虫在一周内分裂出4万份拷贝冲破肝细胞去搜寻红细胞寄生。等待免疫系统做好准备来摧毁被感染的肝细胞时，这些细胞早已变成了空壳。

与此同时，疟原虫正在入侵红细胞并做“家庭装修”。红细胞内缺少基因和蛋白质，疟原虫需要付出大量努力来弥补缺陷，但贫瘠也有贫瘠的优势：红细胞是个良好的藏身之处，它们没有基因，无法制造MHC分子，因此红细胞无法向免疫系统展示它里面藏着什么。接下来的一段时间，疟原虫可以躲在红细胞内部享受这个绝妙的伪装。

随着疟原虫的分裂，逐渐充满红细胞，它不得不开始用自己的蛋白质来支撑细胞膜。为了避免在脾脏中被销毁，它在红细胞的表面上制造突起，每一个突起上都有小小的搭扣，能够抓住血管内壁。这些搭扣本身就构成了一种危险：它们有可能会引起免疫系统的注意。免疫系统可以针对它们制造抗体以集结一支杀手T细胞的军队，根据这个迹象识别被感染的血细胞。

正因为免疫系统能够识别这些搭扣[6]，科学家花了大量时间去研究它们，希望能制造出针对疟疾的疫苗。20世纪90年代，科学家终于拥有了基因测序能力，在对携带制造搭扣的指令的基因完成测序后，他们发现制造搭扣只需要一个基因，但疟原虫的DNA里有一百多个基因能够制造搭扣。每一种搭扣都能让红细胞黏附在血管壁上，但它们各有各的独特形状。

疟原虫入侵红细胞之后，会立刻同时开启许多个用于制造搭扣的基因，但疟原虫只会选择其中之一放在红细胞的表面上，红细胞的表面只会被这个样式的搭扣所覆盖。当红细胞破裂，16只子代寄生虫游出来，它们几乎总是使用相同的基因来制造相同的搭扣。然而每隔一段时间，就会有一只寄生虫换用另一个基因，制造出免疫系统无法识别的新搭扣。疟原虫就是通过这套方法躲藏在光天化日之下的：免疫系统在识别正在使用的搭扣时，疟原虫已经在制造新的搭扣了。换句话说，疟疾使用的偷梁换柱战略与昏睡病的非常相似。尽管罗纳德·罗斯不知道，但他的患者在对抗昏睡病和疟疾的时候，都输给了同一个消耗性的游戏。

疟原虫只是生活在我们身体里的诸多寄生虫之一。有些寄生虫能生活在任何一种细胞内，有些则选择特定的一种。有些甚至专找最危险的细胞寄生，也就是专门负责杀死和吞噬寄生虫的巨噬细胞。利什曼原虫（*Leishmania*）就属于最后这一类。这一族寄生虫包括十几个物种，通过一种叫作白蛉的昆虫的叮咬在人与人之间传播。每一种利什曼原虫都会造成其特有的疾病[7]。硕大利什曼原虫（*Leishmania major*）会导致东方疖（Oriental sore），这是一种自愈性的恼人水疱，看上去像溃疡。杜氏利什曼原虫（*Leishmania donovani*）会攻击我们体内的巨噬细胞，在一年内杀死宿主。还有一种巴西利什曼原虫（*Leishmania brasiliensis*）会导致鼻咽黏膜利什曼病

（espundia），寄生虫会啃食感染者头部的软组织直到患者面目全非。

利什曼原虫不需要像疟原虫钻进红细胞那样用蛮力进入它寄生的巨噬细胞[8]。它更像是个敌方间谍，直接敲开警察总局的大门请警察逮捕它。利什曼原虫在白蛉叮咬时被注入人体内，它会吸引补体分子来试图钻开它的细胞膜，吸引巨噬细胞来吞吃它。利什曼原虫能阻止补体钻开细胞膜，但不会摧毁补体分子。它会允许补体分子履行其另一项职责，也就是扮演信标的角色。巨噬细胞爬过寄生虫，侦测到补体的存在，在细胞膜上打开洞口，吞下利什曼原虫。

巨噬细胞把寄生虫包裹在囊泡中，使囊泡沉入它的内部。通常来说，囊泡会成为寄生虫的处刑室。巨噬细胞会让囊泡和另一个充满分子手术刀的囊泡融合，用后者来分解利什曼原虫。但是，利什曼原虫能够阻止囊泡的融合，科学家尚未搞清楚其中的机理。利什曼原虫所在的囊泡不会受到攻击，安全地成了寄生虫成长繁育的舒适巢穴。

利什曼原虫不但能改造它侵袭的这个巨噬细胞，还能影响身体的整个免疫系统。新生的T细胞第一次遇到抗原并锁定时，有可能会成为辅助T细胞。它会发挥什么样的辅助作用，是炎性的那种，还是协助B细胞制造抗体的那种，取决于在体内传播的特定信号之间的平衡。刚开始，两种辅助T细胞都会增殖，但随着数量的增加，两者会互相干扰。在很多种感染中，这样的竞争会使得平衡向着有利于某一种T细胞的方向倾斜。胜利的一方会以自己的方式向寄生虫发动进攻。

利什曼原虫找到了办法在这场竞争中作弊。显而易见，摧毁这种寄生虫的最佳手段是制造大量炎性T细胞。它们能协助巨噬细胞杀死后者吞吃的寄生虫。事实上，这似乎正是成功战胜利什曼原虫的患者体内所发生的事情。寄生虫学家做过实验，用利什曼原虫感染小鼠，然后抽取从疾病中存活下来的小鼠的炎性T细胞。寄生虫学家将这些T细胞注射给通过遗传手段剥夺了大部分免疫系统的小鼠。注射使得无力抵抗的小鼠也成功地击退了利什曼原虫。

但是在大多数情况下，我们的身体无法正确地构建工事，失败的罪魁祸首似乎正是利什曼原虫。它藏在它寄生的巨噬细胞内，强迫巨噬细胞释放信号，让免疫系统倾向于制造协助生成抗体的辅助T细胞。由于利什曼原虫安全地藏在巨噬细胞里，因此抗体无法接触到它们。于是病情就会不受控制地发展下去。

疟原虫和利什曼原虫对居住地点非常挑剔，只能在特定类型的细胞中存活。大部分寄生性的原生动物也同样挑剔，但有几种寄生虫能侵入几乎每一种细胞。其中之一就是龚地弓形虫（*Toxoplasma gondii*），一种不该生活得这么默默无闻的生物。知道弓形虫的人并不多[9]，尽管每个人的大脑里都很可能潜伏着几千只弓形虫。全世界约有三分之一人口受到了弓形虫的感染，在欧洲的部分地区几乎所有人都是弓形虫的宿主。

虽说有几十亿人携带着弓形虫，但我们并不是这种寄生虫的天然宿主。弓形虫通常在猫科动物（包括家猫和野生猫）和它们吃的动物之间循环感染。猫科动物随粪便排出弓形虫的卵状卵囊，卵囊能够在土壤中休眠多年，等待被鸟、老鼠或羚羊之类的动物吃下去。卵囊在新宿主体内孵化，产生的弓形虫在体内游走，寻找细胞供其寄生。

弓形虫与会导致疟疾的疟原虫是近亲，它的尖端有着同样能让它钻出一条路进入细胞的特殊武器。疟原虫只能寄生在肝细胞和随后的红细胞中，而弓形虫就没那么挑剔了。它能用蛮力闯进几乎所有种类的细胞。

弓形虫入侵细胞后就会开始进食和繁殖。它分裂成128个复制品撕开所寄生的细胞，新一代寄生虫冲出来准备入侵其他细胞。几天后，弓形虫会改变节奏。它不再入侵细胞而是开始建造囊壁，每个包囊里都隐藏着几百个弓形虫个体。每隔一段时间，这些包囊中的一个就会裂开，里面的弓形虫出来入侵其他细胞产生新一代的弓形虫。这些后代会立刻建造自己的囊壁让自己隐藏在包囊里。它们会在包囊里潜伏好几年，直到宿主被猫科动物吃掉。一旦进入最终宿主的体内，它们就会再次苏醒然后开始裂殖。雄性和雌性个体由此诞生，它们交配后制造卵囊，整个循环如此周而复始。

假如一个人吞下弓形虫的卵囊——有可能通过一小块泥

土，也可能是被感染的动物的肉——弓形虫同样会经历这个先快后慢的生活历程。在弓形虫侵袭期间，人几乎不会有什么感觉，最坏的症状也不过像一场轻症流感。弓形虫回到包囊里静静隐藏着的时候，健康的人根本不会注意到它的存在。弓形虫如此温驯，看上去似乎无法与锥虫或疟原虫相提并论。但是，弓形虫和其他种类的寄生虫一样也会细致入微地操控宿主的免疫系统。假如弓形虫疯狂繁殖，碾碎宿主体内的每一个细胞，它很快就会发现自己的宿主不再活蹦乱跳，而是变成了一具尸体，而尸体恐怕不是猫科动物想要捕猎的对象。弓形虫希望中间宿主活着，因此它利用宿主的免疫系统来控制自己的行为。

弓形虫的策略与利什曼原虫的恰恰相反。利什曼原虫促使免疫系统制造协助产生抗体的辅助T细胞，而弓形虫释放出一种分子使得平衡朝着炎性T细胞倾斜。炎性T细胞大量增加，将巨噬细胞变成专门屠杀弓形虫的刽子手，巨噬细胞会追捕弓形虫把它们撕成碎片。只有蛰伏在坚硬囊壁之内的弓形虫才能从攻击中活下来。每隔一段时间就会有几只弓形虫破壳而出补充刺激性的分子，像疫苗加强针似的激发免疫系统的活力。宿主的巨噬细胞被唤醒把弓形虫赶回包囊之中。就这样，在弓形虫的操控下，宿主能够保持健康抵御疾病，而寄生虫舒舒服服地躲在包囊里，等待前往猫科动物内脏中的应许之地。

只有在弓形虫制造的安全环境受到破坏时，它才会对人类形成威胁。举例来说，胎儿没有自己的免疫系统，只受到母亲通过胎盘提供的抗体保护。母亲的T细胞被禁止进入胎儿体内，因为它们会将胎儿视为一个巨大的寄生虫，尝试杀死胎儿。母亲的抗体很容易就能抵御流感病毒或大肠埃希菌，但无法保护胎儿不受弓形虫的侵袭，因为胎儿需要炎性T细胞才能把弓形虫赶进包囊。因此，女性在怀孕期间感染弓形虫是非常危险的。假如弓形虫从母亲身上进入胎儿体内就会不受控制地疯狂繁殖。弓形虫会试图让免疫系统勒住它的缰绳，但胎儿体内没有听众能听见它的呼声。弓形虫会持续增殖，直到导致往往致命的严重脑损伤。

20世纪80年代，弓形虫意外地杀死了另一种人类宿主：艾滋病患者。艾滋病是由人类免疫缺陷病毒（简称HIV）导致的，这种病毒会入侵炎性T细胞利用它们来自我复制，在这个过程中杀死炎性T细胞。艾滋病患者体内的弓形虫钻出包囊裂殖时，期待会造成强烈的免疫应答，将它们赶回藏身之处。但艾滋病患者体内几乎不存在炎性T细胞，宿主和胎儿一样毫无抵抗能力。弓形虫于是疯狂繁殖，对大脑造成巨大的伤害。患者会陷入谵妄，有时甚至丧生。

接下来的十几年里，医生束手无策，无法阻止弓形虫对艾滋病患者造成的伤害。不过到了20世纪90年代，科学家研发出了药物，第一次能够减缓HIV的复制，重新提高炎性T细胞的水平。买得起这些药物的患者并不多，在健康水平的T细胞军队的驱使下，他们体内的弓形虫欣然返回巢穴。但另外还有数以百万计买不起药的患者，他们只能继续面对这种寄生虫无意间造成的疯狂了。

对单细胞的寄生虫来说，躲避免疫系统的追杀当然很困难，但至少它还有体形上的优势。它可以藏进细胞的袋状结构或淋巴管的弯曲处。然而对于寄生性的动物，情况就不一样了。这些多细胞的生物在免疫系统的雷达上就像巨大的飞艇。它们的显眼程度不亚于移植而来的肺脏。假如不持续补充免疫抑制药物来控制免疫系统，移植的肺脏很快就会在免疫系统的攻击下坏死。然而，寄生性的动物（有一些长达60英尺，约18米）能在我们的身体里存活许多年，享受盛宴，产下数以十万计的幼虫。

它们之所以能繁衍生息，是因为它们拥有更多的方法来欺骗我们的免疫系统。猪肉绦虫就是这么一个了不起的例子[10]。在虫卵能够变成我们体内的长带状寄生虫之前，它们首先必须在某个中间宿主（通常是猪）体内度过一段时间。猪随着食物吞下虫卵，虫卵进入肠道后孵化生出六钩蚴。它们会用蛋白酶在肠壁上挖洞钻出去，进入循环系统后，它们随着血流前往肌肉或内脏。来到目的地之后，它们会离开血流，停留下来变成珍珠般的包囊。为了进入最终宿主的身体，它们能在包囊中等待好几年。

假如绦虫只会在猪的体内度过它的包囊阶段，我们也许会对它们如何躲避免疫系统一无所知。但有时候，猪肉绦虫的卵总会进入人体。（举例来说，一个人的体内有一只完全成熟的绦虫，他的手就有可能沾上虫卵，如果这个人刚好要为其他人制作食物……）虫卵会像在猪体内一样孵化，六钩蚴以同样的步骤穿透肠壁，在体内某处（常在眼睛或大脑）安家。六钩蚴会形成包囊，结果有可能致命，也有可能无害，这取决于它选择的安家地点。假如囊蚴贴近血管，有可能会导致组织坏死；假如囊蚴在大脑内诱发炎症，就会导致癫痫；假如它选择的是个更安稳的地点，免疫系统有可能会对它视而不见好几年。但是绦虫和弓形虫不一样，弓形虫的幼虫会在包囊中陷入休眠，而绦虫囊蚴会在包囊内继续活动。它通过囊壁上的小孔吸收碳水化合物和氨基酸，逐渐长大。

宿主的免疫系统注意到绦虫卵的出现，针对它们制造抗体，然而等免疫系统组织起攻势的时候，虫卵已经消失。此时幼虫爬出虫卵，为自己建造了一个包囊。免疫细胞聚集在包囊周围，形成由胶原蛋白构成的外壁，但除此之外它们就无能为力了。包囊在摄入食物的同时还会分泌十几种化学分子，每一种都能以某种方式打击免疫系统。补体分子落在包囊上，但绦虫释放出一种化学物质，它与补体分子结合阻止补体与能刺穿细胞膜的钻头物质结合。免疫细胞会用活性极高的分子轰击包囊，这些分子能够导致组织坏死，但囊蚴会释放出其他化学物质，解除敌人的武装。绦虫和利什曼原虫一样，也能干扰通常能唤醒炎性T细胞大军的信号。绦虫的方法是鼓励免疫系统制造抗体。有证据表明，绦虫之所以会做出如此反常的举动，是因为当抗体附着在包囊上的时候，囊蚴能把抗体拖进去吃掉。换句话说，绦虫是靠吞吃免疫系统的徒劳努力而长大的。

然而，绦虫和弓形虫一样，也不想杀死中间宿主。只有在包囊开始破碎、囊蚴不再抱着能进入最终宿主身体的希望时它才会变得危险。绦虫不再能够分泌它用来诱使免疫系统制造抗体的化学物质，于是免疫系统开始针对绦虫制造炎性T细胞，它们带领巨噬细胞和其他免疫细胞投入战斗。面对如此巨大的一个目标，免疫细胞疯狂地动员起来。它们发动猛烈攻势，使得包囊周围的组织开始肿胀。肿胀造成的压力有时候会大得能杀死患者。导致宿主死亡的并不是寄生虫，而是宿主自己的身体。

我们会发现，血吸虫对人类免疫系统有着更加深入的了解，它藏在人的身体里从非洲来到澳大利亚，30年的岁月让它成了一个玛士撒拉[1]。吸虫幼虫刚一穿透皮肤，就会引起免疫系统的注意。免疫细胞能在感染初期杀死部分吸虫，可能是在它们钻过皮肤的时候，也可能是它们在肺部游走的时候。然而

1 《圣经》里记载的人物，据说他在世上活了969年，是最长寿的人，后来成为西方长寿者的代名词。

等吸虫褪去它们在淡水中的外壳，会立刻披上一层新的表膜，免疫系统将永远无法看透这层伪装。

血吸虫的新表膜之所以这么有迷惑性，是因为它的一部分是由宿主制造的。做个简单的实验你就会明白这个伪装机制是如何运转的了[11]。寄生虫学家从小鼠体内取出一对血吸虫，把它们植入猴子体内，血吸虫不会受到免疫系统的伤害，很快就会开始产卵。假如科学家先把小鼠血液的抗原注射进猴子体内，它们就不会这么走运了。注射的小鼠抗原就像疫苗，训练猴子的免疫系统识别和摧毁小鼠血液抗原。此时再把血吸虫从小鼠移植到注射过疫苗的猴子身上，猴子的免疫系统就会消灭血吸虫。简而言之，血吸虫看上去和小鼠宿主一模一样，猴子的免疫系统对待血吸虫的样子就好像它们是从小鼠身上移植而来的器官。

尽管在这个实验中寄生虫以死亡告终，但实验展示了它们出色的伪装能力。科学家尚不确定血吸虫是如何改头换面的，但似乎构成其表膜的一部分是我们血细胞外壳上的分子。有可能是当血吸虫被红细胞或被白细胞攻击时，能撕下宿主血细胞上的一些分子附着在自己的外壳上。因此，在免疫系统的眼中，这些寄生虫只是红色河流中的一些红色幽影。

血吸虫从我们体内窃取的不只是这些蛋白质分子。补体分子不但会落在寄生虫身上，也会落在我们体内的细胞上。假如它们被允许去正常履行职责，建立信标吸引巨噬细胞，那么免疫系统就会摧毁我们自己的身体。为了避免这样的结果，人体细胞会分泌诸如衰变加速因子（decay accelerating factor，简称DAF）之类的化学物质，它们能够切碎补体分子。血吸虫同样能破坏落在它们表面上的补体分子，寄生虫学家已经分离出了它们使用的蛋白酶，正是DAF。

目前尚不清楚是血吸虫从宿主细胞中窃取了DAF，还是它们本身就有能制造这种蛋白酶的基因。有可能在远古的某个时刻，感染人类的一种病毒吸收了制造DAF的基因，然后跨物种感染了血吸虫，将窃取来的DNA添加到新宿主的遗传物质中。无论是哪种情况，这种分子都能让血吸虫在我们的血管中畅游，像自己也是血管本身一样。

1995年，研究血吸虫的寄生虫学家在维多利亚湖岸边发现了一个悖论[12]。他们研究的人群是湖畔以洗车为生的肯尼亚男性。他们在浅水区工作，往往会感染血吸虫病，也就是由血吸虫导致的疾病。艾滋病在该地区的发病率也很高，因此有相当数量的洗车工同时患有两种疾病。HIV会破坏炎性T细胞，也就是率领巨噬细胞抵御寄生虫的好战将军。随着炎性T细胞的死亡，弓形虫之类原本温驯的寄生虫会在艾滋病患者体内肆虐。然而，血吸虫在HIV面前的表现很差劲。同时患有艾滋病和血吸虫病的维多利亚湖畔洗车工排出的血吸虫虫卵远远少于只患有血吸虫病的人群。

洗车工悖论的起因是血吸虫需要利用人体免疫系统来将

虫卵排出宿主的身体。离开了免疫系统，血吸虫就无法繁殖了。雌血吸虫在血管壁上产卵后，虫卵会分泌出由多种化学物质构成的混合物，操控附近的巨噬细胞。在虫卵的蛊惑下，巨噬细胞产生信号分子，其中最重要的一种名叫肿瘤坏死因子-α（tumor necrosis factor alpha，简称TNF-α）[13]。TNF-α特别擅长使静脉内皮变得松散，吸引更多的免疫细胞从而引起炎症。免疫细胞会试图用毒素杀死虫卵，但虫卵受到坚硬外壳的保护。免疫细胞只能用自己把虫卵包裹起来，编织出由胶原蛋白构成的包裹性防护罩。

免疫细胞制造这个防护罩（学名为肉芽肿）希望能清除掉其中的异物。假如木刺扎进大拇指，细胞同样会在木刺周围形成肉芽肿，然后将其挤到皮肤表面，从你的身体上脱落。附着在血管壁上的血吸虫虫卵所形成的肉芽肿也会受到相同的待遇。肉芽肿穿过血管壁，继而穿过肠壁进入肠道。这正是血吸虫希望发生的事情，因为虫卵必须离开宿主的身体，在水中孵化。换句话说，血吸虫让白细胞充当搬运工，带着它穿过了不可逾越的屏障。进入肠道后，肉芽肿里的免疫细胞会在肠道中的消化液里溶解，外壳坚韧的虫卵却能幸免于难，最终被排出身体。维多利亚湖畔洗车工的悖论就此诞生：艾滋病夺去了免疫细胞，而血吸虫需要免疫细胞来运送它们的下一代。

这是种复杂而优美的繁殖方式，但并不是很有效率。血吸虫生活在血液从肠道流向肝脏的血管中，血流会在虫卵有机会穿壁离开前冲走一半虫卵，它们最终会进入肝脏，在那里形成肉芽肿。然而，肝脏中的肉芽肿对血吸虫毫无用处，甚至还有可能杀死宿主。寄生虫学家猜测，血吸虫也许会通过限制群体的数量来控制它们对宿主造成的伤害。成年血吸虫和虫卵一样，也能促使人体分泌TNF-α。这种化学物质对成年血吸虫没什么伤害，但对刚入侵人体的幼虫来说是致命的，因为它们还没得到机会建构防线。因此，已经感染了血吸虫的人不太可能继续被血吸虫感染。血吸虫似乎会帮助免疫系统攻击同一物种的后来者，免得宿主的体内变得过于拥挤。

关于血吸虫，最令人惊叹的并不是它致残或杀死了多少人，而是它能在绝大多数宿主体内繁衍生息，同时只给宿主造成一点小小的麻烦。它们事实上是自私的守护天使。

只有脊椎动物才拥有我前面描述的这套免疫系统，其中包括能够不断变化以适应入侵者的B细胞和T细胞。无脊椎动物，从海星到龙虾到蚯蚓到蜻蜓到水母的所有动物，它们在7亿年前与我们的祖先分道扬镳，演化出了自己的强大防御系统。举例来说，昆虫会把入侵者埋在会渗出毒药的细胞织成的毯子里，这些细胞最终会在寄生虫周围形成一个窒息性的密封囚笼。专门寄生无脊椎动物的寄生虫也适应了它们特殊的免疫系统，使用的诡计和寄生虫在人类身上使用的一样狡诈。

研究得最透彻的范例之一是叫作集聚盘绒茧蜂（*Cotesia congregata*）的寄生蜂。这种蚊子大小的寄生蜂以烟草天蛾的幼虫为宿主，后者是一种胖乎乎的绿色毛虫，足部有黑色的小钩，尾端有一根橙色长刺，像角似的高高耸起。科学家非常认真地研究了这对宿主和寄生虫，因为烟草天蛾是一种危害性极大的害虫，不只以烟草为食，还吃西红柿和其他蔬菜的叶子；而且，它的体形很大，科学家直接将其组织放在载玻片上，就能看清楚它的体内在发生什么。

盘绒茧蜂的攻击快如闪电，你不太可能用肉眼看清。它落在天蛾幼虫的身上，顺着它的侧面向上爬一小段，把产卵器扎进宿主体内。天蛾幼虫也许会蠕动几下企图赶走寄生蜂，但它的抵抗毫无意义。寄生蜂的虫卵在宿主体内孵化成雪茄状的幼虫。幼虫吸食宿主的血液，用尾端银色的气球状组织呼吸。烟草天蛾的幼虫拥有活跃的免疫系统，但盘绒茧蜂的幼虫能够不为所动地过自己的生活。寄生蜂幼虫本身并不能阻止免疫系统的侵扰，需要母亲的一份赠礼。

母蜂把虫卵作为混合浆液的一部分注入天蛾幼虫的体内。虫卵的生存依赖于这种浆液，假如你取出虫卵清除浆液，把虫卵直接放进这只毛虫体内，宿主的免疫系统会全力发动把虫卵变成干瘪的木乃伊。寄生蜂之所以能够生存，靠的是浆液中数以百万计的病毒[14]。这些病毒不太像我们熟悉的病毒——例如导致感冒的病毒。感冒病毒从一个宿主传给另一个宿主，入侵鼻咽部的黏膜细胞，命令细胞制造病毒的新副本。还有一些病毒，例如HIV，能把基因插进宿主细胞的DNA借以完成自我复制。还有一些病毒甚至走得更远：它们的宿主生下来基因里就嵌入了病毒的遗传物质，会直接把病毒传给宿主的后代。

寄生蜂的病毒更加怪异。寄生蜂出生时，病毒的遗传密码散落在它们的许多条染色体上。对雄蜂来说，这套指令会一直以散落方式存在。但雌蜂就不一样了，雌蜂一旦在茧内发育为成虫，病毒就会苏醒。在雌蜂卵巢的一些特定细胞中，病毒的基因组碎片从寄生蜂DNA中分离出来，拼合在一起，就像一本病毒之书的章节自行组装成原书。接下来，这些基因会指挥形成真正的病毒（也就是包裹在蛋白质外壳中的DNA链），这些病毒逐渐在卵巢细胞的细胞核中装载。细胞核的承受能力达到极限，于是整个细胞炸裂，数以百万计的病毒自由悬浮在寄生蜂的卵巢之中。

但是，这些病毒不会导致母蜂生病。母蜂反而把它们当作武器来对付烟草天蛾幼虫。母蜂将病毒连同虫卵一起注入毛虫体内，病毒会在数分钟内入侵宿主的细胞。它们接管宿主的DNA，命令细胞制造奇特的新蛋白质，这些蛋白质通常不会在天蛾幼虫体内出现，但它们很快就充满毛虫的体腔。这些蛋白质能破坏天蛾幼虫的免疫系统。免疫细胞开始相互黏附，而不是黏附在寄生虫身上，然后它们纷纷破裂。于是宿主丧失了免疫能力，正像艾滋病全面暴发的人类患者（导致艾滋病的病毒同样会破坏免疫细胞）。在这种病毒的帮助下，寄生蜂的虫卵得以在不受宿主滋扰的情况下孵化和成长。

但是和艾滋病患者不同，天蛾幼虫在几天后就能从寄生蜂病毒中恢复过来。不过到了那个时候，寄生蜂幼虫似乎自己就能应付天蛾幼虫的免疫系统了，不再需要母亲的帮助。它们愚弄宿主身体的方式类似于血吸虫愚弄人类身体，也是通过盗用或模仿天蛾幼虫自己的蛋白质来实现的。

一种病毒为另一种生物体充当打手，甚至不惜出手摧毁宿主的免疫系统，最后导致自己也被消灭，这看起来似乎相当反常。但是，病毒保护的每一颗虫卵里都存有制造新病毒的指令，只要部分病毒袭击宿主，它们就能延续下去。另一方面，将病毒视为一种拥有自己演化目标的生物体也可能是错误的。真相或许比看上去的更加反常，因为病毒的遗传密码类似于寄生蜂自身的部分基因，这种相似性可能本质上是遗传而来的，所以病毒有可能来自寄生蜂DNA的一个片段，它变异出了不同于基因复制和储存的正常方式的一种形态。严格地说，我们也许不该称这些“病毒”为病毒——它们代表的也许是寄生蜂包装自身DNA的一种全新方式。（有一名科学家建议称这些病毒为基因分泌物。）假如事实果真如此，那么可以说寄生蜂把它们自身的基因注入另一种生物的细胞，让那里成为更适合幼虫生活的场所。

这种寄生蜂看上去像是来自另一个星球，但它们实际上展示了地球上所有寄生虫的一个共性：寄生虫会找到办法抵抗宿主的免疫系统，它们完全适应了宿主的特异性。它们最终会杀死宿主还是留下宿主的性命，取决于它们如何能够更好地繁衍后代。

A Precise Horror

How parasites turn their hosts into castrated slaves, drink blood, and manage to change the balance of nature

第四章　真实的恐惧

寄生虫如何吸血、把宿主变成阉奴和改变自然平衡

你还是不明白你的敌人是什么，对吧？完美的生物体。它的结构完美无缺，只有它的敌意能与之媲美……我赞赏它的纯粹，它不会被良知、懊悔或道德的幻觉所蒙蔽。

——艾什对雷普莉说，《异形》（1979）

雷·兰克斯特对蟹奴虫的看法只有蔑视，认为作为动物的这种藤壶实质上退化成了植物。蟹奴虫沿着进化阶梯向下爬的态度令人震惊，他觉得它代表了一切落后和懒惰的事物。说来奇怪，曾经懒惰的蟹奴虫现在已成一个象征，告诉我们寄生虫可能多么复杂多变。

兰克斯特的错误并非仅源于他对一切寄生虫的厌恶，还因为他那个时代的生物学家实在太不了解蟹奴虫了[1]。这种寄生虫的生命确实始于能够自由游动的幼虫，在显微镜下，它们看上去就像泪珠，只是多了不停划动的腿和一双黑色的眼点。兰克斯特时代的生物学家以为蟹奴虫是雌雄同体的，但它们实际上有两种性别。雌性幼虫首先要进入蟹的身体。它的腿部有感觉器官能够捕捉宿主的气味，它还会在水中游动直到落在蟹的甲壳上。当它顺着蟹腿爬行时，蟹会因为疼痛或某种甲壳类动物类似惊恐的反应而抽动身体。它来到蟹腿的一个关节上，此处坚硬的外骨骼在柔软的连接处弯曲。在这里它寻找蟹腿上的绒毛，每根绒毛都长在一个小孔之中。它将一根中空的长针刺进这样的一个小孔，通过长针释放出仅由几个细胞组成的一小团物质。只会持续几秒钟的注射过程类似于甲壳类动物和昆虫为了长大而经历的脱壳过程。趴在树上的蝉会把薄薄的一层外壳与身体的其他部位分开，然后从这层外壳中钻出来。这时蝉的新的外骨骼会在一段时间内保持柔软性和延展性，它会利用这段时间快速长大。但雌性蟹奴虫刚好相反，它的大部分身体成了被它抛弃的厚重外壳，继续存活下去的那部分看上去不像藤壶，而像一只显微级的蛞蝓。

这只“蛞蝓”（科学家直到1995年才发现它的存在）一头扎进蟹体的深处，随着时间的推移，在蟹的下腹部定居、生长，在蟹壳上形成一个凸起，并长出了令兰克斯特震惊的根系。生物学家现在依然称那部分构造为根，但它们和你在树底下见到的东西毫无相似之处。它们外面覆盖着细小的肉质指状结构，很像我们肠壁或绦虫皮肤上的结构。和一般甲壳类动物的外骨骼不同，这层结构不会被蜕掉。根系会吸收溶解在蟹血液中的营养物质。蟹在整个过程中会一直活着，徜徉于海浪中，吃蛤蜊和贻贝，你看不出它和健康的蟹有什么区别。尽管蟹奴虫充满了蟹的整个身体，甚至连眼杆都不会放过，尽管蟹的免疫系统无法杀死蟹奴虫，但蟹依然可以作为一只蟹继续过它的生活。

雌性蟹奴虫的隆起长成一个硬结，外层逐渐剥落，在顶部慢慢露出一个开口，在余生中它会一直保持这个状态，除非被雄性幼虫发现。雄性幼虫落在蟹身上，沿着外壳爬行，直到碰到这个硬结。雄性幼虫会在硬结顶端找到那个针尖大小的开口。这个开口太小了，它不可能钻进去，于是，它和先前的雌性幼虫一样，通过“脱壳”舍弃大部分身体将自己的精华注入小孔。脱壳后的雄性呈多刺的红褐色鱼雷状，只有十万分之一英寸（约254纳米）长，它钻进一条不停搏动的甬道，这条甬道会将它送进雌性幼虫的身体深处，在路上它会脱掉多刺的外皮，跋涉10小时后抵达甬道的底部。它在此和雌性合为一体，并开始制造精子。每只雌性蟹奴虫有两条这样的甬道，它通常会带着两只雄性度过一生。雄性不断地使雌性受孕，每隔几周，雌性就会排出几千只幼虫。

于是，蟹变成了另一种生物，它只为服务寄生虫而存在，而不能再做那些会阻碍蟹奴虫生长的事情。它停止脱壳和成长，因为这些事情都会减少提供给寄生虫的能量。蟹在正常情况下可以通过舍弃一只爪子来逃避捕食者，然后再重新长出一只。被蟹奴虫寄生的蟹也可以舍弃爪子，但再不能在原处长出一只新的了。其他蟹在交配繁殖下一代的时候，被寄生的蟹只会没完没了地进食。它们被做了绝育手术。所有这些变化都是寄生虫造成的。

尽管已被阉割，蟹却没有失去育儿的冲动，它只是会把这种感情寄托在寄生虫身上。健康的雌蟹会把受精卵藏在下腹部的育儿囊里，并在等待卵成熟的时间里仔细清理育儿囊，刮掉上面的藻类和真菌。幼体孵化出来要离开母体时，母亲会找一块比较高的石头站上去，然后上下跳动，将幼体从育儿囊中释放到洋流中，同时挥舞爪子进一步搅动水流。蟹奴虫形成的硬结恰好就在育儿囊的位置上，蟹对待它的态度就仿佛那是自己的育儿囊。蟹会在蟹奴虫幼虫成长中为它打扫卫生，等幼虫准备离开时，它会一下一下地把它们挤压出来，释放出浓密的一团团的寄生虫。它一边释放幼虫，一边挥动爪子帮助它们游得更远。雄蟹也无法逃脱蟹奴虫的掌控。正常的雄性会发育出比较狭窄的腹部，但被感染的雄性腹部会长得和雌性一样宽，宽得足以容纳育儿囊或蟹奴虫的硬结。雄蟹甚至会表现得像是长出了育儿囊的雌蟹，会在寄生虫幼虫成长时精心照顾它们，也会在浪花中摆动着释放出幼虫。

生活在另一个生物体内已经是一个巨大的演化成就了，整个过程包括找到宿主、穿行于宿主体内、在宿主体内寻找食物和交配对象、改造它周围的宿主细胞、战胜防御机制。但蟹奴虫之类的寄生虫还要更进一步，它们控制宿主。事实上，它们变成了宿主的新大脑，把宿主改造成了新的生物。仿佛宿主本身只是傀儡，寄生虫才是操纵它的那只手。

这出木偶戏以不同的形式上演[2]，具体呈现哪种形式取决于寄生虫的种类和寄生虫在生命特定阶段中对宿主有什么需求。寄生虫刚在宿主体内的某个舒适位置安顿下来时，食物是它的首要需求。集聚盘绒茧蜂释放的病毒卸下烟草天蛾幼虫的防备后，它的虫卵开始孵化成长。寄生蜂不只是被动地吸食周围的食物[3]，它还会改变宿主的进食方式和消化食物的过程。

一个宿主体内的寄生蜂越多，宿主就会长得越大，最大能达到正常尺寸的两倍。毛虫吃植物叶子的时候，寄生蜂会改变它分解食物的方式。通常来说，天蛾幼虫会把大部分树叶转化成脂肪，这是一种更稳定的能量形态，可以储存起来以备幼虫在茧里禁食时使用。但是，被盘绒茧蜂寄生后，天蛾幼虫会把食物转化为糖类，这是一种更便捷的能量形态，可供寄生虫快速成长。

寄生虫生活在与宿主的微妙竞争之中，争夺的是宿主自己的血肉。宿主用在自己身上的任何能量都可以用来供养寄生虫生长。但是寄生虫切断某个重要器官（例如大脑）的能量供应是愚蠢的，因为那么一来宿主就再也不能去找任何食物了。因此寄生虫只会截取比较不重要的能量供应。盘绒茧蜂一方面会夺走天蛾幼虫的脂肪储备，另一方面也会关闭宿主的性器官。雄性天蛾幼虫拥有很大的睾丸，它们通常会将从食物中获取的大量能量用于促进睾丸生长。然而，假如雄性毛虫体内存在寄生蜂，那么睾丸就会萎缩。很多寄生虫独立演化出了阉割宿主的策略，例如蟹奴虫对蟹，血吸虫对被它们感染的螺。宿主无法将能量浪费在产卵、发育睾丸、寻找交配对象或抚养后代上，从遗传学的角度讲，它们变成了僵尸，只是为主人服务的不死亡灵。

就连花卉也有可能变成僵尸，服务于它们的寄生虫主人。科罗拉多山区的山坡上，有一种名叫同丝锈菌（*Puccinia monoica*）的真菌生活在芥类植物体内[4]。这种真菌会把菌丝长进芥类植物的茎干内，吸食植物从空气和土壤中汲取的养分。

为了繁殖，锈菌必须和另一株芥类植物体内的锈菌交配。于是，这种真菌会阻止植物开出自己的精致小花，强迫植物把成簇的叶子变成亮黄色的假花。假花看上去和山上的其他花朵毫无区别，不但在可见光下是这样，在紫外光下也是如此。它们吸引蜜蜂前来舔食真菌强迫植物从假花上分泌的黏稠甜味物质。真菌将雄性配子和雌性生殖器官塞进假花，因此当蜜蜂从一株植物飞到另一株植物上时就会帮助真菌完成交配，而植物本身则变得不育。

无论寄生生物通过改造宿主让自己生活得多么舒适，它迟早要离开。有些寄生生物前往生命周期中的下一个宿主，另一些则会进入成年阶段进行自生生活，在大多数情况下，寄生生物会小心翼翼地安排好它的退场。对大多数寄生生物来说，让宿主继续过正常的生活就意味着自己的死亡。烟草天蛾幼虫通常会蜕五次皮，然后从它啃食的植物上爬到地面，在泥土中向下挖几英寸，织好茧把自己包裹起来，直到变成蛾子破茧而出。但是，假如烟草天蛾幼虫被集聚盘绒茧蜂寄生了，它的表现就变得完全不同。它们只会蜕两次皮，而且永远不会得到地面的召唤，从植物上爬下去。它们会不断地啃食叶子，为寄生虫提供营养，直到寄生蜂准备离开。到了那个时候，天蛾幼虫会失去胃口，减缓进食直至停止。厌食症的罪魁祸首似乎正是寄生蜂[5]，因为一只健康的天蛾幼虫能愉快地吞食几十个蜂蛹。

另一种寄生蜂更进一步[6]，把宿主（菜青虫）变成了保镖。

寄生蜂的幼虫成熟后会先让菜青虫失去行动力，从菜青虫的腹部钻出来，然后在菜青虫所在的叶子上织茧。尽管寄生蜂已经吃掉了菜青虫的内脏，并在它体内留下许多卵壳，菜青虫还是会恢复过来，但它不是奄奄一息地逃跑，而是在寄生蜂幼虫之上织一层网保护它们不受其他寄生虫的危害，然后把自己的身体盘在保护网上。要是有什么东西惊扰菜青虫的安宁，它就会警觉起来，冲出去咬住敌人，喷吐有毒的液体——简而言之，它会保护寄生蜂的茧。只有在寄生蜂破茧而出之后，菜青虫才算是履行完了对它们的职责，终于能够躺平死去。

寄生蜂离开宿主体内后可以在干燥的地面上生活，但其他许多种寄生虫必须进入水中。举例来说，有一些寄生性的线虫成年后在溪流中自生生活，之后在水中交配产卵[7]。它们的后代孵化后，会攻击与它们共同生活的蜉蝣幼虫。线虫幼虫会刺穿蜉蝣幼虫的外骨骼，蜷缩在后者的体腔内。在那里它们和蜉蝣一起长大，窃取蜉蝣的食物。蜉蝣在水中度过漫长的发育期，最后变成长翅的优雅形态。雄性蜉蝣从水面腾空而起形成庞大的虫云吸引雌性个体。宿主体内的线虫也跟着悄然升空。

雄性和雌性蜉蝣在虫群中找到彼此。两者拥抱着落入溪流旁的草丛和芦苇中开始交配。你不仅能通过蜉蝣的生殖器官（雄性有小小的抱握器，以帮助它们完成交配）来分辨两种性别的个体，它们其他的身体部位也有区别：雌性的眼睛很小，常左右远离；而雄性的眼睛向外突出较大，在头顶处左右接近。一旦交配结束，雄性就完成了一生的任务。它们会懒洋洋地从溪流旁飞远找个地方等死。雌性则不同，它们会逆流而上寻找一块突出水面的石块，然后爬到石块底下，上下摆动身体开始产卵。假如雌性蜉蝣体内有线虫，线虫成虫会咬破蜉蝣的腹部，钻出来爬向砾石，寻找自己的交配对象，被丢下的宿主静静死去。

线虫的策略有个显而易见的巨大缺陷：假如它凑巧进入了一只雄性蜉蝣的体内，最后就会落在一片草地上，无法爬回水里，而是和宿主一起死去。不过线虫找到了解决方法，这个方法让人联想起蟹奴虫：线虫会把雄性变成准雌性。被线虫感染的雄性蜉蝣成熟时，它不会形成带抱握器的生殖器官，也不会长出在头顶拱起的复眼。线虫会让雄性蜉蝣不但看上去像雌性，连行为也一模一样。它不会飞走等死，而是会落到溪流中，甚至会在寄生虫破体而出时上下摆动身体产出并不存在的卵。

有两个原因使线虫需要回到水中，一是进入生命中的下一个阶段；二是来到一个让后代有可能找到可感染蜉蝣的环境。对寄生虫来说，进入下一个宿主的身体是压倒一切的目标，因为它们别无选择："自由等于死"是寄生虫的信条。有一种生活在家蝇体内的真菌提供了一个引人入胜的范例[8]。这种真菌的孢子与苍蝇接触时会黏附在苍蝇身上，然后将菌丝长进苍蝇的身体中。真菌如蟹奴虫般的根须长满苍蝇的身体，吸取苍蝇血液中的营养，让苍蝇的腹部随着它的生长而膨胀。苍蝇看似正常地继续存活了好几天，越过喷溅的汽水飞向牛粪，用喙钩取食物。但苍蝇迟早会产生一种无法控制的冲动，它们会飞向高处，可能是草叶的尖端或纱门的顶部，然后伸出喙，但这次不是用来钩取食物，而是把自己固定在高处。

苍蝇放下前腿把身体推离所在处的表面。它会扇动翅膀几分钟，然后保持竖立的姿势。与此同时，真菌将菌丝从苍蝇的腿部和腹部挤出来。菌丝顶端是一包包小小的孢子，底下像是装着弹簧。苍蝇以这个怪异的姿势死去，而真菌从它的尸体中弹射出去。苍蝇死亡的每一个细节，无论是高度还是翅膀和身体的角度，都让真菌处于一个极佳的位置，能够将孢子发射到风中，撒在处于下风处的其他苍蝇身上。

就好像对那一丁点儿大的真菌来说，这样的成就还不够伟大似的，被感染的苍蝇还总是在临近日落前以这种戏剧性的方式死去。就算真菌在半夜成熟到了能够制造孢子的阶段，它也不会放出孢子，而是会延缓这个过程，等待天亮，直到下一天即将结束时才完成仪式。真菌不但能决定苍蝇如何死去，而且还能决定它在何时死去：必须在临近日落前的时候。只有在这个时刻，空气才足够凉爽，露水才足够充足，更适合孢子在另一只苍蝇身上快速生长；也只有在这个时刻，健康的苍蝇才会从空中降落在地面上准备过夜，成为更容易侵袭的目标。

类似于这种真菌的寄生生物利用宿主去接近同物种的其他宿主。但对其他的许多寄生生物来说，它们的游戏还要更加复杂：它们必须穿过一系列不同动物的身体。有时候它们会强迫当前的宿主进入下一个宿主的活动范围。特拉华的海岸边生活着一种吸虫，它把泥螺当作第一宿主，把招潮蟹当作第二宿主[9]。唯一的问题是泥螺生活在水里，而招潮蟹生活在海滩上。不过，泥螺被吸虫感染之后就会改变行为模式，它们会变得躁动不安，当潮位低时会在岸边游荡或爬上沙地，而健康的泥螺则一直待在水里。泥螺将吸虫排在沙地中让寄生虫靠近招潮蟹，因此寄生虫很容易就能钻进招潮蟹体内，轻松得就像叫出租车去汽车站。

还有一种吸虫，常见于欧洲和亚洲的草场，在北美洲和澳大利亚也偶有发现。这种吸虫名叫矛形双腔吸虫（*Dicrocoelium dendriticum*），它的成虫以牛和其他草食动物为宿主，虫卵随着牛的粪便排出，被饥饿的螺吞下后在其肠道中孵化[10]。幼虫穿过螺的肠壁在消化腺中安家。吸虫在那里产下新一代尾蚴，它们浮出表面。螺会尝试用黏液包裹它们以保护自己不受侵害。于是黏液在尾蚴周围结成球状，螺将其咳出，留在草丛中。

接下来轮到蚂蚁上场了。对蚂蚁来说，螺的黏液球非常美味。蚂蚁在吞下黏液时会一同吞下数百只矛形双腔吸虫。寄生虫进入蚂蚁的肠道，在蚂蚁体内游荡一段时间，最终前往控制蚂蚁口器的神经丛。在这趟旅程中，寄生虫一直成群结队，然而来到神经丛这里后它们就兵分两路。大部分幼虫会重新返回腹部形成包囊，仅有一两只会留在蚂蚁的头部。

它们会对宿主施行寄生虫的巫术。随着夜晚临近，气温下降，被寄生的蚂蚁会不由自主地离开地面上的同伴爬向草叶的顶端。和被真菌感染的苍蝇一样，蚂蚁会把自己固定在叶尖上。但矛形双腔吸虫的目的与真菌不同，真菌把宿主当作弹射器，把孢子撒在其他昆虫身上；而吸虫只有进入最后宿主（哺乳动物）的体内才能继续生存。被感染的蚂蚁把自己固定在叶尖上，它在那里更有可能被路过的牛或草食动物吃掉。蚂蚁落入牛胃后，幼虫会冲破蚂蚁的身体前往牛的肝脏，变为成虫在那里生活。

矛形双腔吸虫和前面提到的那种同丝锈菌一样，对时间的流逝非常敏感。假如蚂蚁待了一整夜也没被吃掉，那么在太阳升起时，矛形双腔吸虫就会让蚂蚁松开草叶。蚂蚁爬回地面像一只正常昆虫那样度过白昼。可以想象若是宿主受到炽热阳光的直接炙烤，寄生虫就会和它一同死去。随着夜晚再次降临，寄生虫会让蚂蚁再次爬上草叶，继续等待被吃掉的命运。

虽然大多数寄生虫不会在人类身上做类似的尝试，但还是有几种做得相当好。麦地那龙线虫蜷伏在桡足类动物体内度过幼年时期[11]，桡足类动物在水中游来游去，在人喝水时被吞下，然后在胃液中融化，从而释出麦地那龙线虫。幼虫进入肠道穿过肠壁进入腹腔，然后移行到结缔组织内，直至找到交配对象。2英寸（约5厘米）长的雄性和2英尺（约60厘米）长的雌性完成交配，之后雄性会找个地方等死。雌性则在皮肤中移行，最终来到腿部。在它行进的过程中受精卵开始发育，到它抵达目的地的时候，虫卵已经孵化，成为子宫中熙熙攘攘的无数幼虫。

这些幼虫必须进入桡足类动物的体内才能成为成年个体，所以它们会驱使人类宿主进入水中。首先，它们压迫母体的子宫，力度大到会使部分子宫露出母体从而释出部分幼虫。成年麦地那龙线虫能驯服人体免疫系统，这样它们就可以安然无恙地在我们体内移行，但幼虫不一样，它们会引来免疫系统的快速应答，免疫细胞疯狂地冲向它们，使得周围的皮肤肿胀起水疱。患者会感觉到剧烈的灼痛，缓解痛苦最好的办法就是向患处浇凉水或干脆把整条腿泡在水塘里。水疱内已经脱离母体的幼虫碰到水就会游出去，母体碰到水的反应是排出更多的幼虫。这时它不像先前那样让幼虫挤破身体，而是会让幼虫通过一条更奇特的路径离开母体：通过它的嘴部。每次入水都会有50万只幼虫通过母体的食道被呕出来。剧烈地收缩动作将它一点一点从人体破溃的部位挤出去，最终母体和所有幼虫都会离开宿主——母体死去，幼虫在水中寻找桡足类动物去寄生。

当人类和桡足类动物赖以生存的水源很稀缺时，寄生虫的这种操控行为会得到最佳的报酬，因为在这种情况下人更有可能将幼虫排入它们能找到下一个宿主的地方。因此，麦地那龙线虫病在沙漠地带尤其严重也就不足为奇了，毕竟那里的人们聚居在绿洲周围。

麦地那龙线虫之类的寄生虫安于待在第一宿主体内，等待偶然的机会被下一宿主吞下。其他寄生虫就没这么依赖运气了。它们的不同宿主经常会有交往，通常是吃和被吃的关系。叮咬性的昆虫会寻找人类和其他脊椎动物吸食血液，而这些昆虫体内充满了想要进入我们身体的寄生虫，这绝非巧合。疟疾和丝虫病是由蚊子传播的，昏睡病是采采蝇传播的，黑热病是白蛉传播的，盘尾丝虫病是黑蝇传播的。（昆虫也同时携带细菌和病毒，传播鼠疫、登革热和其他疾病。）这些寄生虫游入昆虫制造的创口，然后在我们的皮肤或血流中生活，待在这些地方它们更有可能在宿主下次被昆虫叮咬时带走。对大部分寄生虫来说，仅待在合适的地方还不够，它们会改变昆虫的行为方式，让昆虫能够更快地传播寄生虫。

吸血并不简单。蚊子落在你的胳膊上，它必须把喙插进坚韧的皮肤外层，然后来回转动一阵寻找皮肤下的血管[12]。耗费的时间越久，蚊子就越有可能被你一巴掌打成血肉模糊的一团。蚊子一旦开始吸食血液，你的身体就会做出反应——凝血堵塞创口。血小板聚集在蚊喙周围释放化学物质，形成黏糊糊的团块并吸引其他的血小板。蚊子企图吸血时，原本如水的血液鸡尾酒这会儿却变成了黏稠的奶昔。为了争取更多的时间，蚊子通过唾液释放抗凝血的化学物质。其中有一种是三磷腺苷双磷酸酶（apyrase），它能切开血小板制造的黏合剂，其他的化学物质能够扩充血管以带来更多的血液。

吸血的风险使得蚊子不敢始终如一。假如它们觉得从一个猎物身上吸血过于困难，它们会迅速飞向另一块皮肤。假如这个猎物患有疟疾，他体内的寄生虫就会让他的血液变得更加美味。疟疾会干扰宿主的血小板使它们难以凝结。按蚊吸到疟疾患者的血，会发现进食更容易，因此就更有可能去吸疟疾患者的血，同时带走血液中的寄生虫。

疟原虫进入按蚊体内后，需要过一段时间才能进入另一个人类的身体。它必须移动到按蚊的肠道中，与其他疟原虫交配，然后繁殖。10天内会有10 000余个动合子以这种方式形成。动合子发育成子孢子迁移进入唾液腺，在那里做好进入人体的准备。但是在此之前，按蚊吸血对疟原虫来说没有好处可言。疟原虫有可能会在叮咬期间被压碎，也就不会带来任何益处。因此，疟原虫会尽可能阻止宿主吸血。携带疟原虫动合子的按蚊[13]会比体内没有寄生虫的个体更容易放弃猎物。

一旦疟原虫进入按蚊的口部，就会希望按蚊尽可能多地叮咬猎物。疟原虫会进入唾液腺，找到负责制造抗凝血酶分子的腺叶。它们会切断按蚊的三磷腺苷双磷酸酶供应，因此，当按蚊将喙插进新宿主皮肤时，就会更难防止血液凝结。为了得到相同数量的血液，按蚊必须叮咬更多的宿主。另一方面，疟原虫会让按蚊变得更饥饿，依然导致按蚊必须喝更多的血，叮咬更多的宿主。结果，携带疟原虫的按蚊在一夜之间吸食的人类血液会比健康按蚊多一倍。携带疟原虫的按蚊带着更多的血液飞向更多的宿主，从而更有效率地传播疟疾。

疟原虫利用捕食者（对它来说是按蚊）与猎物（我们）接触。寄生虫也能利用相反的关系完成寄生，它会先生活在猎物体内，然后等待猎物被捕食者吃掉。有些寄生虫愿意坐等中间宿主被吃掉，但很多寄生虫没这么好的耐心。有一种名叫双盘吸虫（*Leucochloridium paradoxum*）的吸虫[14]把蜗牛当作第一宿主，把吃昆虫的鸟类当作最终宿主，尽管鸟类对蜗牛并没有食欲。双盘吸虫会钻进蜗牛的眼柄以引起鸟的注意。双盘吸虫身上带有棕色或绿色的条纹，隔着蜗牛透明的眼柄也能被看到，在鸟的眼中这条纹酷似毛虫。鸟向蜗牛发起进攻，得到的却是一肚子的寄生虫。

还有一些寄生虫能改变宿主的肤色，让宿主变成更显眼的目标。有一些种类的绦虫[15]会在三刺鱼的肠道内生活数周，等它们想进入鸟类的身体了就会把鱼变成橙色或白色。它们还会改变鱼的行为方式[16]以吸引鸟类。正常情况下，三刺鱼对喜欢吃它们的水鸟总是避之不及。它们会尽量待在水下的深处，白鹭把头部伸到水下，它们会放弃进食的机会飞快逃窜。然而被绦虫寄生的三刺鱼会变得像是浮标，只能身不由己地在靠近水面的地方游动，而且还会变得无所畏惧，就算鸟已经到了危险的近处，它们也会继续追逐食物。

有时候，寄生虫觉得让宿主变得易于被攻击还不够，它们甚至会把宿主直接送进捕食者的嘴巴里。棘头虫就是一个好例子。这一类寄生虫有很多种的幼虫生活在湖泊和河流中的无脊椎动物体内，然后在鸟类体内变为成虫，把多刺的头部深深扎进鸟类的肠壁。有一种名叫湖泊钩虾（*Gammarus lacustris*）的小型甲壳类动物[17]在水塘与河流的表面处觅食，然而当它的捕食者（水鸭）靠近时，钩虾会背光逃跑，借此会潜入水底。但是，假如钩虾的体内有棘头虫，它的行为就恰好相反。假如水鸭靠近，钩虾会产生无法抗拒的趋光冲动，于是朝着水面移动。浮出水面后，它会沿着水面游动，直到碰到石块或植物。一旦碰到这些固定物，它就会用口部咬住，这就等于将自己献给了水鸭。

弓形虫是种在几十亿人大脑中休眠的原生动物，它看上去像是一种温和的动物，不会干什么精神控制之类的勾当[18]。说到底，它只是躲在自己的包囊中，并不想杀死宿主。然而这种温和只是它无意识盘算的一部分，最终目的无非是为了提高进入最终宿主体内的可能性。弓形虫在整个生命周期中需要在猫科动物及其猎物之间来回转移，而死老鼠无法吸引绝大多数猫科动物。事实证明，弓形虫会尽其所能帮助猫科动物杀死猎物。

多年以来，牛津大学的科学家一直在研究弓形虫对小鼠行为的影响。他们建造了一个6英尺乘6英尺（约1.8米乘1.8米）的户外围场，用砖块砌成由小径和隔间构成的迷宫。他们在围场的四个角上各放了一个巢箱，巢箱里有一碗食物和水。他们在每个巢箱里都加了几滴特定气味的液体。其中一个巢箱加了新鲜草垫的气味，另一个巢箱加了鼠窝草垫的气味，还有一个巢箱加了兔子尿的气味，最后一个巢箱加了猫尿的气味。他们把健康小鼠放进围场，小鼠好奇地跑来跑去，探索这些巢箱。当它们闻到猫的气味时，不但会迅速离开，而且再也不会返回那一角了。这并不奇怪，猫的气味会导致小鼠大脑内的化学物质平衡突然改变，诱发强烈的焦虑情绪。（研究人员在小鼠身上测试抗焦虑药物时，正是使用少量猫尿来诱发恐慌的。）焦虑发作使得健康小鼠会避开猫的气味，并对探索新事物产生恐惧。还是活下去最重要，所以最好低调一点。

研究人员随后将携带弓形虫的小鼠放进围场。在大多数情况下，携带弓形虫的小鼠与健康小鼠毫无区别，它们争夺交配权，在觅食方面也毫无困难。研究人员发现，唯一的区别在于它们更有可能害死自己。围场中猫的气味并没有让它们感到焦虑，它们像是什么都没发生似的该干什么就干什么。它们在猫的气味附近探索，就算没有更频繁但至少和它们在围场中其他各处的探索一样频繁。在一些实验中，它们甚至对那个地点产生了特别的兴趣，一次又一次地回去查探。

弓形虫把小鼠变成了啮齿类的神风敢死队，很可能就提高了它们进入猫体内的机会。假如弓形虫不小心犯错，进入了人类的身体而不是小鼠的，它几乎就不可能完成应有的旅程了。然而有一定的证据表明，它依然会想方设法操控宿主。心理学家发现弓形虫能改变人类宿主的性格，而且男性和女性的变化不同。男性会变得更不愿意服从社会的道德标准，更不担心因违反社会规则而受到惩罚，更不容易信任他人。女性会变得更加外向和热心。两种改变似乎都会降低宿主的恐惧心，而正是恐惧使得我们尽量避开危险。虽然这样的改变远远不足以让我们舍身饲虎，但它无疑通过切身体验提醒了我们，寄生虫有可能使用某些方式来控制我们的命运。

科学家在七十多年前就知道这种转变的存在，但他们并不认为这是真正的操控。寄生生物不可能对显然优于它们的宿主谋划出精确的改造法。它们只能造成随机的伤害，也许这些伤害在偶然间改变了宿主。直到20世纪60年代，科学家才开始认真思考：寄生生物是否可能在计划性地改变宿主的生理功能甚至行为方式。从那以后，他们找到了数不胜数的案例表明寄生生物看起来完全符合这个猜想。

大部分案例来自真核生物类的寄生虫，不过非真核生物的细菌和病毒有时也能扮演傀儡师的角色：一个喷嚏就能把感冒病毒送向新的宿主；埃博拉病毒似乎利用了我们对垂死者和逝世亲友的尊敬，它们使患者涌出大量血液，血液沾在接触患者身体的其他人身上完成感染。假如你去浏览“操控者”的案卷，就会发现细菌和病毒占比极小。这也许是因为它们的需求非常简单，细菌和病毒极少会把多个物种当作宿主，传播也只需要宿主的日常接触——也许是性爱，也许是握手，也许是虱子的叮咬。细菌和病毒中也许确实存在许多有待发现的操控者，但它们可能会一直潜藏下去，因为细菌和病毒的大多数研究者主要从疾病、症状和治疗的角度来思考，而不会像寄生虫学家那样思考。后者倾向于将研究对象视为生命体，它们必须在宿主体内求生，并想方设法进入新宿主的身体。

研究寄生虫操控行为的最大风险在于，你有可能会提出实际上并不存在的狡诈策略。一方面，对宿主的一些改变可能只是为了进行简单的破坏；另一方面，一个人就算能注意到寄生虫改变了鱼的颜色，这个现象也未必有什么意义。重要的是这样的改变是不是真的会让鱼更容易被鸟吃掉。想要证明操控行为确实存在，唯一的办法就是做实验。首次证明了操控行为不是随机事件的实验是20世纪80年代珍妮丝·摩尔做的，她是科罗拉多州立大学的寄生虫学家。她选择研究的寄生虫是一种棘头虫，幼虫时期生活在森林地表的球潮虫体内，成年时期生活在星椋鸟体内，虫卵随着鸟粪排出，被更多的球潮虫吃下去。

摩尔用耐热玻璃托盘制作了小隔间来研究被感染的球潮虫的行为[19]。在一个实验中，她想确定球潮虫对湿度的反应。她先把一个托盘倒扣在另一个托盘上面，制造出一个封闭的空间，然后用玻璃屏障将其隔成两部分，其间只留下一条窄缝，并用一小块尼龙网盖住。她用重铬酸钾来提高一个小隔间的湿度，因为这种化学物质与空气反应后会产生水；用盐水降低另一个小隔间的湿度，因为盐水能抽取空气中的水分。之后她把几十只球潮虫放进托盘制造的空间，等着看它们会选择比较干燥的小隔间还是比较湿润的小隔间。随后，她解剖球潮虫，看它们有没有携带棘头虫的幼虫。

在另一个实验中，她在托盘中央的四块卵石上放了一片瓷砖，建造出一个小小的庇护所，然后等着看球潮虫会躲在底下还是留在空旷处。在第三个实验中，她把带颜色的砾石（一半黑色砾石，一半白色砾石）倒进托盘，想知道球潮虫会趋向浅色背景还是深色背景。

球潮虫生活在湿润的森林土壤中，在那里它们要躲避吃虫的星椋鸟。你把它们放在地面上，它们会飞快地钻回地下。它们被土壤较高的湿度、较暗的光线和较深的颜色等因素吸引。在这三个实验中，健康的球潮虫会待在潮湿的小隔间里，远离干燥的小隔间；会躲在她为它们建造的庇护所底下；会选择黑色的砾石，而不是白色的。但是，她发现携带棘头虫幼虫的球潮虫会比健康的球潮虫更频繁地走进干燥的小隔间，寄生虫会迫使宿主更不倾向于躲在庇护所底下、更频繁地爬上白色的砾石。被寄生的球潮虫无法辨认这些事关生死的因素，因此更容易被星椋鸟捕食。

摩尔并没有想当然地猜测是什么因素使星椋鸟能更轻松地捕食，而是让星椋鸟自己来现身说法。她让球潮虫在关着星椋鸟的笼子四周爬动，鸟吃下球潮虫。她发现鸟更喜欢吃被寄生的球潮虫，而不是健康的那些。在另一个实验中，她为星椋鸟设置了巢箱，星椋鸟会在巢箱中喂养雏鸟。它们在周围的野地中搜寻食物（包括球潮虫）带回巢箱。摩尔用烟斗通条捆住雏鸟的颈部，以封闭咽喉，让它们刚好无法咽下食物。摩尔从雏鸟嘴里和巢箱中采集成鸟带回来的球潮虫将其解剖，她发现被寄生的球潮虫在鸟巢里出现的概率高得异乎寻常。在随机选择的地点中，只有少于1%的球潮虫会携带棘头虫幼虫，但摩尔在雏鸟嘴里采集的球潮虫有30%受到了感染。

摩尔的实验结果发表后，其他人仔细验证了她的猜想。在许多实验中，被研究的寄生虫确实会改变宿主行为，提高寄生的成功率。寄生虫学家在确认操纵行为真实存在后，就立刻开始思考寄生虫究竟是怎么做到的了。不同的寄生虫很可能拥有其独特的操控机制，其中一些也许非常简单。绦虫在三刺鱼体内生长，会占据三刺鱼的整个体腔，吸走宿主吃下的大部分食物，因此鱼自己可能依然饥肠辘辘。饥饿促使三刺鱼冒着更大的风险去获取食物，而不是在觉察到鸟类靠近时飞速逃跑[20]。对绦虫来说，鱼的危险等同于对自己的拯救。

大部分机制复杂得多。寄生虫可以掌握宿主的神经递质和激素的词汇表。尽管还没有找到任何特定分子能以特定方式改变宿主的行为，但寄生虫学家相当确认事实正是如此。动物的身体和大脑的化学信号流过于嘈杂，科学家难以捕捉寄生虫发出的信号。不过寄生虫学家还是能间接判断出很多寄生虫分泌的化学物质的特征，就像你看见影子也能大致分辨一个人那样。

回想一下可怜的湖泊钩虾，棘头虫迫使它游向水塘的表面，然后紧紧地攀住一块石头直到被水鸭吃掉。显而易见，钩虾的神经系统出了问题，因为同样的感知会让健康的钩虾潜入河底，而被寄生的钩虾做出的反应则完全相反。生物学家取出被棘头虫感染的钩虾的神经元[21]，用化学物质对其染色，假如神经元内存在某些特定的神经递质，染色物质就会让神经元变成亮色。在检验一种名叫血清素的神经递质时，神经元亮得就像圣诞树。

你可以在几乎所有动物体内找到血清素。对人类和其他哺乳类动物来说，它似乎能够使大脑活动安定下来。血清素水平降低，人有可能会变得偏执、抑郁和暴力。（百忧解正是通过提升血清素水平来治疗抑郁症的。）血清素在无脊椎动物的大脑中同样扮演一定的角色，只是科学家还不确定它的作用究竟是什么。但他们知道一件很有意思的事情：给健康的钩虾注射血清素，它往往会找个东西攀住并紧抱不放。

血清素为什么会让湖泊钩虾抱住东西不放？原因可能与交配有关。钩虾交配的时候，雄性会用腿抱住雌性，将身体贴近雌性的身体。雄性会攀在雌性身上长达数日，等待雌性脱壳。雌虾脱壳后，会把卵排进腹部下的育卵囊。雄虾给卵受精，继续抱着雌虾不放以防止其他想要交配的雄性靠近。

交配中的雄虾的姿势与棘头虫迫使钩虾做出的姿势完全相同。假如寄生虫学家向被感染的钩虾注射能阻断血清素发挥作用的药物，它们会停止攀抱几个小时。棘头虫有可能分泌了某种促使血清素水平升高的分子，触发了一系列的化学信号，使得钩虾以为它正在交配，甚至能让雌虾在交配中扮演雄性角色。

等寄生虫学家搞清楚寄生虫操控行为的完整机制后，他们会发现实际情况比这更加复杂。寄生虫不太可能只用一种分子来控制宿主，它们很可能拥有一个大药房，里面装着各种各样的药物，准备在寄生虫的一生中根据不同需求选择性释放。科学家集中力量研究一种寄生虫的整个生命周期时，最终浮现出的就是这么一番景象，比如缩小膜壳绦虫（*Hymenolepis diminuta*）就是这样。膜壳绦虫的成虫在老鼠的肠道中生活和交配，能长到1.5英尺（约45厘米）。虫卵随着鼠粪便排出，然后被甲虫吃下去，进入甲虫体内后，卵膜会被溶解，露出一个有3对小钩的球形生物。它用6只钩子抓破甲虫的肠道，进入甲虫的循环系统，在一周多一点的时间内长成短尾形态。此后它会在甲虫体内等待甲虫被老鼠吃下去，最终在老鼠体内变成成虫形态。它的整个生命周期通常在粮食仓库里完成，谷物被甲虫吃，甲虫被老鼠吃，然后老鼠把粪便留在谷物中。

绦虫还没有进入甲虫的身体，就已经开始操控甲虫了。一种对昆虫来说无法抵御的气味会引诱甲虫去吃含有虫卵的鼠粪[22]。假如甲虫同时遇到了健康老鼠的粪便和被寄生的老鼠的粪便，它更有可能选择有绦虫卵的粪便。假如你提炼出被感染粪便的气味并溶解在液体中，仅一小滴就使甲虫纷至沓来[23]。有可能是虫卵或老鼠体内的成虫产生了这种气味，也有可能是寄生虫以某种手段改变了老鼠的消化系统使得宿主自己产生了气味。无论如何，它都足以引诱甲虫吃下虫卵，进而可能被老鼠吃下去。

进入甲虫体内后，绦虫会用另一些化学物质让甲虫绝育[24]。甲虫和其他大多数昆虫一样，会把能量储存在名叫脂肪体的结构中。雌性甲虫利用部分脂肪制造卵黄。它们必须向脂肪体发送激素信号以使储备的脂肪进入虫卵。脂肪体细胞对这个信号做出反应，开始合成名叫卵黄原蛋白（vitellogenin）的化学物质，它是卵黄的重要成分。卵黄原蛋白离开脂肪体，在甲虫体内流动，直到抵达卵巢中的虫卵处。甲虫的虫卵由大量辅助细胞包围，其中只留下几道少且狭窄的缝隙，事实上任何物质都很难从中穿过并抵达虫卵。然而特定的激素会与辅助细胞结合使其收缩，使得缝隙打开。在足量激素的作用下，卵黄原蛋白就能抵达虫卵处并变成卵黄了。

绦虫会在几个不同环节破坏这个事件链。它制造出的一种分子进入脂肪体后会减缓细胞制造卵黄原蛋白的速度。脂肪体依然会输出卵黄原蛋白，但能抵达虫卵处的似乎寥寥无几。绦虫似乎还会制造另一种分子，它能使卵巢中辅助细胞的受体失效。它阻塞受体，不让激素与受体结合，因此辅助细胞也就不可能收缩了。辅助细胞保持膨大状态，卵黄原蛋白无法抵达虫卵处。这些分子的作用都是阻止甲虫将绦虫的上佳食物送往甲虫的虫卵处。

绦虫在甲虫体内成熟后，就准备好给自己寻找一只老鼠了。甲虫当然不会同意，因此绦虫只好拉开装药的另一个抽屉。其中一些化学物质（有可能是减弱痛苦和恐惧感的麻醉剂）会让甲虫产生不主动藏匿的倾向。把被感染的甲虫放在一堆面粉上[25]，它更有可能会在表面爬动，而不是钻进去躲避捕食者的视线。绦虫会让甲虫行动变得迟缓，难以从攻击中逃脱。即便如此，一只被感染的甲虫在被老鼠咬住时还是会尽全力保护自己。甲虫腹部有一对腺体，能够放出一种散发恶臭的化学物质，此时老鼠往往会吐掉嘴里的甲虫。然而绦虫一旦成熟，就会阻止腺体合成这种毒药[26]。被感染的甲虫试图自卫时，因为无法合成毒药，它对老鼠来说味道就没那么坏了，因此它比健康的同类更有可能被老鼠吃掉。自始至终，甲虫都受到了寄生虫的引导和控制。

∿ ∿ ∿

假如你在加利福尼亚的卡平特里亚，拐下文图拉公路朝着海边开一小段，经过一个泰迪熊仓库和一组火车轨道，就会见到一道铁丝网。网里是一片洼地，郁郁葱葱地生长着数百英亩盐角草之类的低矮植物。这就是卡平特里亚盐沼。在一个晴朗的夏日，一名叫凯文·拉弗蒂的生态学家打开围栏的大门领着我进去。他想向我展示盐沼的生态是如何运转的。拉弗蒂身着游泳裤和印着荧光狮子鱼图案的旧T恤，穿一双拖鞋踩在土路上，一只手里拎着潜水靴。我在盐沼待了几天，拉弗蒂一直陪伴着我，这已经是他打扮得最正式的时候了。他面相年轻，有着一头麦黄色的头发。自从1981年来到加州大学圣芭芭拉分校后，他就在附近的海滩上冲浪。你很难看出在海浪翻滚中的他是生物学教授，而不是大二的学生。

我们沿着垫高的土路走向海边，他滔滔不绝地说着盐沼的事情。“海平面底下必须有一定的低于海平面的内部空间才有可能形成盐沼。这一空间可以是河形成的沟槽，海水在高潮位的时候能够涌进来。东海岸的盐沼一般都是这样形成的。地壳构造活动导致的下沉也形成一定的空间。”他指了指内陆的圣伊内斯山，山脉在公路的另一侧高高隆起，浓雾像围巾似的披在山坡上。“整个加利福尼亚海岸线混合了各种复杂的地壳构造活动和海平面的变化。因为它曾经下沉过，所以人们认为这块盆地曾被海水淹没。”这片区域现在比海平面低1英尺（约30厘米）左右，因此圣莫尼卡溪和富兰克林溪带来的沉积物不会进入大海，而是会在此累积。每天涨潮的时候，海水都会涌入盐沼，漫过河岸，淹没整片区域，一直到铁丝网为止。拉弗蒂说：“假如海平面保持不变，不再有地壳活动，再过100年，这儿也许就是陆地了。但假如地面继续下沉，那么沉积物就不会堆积成这样了。”沉积物的累积、淡水的流入和海水的涨落，这些彼此对立的力量相互妥协，形成了这块被沟槽分隔开的宽阔水涝土地。

每天退潮的时候，阳光烘烤泥土，水分蒸发，剩下盐卤留在土壤中。在一些地方，土壤的含盐量甚至高于海水。这种条件不允许树木生存，取而代之的是生命力顽强的低矮植被，它们完全适应了高盐环境。盐角草就是个典型的范例，它从地下抽出咸水将盐分储存在果实中，然后利用过滤后的淡水。盐沼沟槽两侧遍布光秃秃的烂泥滩，上面覆盖着一层有暗绿色泽的水藻。虽然这些藻类看上去很不起眼，但它们在近乎完美的生存环境中狂欢。淤泥中充满了氮、磷和溪水从山上带来的其他营养物质。每次退潮时，无遮蔽的滩涂都会裸露在外，假如它们一直淹没在水下，藻类绝对不可能获得这么多的阳光。现在是退潮的时候，藻类可以愉快地进行光合作用。堤岸旁散落着成千上万个小小的生日帽，那是加州角螺（California horn snails）正在吃水藻。拉弗蒂说："它们这是在修剪快速生长的草坪。"

这里生活着许多无脊椎动物，例如小帘蛤和沙钱，它们是脊椎动物的美食。一些鱼类（例如箭鰕虎鱼和鳉鱼）常年生活在河口，退潮时聚集在低水位的区域，涨潮时觅食，此时会有模样古怪的刺魟和鲨鱼从海里来和它们做伴。今天能看见的只有鳉鱼。它们飞快地游来游去，时而侧身露出色彩艳丽的腹部。在河道的岸边有一些比较大的洞口，它们有拳头那么大，而不是常见的手指粗细。清晨的阳光照在洞口时，螃蟹会慢慢爬出来，其中有粗腿厚纹蟹（lined shore crab），它们能像开核桃似的夹碎海螺，也有招潮蟹，它们举起巨大的爪子，像是在向新的一天打招呼。这儿没什么哺乳类的捕食者，随着卡平特里亚之类的城镇的发展，山狮和熊已被赶走，只留下了浣熊、黄鼠狼和家猫。不过盐沼依然是鸟类的嘉年华，红嘴巨鸥、北美鹬、笛鸻、黄脚鹬、杓鹬、长嘴半蹼鹬，都在盛宴中挑选自己的美食。

拉弗蒂看着这一切，在吃的和被吃的，阳光被不同形式的生命转化，但他见到的东西和其他生态学家不尽相同。一只杓鹬从洞里钩出一只蛤蜊，他说："它被感染了。"他看着岸边的海螺说，"超过40%的海螺被感染了。它们只是披着伪装的寄生虫，这简直就是装满寄生虫的集装箱。"他指着岸边如雪花般星罗棋布的鸟粪说，"那是一堆堆的吸虫卵。"他反思了下他对我说的话，耸了耸肩，"我知道我的视角很扭曲。"

1986年，拉弗蒂在加州大学圣芭芭拉分校开始念研究生时，他的视角还没这么扭曲。假如当时有人请他研究这片盐沼的生态学，他只会研究他能看见的事物。他会度量海螺能吃下多少水藻，会统计一条雌鳉鱼每年总共能产下多少卵，会记录一只鸟一天能吃多少蛤蜊。但现在他意识到，那么做会漏掉这个生态系统中真正的大戏，因为他忽略了寄生虫。

事实上，这么做并不奇怪。几十年来，生态学家蹚进河口，划船进入湖畔，翻山越岭，只为了观察两件事情：生物如何争夺生存必需品（例如食物和水），以及如何努力不被吃掉。他们观测植物和动物的密度、年龄的分布、物种的多样性。他们绘制如蛛网般的食物网络图，但这些线条从来不会指向寄生虫。生态学家并不否认寄生虫的存在，但认为寄生虫仅仅是无关紧要的搭车客。他们所理解的生命是可以脱离疾病而存在的。拉弗蒂说："很多生态学家不喜欢考虑寄生虫，他们对生命体的看法止步于其体表。"

没几个生态学家愿意费神用数据来证明他们的漠视是合理的。对他们来说，在正常情况下动物总会携带几种寄生虫，这一点完全无关紧要。另一方面，寄生虫学家也同样失职。他们埋头在实验室里研究寄生虫，根本不知道寄生虫在真实世界中会造成什么影响。

事实证明，这些影响可能巨大。举例来说，最近10年间海洋生态学家才发现海洋中充满了无数病毒[27]。他们早就知道病毒能感染几乎所有海洋生物，从鲸鱼到细菌都不例外。但他们以为病毒数量并不大，而且它们过于脆弱，不可能造成伤害。事实上，海洋中的病毒不但生命力顽强，而且数量惊人。平均每夸脱（约0.9升）表层海水中有100亿个病毒。病毒最喜欢的目标宿主是细菌和浮游生物，因为这两者是海水中数量最多的宿主。同时它们也是海洋食物链中的最底层环节，捕食性的细菌和原生动物会吞吃病毒，继而被动物吃掉。海洋生物学家现在意识到这个关键环节是病态的。海洋中的半数细菌被病毒杀死，此时细菌会炸开，变成一小团有机质的星云。其他细菌会吞吃它的残骸，很多时候它们会被另一个病毒引爆。海洋中大量的生物质停留在这个从细菌到病毒再到细菌的循环中，不会向海洋食物链的其他环节提供食物。假如病毒从海洋中消失，海洋很可能会被鱼和鲸塞满。

在陆地上，寄生虫扮演着同样重要的生态学角色。数十年来，研究塞伦盖蒂平原的生态学家认为当地角马和其他草食哺乳动物的种群数量由两个因素控制：一是能够供养它们的食物；二是使它们数量减少的捕食者[28]。然而，在20世纪的大部分时间内，影响种群数量最大的因素是一种病毒。人们称之为牛瘟（rinderpest），1890年前后，病牛从非洲之角传入肯尼亚和坦桑尼亚。它从家畜跳跃到野生动物身上，使得草食动物的数量急剧下降，肉食动物的数量随之下降，几十年都没有恢复过来。直到20世纪60年代牛只开始接种疫苗，塞伦盖蒂的哺乳动物数量才开始回升。

寄生虫不需要杀死宿主就能产生巨大的影响。一种寄生虫可能会降低一个物种的竞争优势，导致它无法赶走其他竞争者，从而使两个物种的并存成为可能。鹿携带的一种线虫不会给它们造成伤害，但一旦进入驼鹿体内就会钻进脊椎导致驼鹿脚步踉跄最终死亡。若是没有这种寄生虫，鹿就不可能和驼鹿一较高下了。拉弗蒂等生态学家已经证明，寄生虫对宿主的操控有可能对自然平衡造成重大影响。

拉弗蒂念研究生的时候，认为他已经相当了解加利福尼亚海岸的生态了，他从高中就在这里玩水肺潜水（他为钻井平台清除贻贝，挣钱支付了大学学费）。直到他上了一门寄生虫方面的课程，他的想法才有所改变。他的老师阿尔曼德·库里斯向他展示了寄生虫在大海中是多么随处可见，他听得目瞪口呆。“当我潜水的时候，我就知道这些动物而且很喜欢它们，但你一切开它们会发现里面全是寄生虫。我意识到海洋生态学的图景中缺少了很大的一块拼图。”

拉弗蒂开始研究卡平特里亚盐沼的寄生虫。卡平特里亚有许多研究对象供他选择，光是会感染加州角螺的吸虫就有十几种，拉弗蒂选择了最常见的加州真单睾吸虫（*Euhaplorchis californiensis*）。鸟在排便的同时排出虫卵，这些卵被角螺吃下。虫卵孵化后会阉割角螺，尾蚴在游出宿主的身体之前会先繁殖两代。之后尾蚴会在盐沼中寻找下一个宿主：加州鳉鱼。它们附着在鱼鳃上，进入它细小的血管，然后爬向鱼的身体深处，找到神经，顺着神经爬向大脑。它们并不会进入鳉鱼的大脑，只会在大脑顶部形成薄薄的覆盖物，看上去有点像一层鱼子。寄生虫会在那儿等待鱼被水鸟吃掉。进入鸟类的胃部后，它们会冲出鱼头，钻进鸟的肠道，从内部窃取鸟的食物，并在鸟粪中产卵，让鸟将虫卵重新撒向沼泽和水塘。

拉弗蒂想知道这个生命周期对盐沼生态的影响。假如不存在吸虫，卡平特里亚还会是现在这个样子吗？他从角螺阶段开始研究这种寄生虫的生命周期。吸虫和角螺的关系很奇特，并不是捕食者和猎物之间的关系。猞猁杀死白靴兔时，本来会被死去的兔子吃掉的嫩叶会被其他活着的兔子吃掉，并用嫩叶中的能量来喂养仔兔。但卡平特里亚的吸虫不会杀死宿主。从基因的角度说，被寄生的角螺已经死了，因为它们再也不能繁殖了。但它们还活着，会吃水藻养活它们体内的吸虫。假如角螺真的死了，它们要吃的水藻本会成为其他幸存角螺的食物。但实际并非如此，以角螺为载体的吸虫与未被感染的角螺产生了直接竞争。

拉弗蒂设计了一个实验，想看看竞争究竟是如何展开的。“我的办法是做几个有网眼的箱子，水可以流进也可以流出，但角螺无法穿过网眼。箱子的顶部是开放的，允许阳光照进来，这样水藻就可以在底部生长了。然后我把角螺拿到实验室里，先确定谁被感染了而谁没有，然后测量每一只的尺寸，根据大小和是否被感染把它们放进不同的网箱。除了我控制改变的因素，所有的网箱都是一样的。这些箱子都放在一张写字台那么大的区域内，我在盐沼各处以相同的方式放置了8套同样的设施。”

拉弗蒂记录下在没有被感染的角螺这一竞争对手的情况下，健康角螺的表现。它们长得更快，产卵更多，能在更拥挤的环境中繁殖兴盛。从实验结果中拉弗蒂看到，在自然条件下，寄生虫带来的竞争极为激烈，乃至于健康角螺无法快速繁殖，充分利用盐沼的资源。事实上，假如你根除吸虫，角螺的整体数量会增加接近一倍[29]。如果这发生在真实世界，而不是实验室里，如此爆炸性的增长会对盐沼生态造成一连串的影响，水藻层会变薄，而角螺的捕食者（例如蟹类）会更容易兴盛起来。

1991年，拉弗蒂获得博士学位后继续与库里斯合作。他的视线跟随吸虫从角螺转向鱼类。拉弗蒂开始研究时，人们对吸虫如何影响鳉鱼宿主还一无所知。他捕一网鱼上来，解剖后会发现大部分鱼的脑部顶端都栖息着寄生虫。它们进入鱼的身体后，似乎不会对鱼造成什么伤害，甚至不会激发鱼的免疫应答。我和拉弗蒂站在盐沼里，看着脚下的河道，我显然不能分辨出哪些鳉鱼被寄生了，哪些是健康的。

但拉弗蒂猜测吸虫未必只是被动的乘客。它们应该和许多其他的寄生虫一样也可以操控自身的命运。拉弗蒂说："你看这些鱼，我看不到任何会引起我注意的东西。但我越是熟悉操控行为的那套玩意儿，就越是觉得寄生虫肯定在做些什么。它们寄生的位置正适合它们动手脚。想想一个简单的化学分子，像百忧解那种。吸虫很容易就能分泌一些什么神经递质。"

拉弗蒂安排学生基莫·莫里斯去确定吸虫究竟会不会影响鳉鱼。拉弗蒂搜集了42条鱼带进实验室，倒进一个75加仑（约284升）的水族箱。莫里斯盯着这些鱼看了许多天。他会选出其中的一条，观察半小时，记录它的每一个动作。然后他会把这条鱼捞出来解剖，看寄生虫有没有覆盖它的大脑，然后他会再选一条鱼盯着沉思。

肉眼看不见的线索从观测结果中浮现出来。鳉鱼搜寻猎物时，会交替出现慢速逡巡和快速游动两种行为。但莫里斯偶尔会发现一条鱼会摆动身体，突然抽搐，侧身游并露出腹部，快速蹿向水面。假如有鸟在扫视水面，鱼这么做是很危险的。根据莫里斯的观察，体内有寄生虫的鳉鱼摆动、抽搐、亮出腹部和冲向水面的可能性比健康鳉鱼高3倍。于是拉弗蒂和一名分子生物学家合作，研究寄生虫如何让宿主跳舞。他们发现吸虫能泵出威力巨大的分子信号，这种物质名叫成纤维细胞生长因子（fibroblast growth factor，简称FGF），它能影响神经的生长。事实证明，这就是寄生虫版的百忧解。

拉弗蒂决定研究这种操控对盐沼生态的影响。他说："一旦我们注意到行为模式的改变，接下来要做的就是现场试验了。"拉弗蒂想知道莫里斯观察到的反常行为能不能被诠释为让鱼更容易被鸟吃掉——不是关在实验室笼子里的鸟，而是可以自由飞向不同沼泽地的真鸟。他和莫里斯安装了两个围场，它们的顶部都敞开，一侧与岸边齐平，这样鱼就无法逃脱，而鸟可以很容易地进入围栏或直接蹚水走进去。他们将被感染、会亮出腹部的鳉鱼和健康的鳉鱼混合放入两个围场，然后用网遮住一个，不让鸟进去吃鱼。

他们观测了围场两天，不知道鸟会不会搭理它们。然后一只大白鹭蹚水走进围场，它一步一步迈得很慢，像是在沉思。它盯着浑浊的水面看了一会儿，然后啄了几口，最后一下叼出了一条鳉鱼。

3周后，拉弗蒂和莫里斯从围场里捞出剩下的鱼，带回实验室打开颅骨检查。结果比莫里斯的观测结果更加惊人[30]：鸟选择被寄生鳉鱼的可能性不是高3倍，而是30倍。有可能它们的眼神比莫里斯敏锐许多倍，也有可能它们只是非常懒惰。

但是，鸟为什么会选择这么多有病的鳉鱼呢？[31]要知道，它们几乎就是肠道寄生虫的代名词。事实上，尽管吸虫确实会对鸟造成伤害，但这个伤害相对较小。毕竟让鸟保持健康能够飞行更符合寄生虫的利益，那样鸟就能带着吸虫飞向另一片盐沼去繁殖了。假如鸟完全避开被感染的鳉鱼，它确实能保持健康，但也会饿肚子。寄生虫使得大量的食物唾手可得，收益远远大于损失。

昔日学生的发现震惊了阿尔曼德·库里斯：“让我感到意外的是，根据保守估计，吸虫使捕食的易感性增加了30倍。30倍！于是我后退一步，看着鸟在外面飞来飞去，心想：假如它们获得食物的难度增加30倍，我们还能看见这么多的鸟吗？正是因为这一点，我对操控行为的看法从‘这是个好故事’，变成了‘它确实很重要’——它很可能在水鸟生态中扮演了重要角色。对鸟类来说，还有什么比食物更要紧？”

这种力量并不局限于加州海滩的盐沼。卡平特里亚盐沼

2000英里（约3219千米）之外，生态学家格蕾塔·艾比一直在潜水考察夏威夷的珊瑚礁[32]。珊瑚实际上是动物的聚落，每一只柔软的珊瑚虫都嵌在坚硬的白垩质骨架之中。珊瑚虫会探入海水中滤食或产卵，然后缩回安全的铠甲内。有一种名叫细微柄杯吸虫（*Podocotyloides stenometra*）的海生吸虫从生活在珊瑚礁周围的蛤类体内开启它的生命周期，继而入侵珊瑚虫完成生命周期的第二阶段，接下来它需要进入吃珊瑚虫的蝴蝶鱼的肠道，而蝴蝶鱼必须花很大力气去啃食珊瑚虫从坚硬的棕色外骨骼上露出的那一丁点儿肉体。

寄生虫不可能让珊瑚像鳉鱼那样跳舞从而吸引下一任宿主的注意。但埃比发现，细微柄杯吸虫能改变珊瑚虫的行为，结果同样有效。吸虫进入珊瑚内部后，虫体会膨胀起来，外壳也从正常的棕色变成显眼的粉色。与此同时，它会长出一个由碳酸钙尖刺组成的网状结构，使得珊瑚虫无法缩回去。因此，膨胀而显眼的珊瑚虫会悬在外面，路过的蝴蝶鱼很容易就能看见它。事实上，埃比把蝴蝶鱼放进同时装有健康和被寄生的珊瑚鱼缸时，蝴蝶鱼啃食对象的80%是生病的珊瑚。一条鱼能在半小时内吞下340只吸虫。

不过，埃比在她研究的生态系统内发现的同盟关系与拉弗蒂在盐沼中发现的有所不同。鳉鱼将吸虫带给鸟类时，鳉鱼会死去。但珊瑚是由多个克隆体的聚落构成的，被吸虫感染的珊瑚虫死去一只，很快就会被健康的另一只取代。被感染的珊瑚虫无法进食和繁殖，放任吸虫在它体内存活也只会消耗聚落的资源，减缓聚落的生长。蝴蝶鱼为珊瑚剪除病枝后，珊瑚就能恢复健康了。除掉生病的珊瑚虫对珊瑚有利，这可能意味着珊瑚实际上是为了让蝴蝶鱼更容易发现而变色和长出尖刺。拉弗蒂发现的是寄生虫和最终宿主鸟类的同盟关系，埃比在这里发现的是寄生虫和中间宿主共同作战的范例。

发现在生态系统中起作用的寄生虫，有点像你惊恐地目睹银行劫案正在发生，但紧接着你望向马路对面，看到了电影剧组的摄像机和麦克风。在吸虫的吸引下，鸟被引向它们的大餐，而鱼选择了它们的珊瑚虫。揭示出这些效应需要艰苦地工作，目前记录到只有几个例子。但它们足以说明寄生虫能让我们开始质疑一些最古老的生态学观念。我们倾向于认为捕食者通过淘汰最迟缓的个体来保持猎物种群的健康。但拉弗蒂研究的盐沼并非如此，甚至在作为捕食者与猎物代表的狼与驼鹿的关系中也不是这样。

世界上最小的一种绦虫的最终宿主是狼。这种绦虫名叫细粒棘球绦虫（*Echinococcus granulosus*），它可不是那种能长成节日彩带一样的生物，成虫能长到四分之一英寸（约6毫米）就很走运了。它对最终宿主造成的伤害并不大，但虫卵极为凶残。虫卵被驼鹿之类的草食动物吃掉，在它们体内缓慢地成长为包囊，一个包囊中有可能含有30个个体。只要没有骨头挡道，它们就能一直生长下去。假如虫卵出于意外进入人体，据记载，它们会长得大到包含15夸脱（约14升）液体和数百万囊蚴[33]。

这种绦虫最喜欢形成包囊的部位之一是肺部。一只驼鹿的肺部有可能携带几个包囊，每一个包囊都有可能撕破它的支气管和血管。因此，当狼群扑向一群驼鹿时，它们更有可能以气喘吁吁、动作缓慢的驼鹿为目标并杀死它。寄生驼鹿的绦虫甚至有可能会制造出具吸引力的气味，就像寄生老鼠的绦虫用气味吸引甲虫那样。不过驼鹿绦虫不是把气味留在粪便里，而是随着宿主的每一次呼吸来释放气味。无论如何，结果都是一样的：寄生虫将狼引向驼鹿，方便它进入狼的身体。疏化种群只是个假象[34]，它不是捕食者的行为结果，仅仅是绦虫完成其生命轨迹的副作用。

ᔓ ᔓ ᔓ

前去探访拉弗蒂的路上，我在加利福尼亚州里弗赛德县的一家旅馆住了一夜。这家旅馆曾经是西班牙人的传教所，整理完行李后，我在古老的圣陵周围散步，探索藤蔓和棕榈树包围的隐秘通道，穿过幽静的石板庭院。回到房间里，我觉得异常孤独。于是我打开电视排解寂寞。电视正在放《X档案》。要是我没记错，那一集说的是一名联邦调查局探员突然变得性情阴郁，不回任何电话。另一名探员找到这名阴郁的探员，阴郁探员将其撂倒在地，把脸凑近他，张开嘴。随着诡异的咔咔声和蠕行声，一只蝎子状的生物爬出阴郁探员的喉咙，钻进来找他的探员的嘴里。

看到这儿，我忽然不觉得孤独了。某个电视剧编剧的心里似乎也装着寄生虫。我想到，寄生虫是许多科幻小说和影视的灵感来源。我之所以会觉得小说影视里的寄生虫很危险，是因为它们能操控宿主，现实中的寄生虫也确实能做到这一点。回到家里，我开始租录像带看。我询问了朋友，他们告诉我该去看哪些电影、读哪些书。这真是一场骇人听闻的马拉松。我找到的最古老的作品是罗伯特·海因莱因1955年的小说《傀儡主人》。一艘满载外星人的飞船从土星的卫星泰坦出发，降落在堪萨斯州附近。船上的外星人不是20世纪50年代常见的无毛双足动物，而是搏动着的水母状怪物，会附着在人类的脊椎上。它们潜伏在宿主的衣服底下，侵入宿主的大脑，强迫宿主把寄生虫扩散到全世界。对抗它们的办法有点好笑，政府强迫所有人脱光衣服走来走去，以确保他们没有携带外星人。军队找到一种能杀死外星人寄生虫的病毒，人类得救。小说结尾是一支飞船舰队离开地球前往泰坦，以根除那些寄生虫。这是一本呆板而怪异的小说，我只读过这么一本以“死亡和毁灭”为战斗口号而结尾的小说。

1995年，《傀儡主人》被拍成了一部平庸的电影，但其精髓——巨大寄生虫藏在人类身上——已经成为好莱坞的一个标准桥段。寄生虫是我们共有的戏剧语言的一部分，就像古希腊喜剧中的同名角色一样。任何一部大片都可以把情节挂在寄生虫上，而不需要担心会有人觉得它过于深奥。1998年的年度大片之一《夺命高校》的故事发生在一所高中，来自外星的寄生虫控制了老师和学生的肉体和思想。这些状如吸虫的怪物长出触角和触须，通过嘴巴或耳朵钻进新宿主的身体。宿主从疲惫的老师和阴沉的暴力儿童变成目光呆滞的诚实公民，努力把寄生虫传给新的宿主。希望寄托在几个校园废物身上，毒贩、书呆子和留级生必须从外星入侵中拯救世界。

寄生虫首次在电影银幕上大放异彩是1979年的《异形》。一艘运送矿石的飞船改道去调查一颗无生命星球上的坠毁事件。船员发现一艘外星飞船在压倒性的进攻中被摧毁，又在附近发现了一窝蛋。船员凯恩凑近观察，螃蟹般的巨型怪虫破壳而出，抱住凯恩的脸，用尾巴缠住他的脖子。其他船员把他带回飞船，他活着，但失去了知觉。船医想把怪虫从他脸上弄下来，怪虫却收紧了勒住凯恩脖子的尾巴。第二天，怪虫掉下来，凯恩似乎没事了。他爬起来，狼吞虎咽地吃东西，看上去一切正常。当然了，电影里的怪物不可能就这么消失。这一只怪物正在吞噬凯恩的内脏，没过多久，他突然抱住肚子，扭动惨叫，球形脑袋的小异形刺破他的皮肤，蹦了出来。这种异形之于人类，正如寄生蜂之于毛虫。

《异形》使得寄生虫在好莱坞成了稳赚的题材，但很多概念性的前导工作已经在4年前完成了，那是大卫·柯南伯格一部鲜为人知的低成本电影，名叫《毛骨悚然》。故事发生在蒙特利尔郊区的一座小岛上，那里有一幢名叫星光岛的超现代化摩天大楼，一个舒缓的声音在大楼的宣传广告中旁白道："在静谧与舒适中扬帆穿过人生之海。"但一种人工制造的寄生虫毁灭了这里的静谧和舒适。它是霍布斯博士的杰作。霍布斯本想设计出能够扮演移植器官这种角色的寄生虫。把寄生虫连接在一个人的循环系统上，它就能像肾脏似的过滤血液，同时只需要消耗少量血液来保持存活。但霍布斯博士还有一个秘密目标：他认为人类这种动物总是想得太多，他想把世界变成一场盛大的群交。为此他把这种寄生虫设计成了集春药与性病为一体的生物，它能让宿主变得性欲旺盛，并且在性交中传播寄生虫。

他把寄生虫植入一个与他有染的年轻女人身上，这个女人也住在星光岛。她和大楼里的另外几个男人睡觉，把寄生虫传播出去。这种胖乎乎的寄生虫有小孩脚掌那么大，生活在人们的内脏里，在接吻时口口相传。人被它变成性交怪物，在公寓、洗衣房、电梯里互相攻击。强奸、乱伦和形形色色的堕落行为由此爆发。

星光岛的医生花了电影大半的时间试图阻止寄生虫传播，甚至不得不朝一个企图攻击护士（也是他的女朋友）的男人开枪，他和护士逃进地下室。护士在那里说前一天夜里她做了个梦，梦中她和一个老男人做爱。老人说一切都是性爱："这种疾病是两种异形对彼此的爱。”她想亲吻医生，而寄生虫就躲在她的嘴里，随时准备出击。医生打昏了她，想逃出大楼，但一群被感染的宿主围住了他，把他赶进大楼的游泳池。护士也在那儿，她终于给了他一个致命之吻。当天夜里，大楼的所有居民开车离开小岛，去把寄生虫和它造成的混乱传给整个城市。

欣赏这些电影的时候，我震惊于生物学事实竟然这么容易就能变成恐怖电影。对研究寄生蜂的昆虫学家来说，《异形》里的怪物并不陌生。海因莱因也许不知道寄生蜂能接管宿主的行为，但他抓住了这种控制的本质。《毛骨悚然》里的寄生虫通过让人性交来完成扩散，你也许会觉得这很荒谬，但并不比寄生虫的真实作为更加荒谬。正如我在前文中提到的，有一种真菌会感染苍蝇，强迫它们在夜间爬到草叶顶端，实际上还在通过不太一样的办法来传播自己。它会让宿主的尸体变成性磁铁[35]。出于某些原因，被真菌感染的苍蝇对未被感染的雄性苍蝇有无法抗拒的吸引力。它们会尝试和它交配，对它的热爱超过了对活蝇的兴趣。它们接触尸体的时候，孢子会沾在它们身上。它们连死后都会产生无法抗拒的吸引力。你说什么时候会有人把它们拍成电影呢？

当然了，电影里的寄生虫不仅是寄生虫。柯南伯格在《毛骨悚然》里通过寄生虫来揭示潜藏在平淡的现代生活底下的性张力。在《夺命高校》里，寄生虫代表着高中生活的麻木和纪律，只有外来者才能与之对抗。《傀儡主人》写于麦卡锡主义盛行的20世纪50年代，当时的西方人认为：寄生虫就是共产主义，它们潜伏在看似正常的普通人体内，无声无息地在美国传播，我们必须不择手段地消灭它们。叙事者在书里写道：“我想知道泰坦人（叙事者对外星人的称呼）为什么没有先攻击俄国，斯大林主义似乎就是为它们定制的。转念一想，我觉得它们说不定已经进攻了。再想一想，我不知道它们进不进攻会有什么区别，铁幕后的人已经被寄生了三代，思想也被奴役了三代。”[36]

这些作品有一个共同之处：它们利用了我们对寄生虫的普遍和根深蒂固的恐惧。这种恐惧是新的，因此值得玩味。曾经，我们对寄生虫的态度只有轻蔑，因为它们代表着阻碍社会进步、不受欢迎的软弱。现在寄生虫从弱小变得强大，我们心中的恐惧取代了轻蔑。精神病学家甚至承认了一种新病症的存在：寄生虫妄想症[37]，也就是对于被寄生虫侵袭的恐惧。希特勒和德拉蒙使用的古老的寄生虫隐喻在这些作品的生物学中精准得出奇。从《异形》和《夺命高校》之类的电影来看，新出现的这种恐惧也是如此；它恐惧的是被我们思想之外的某些事物从内部控制，把我们当作完成他人目标的工具。这种恐惧是害怕成为被绦虫控制的甲虫。

对于寄生虫的这种特殊的恐惧源于人与自然关系的当代认知。19世纪之前，西方认为人与其他生命迥然不同，我们是上帝在创世纪第一周造的，拥有神性的灵魂。然而，当科学家将人体与猿猴的身体相比较，发现区别微乎其微之后，这条分界线就越来越难以坚守了。接下来达尔文解释了原因：人类和猿猴有亲缘关系，来自同一个先祖，所有生命也都一样。20世纪给达尔文的认识补充了各种细节，从骨骼和器官到细胞和蛋白质无所不包。我们的DNA和黑猩猩的只有一丝差别。我们的大脑和黑猩猩或乌龟或七鳃鳗的一样，也由会放电的神经元和不断流动的神经递质组成。从一个角度来看，这些发现也许会安慰我们：我们和橡树或珊瑚礁一样，也属于这个星球，我们应该学会和生命大家庭的其他成员好好相处。

但是从另一个角度看，这些发现也会让我们恐惧。哥白尼把地球搬离了宇宙中心，于是我们不得不接受事实：我们生活在无尽虚空中的一颗水泡石子上。达尔文等生物学家做的事情与此类似，取消了人类在生物界中的特权宝座，就像生物学上的哥白尼主义。我们在生活中依然假装我们凌驾于其他动物之上，但我们知道我们不过是协同工作的细胞集合体，维持和谐秩序的不是天使，而是化学信号。假如一个生物体——例如寄生虫——能控制这些信号，那么它就能控制我们了。寄生虫冷冷地看着我们，把我们当作食物或载具。看着异形从电影演员的身体里破胸而出，它也揭穿了我们的伪装，我们其实不过是比较聪明的动物而已。扑向我们的是大自然本身，它让我们感到恐惧。

The Great Step Inward

Four billion years in the reign of Parasite Rex

第五章　向内的一大步

寄生虫霸权统治下的40亿年

你想想，国王和寄生虫是从哪里产生的？
那些反自然的懒惰者从哪里累积辛劳和不可战胜的贫困？
从那些建造宫殿并带给他们的日常面包的人，
从恶习里，令人厌恶的黑漆漆的恶习；

——珀西·比希·雪莱，《麦布女王》

宾夕法尼亚大学存有一些几亿年前的秘密，它们都隐藏在生物学家大卫·鲁斯的实验室里。费城柔和的阳光从高窗照进实验室，在培养室、低温室和暖房里，鲁斯的研究生在工作，他们有的正用显微镜观察烧瓶里的樱桃色液体，有的在电脑前处理数据，有的在试管中轻按移液器。阳光落在头顶架子上的藤蔓和芦荟上。植物吸收夏季的阳光，一粒粒光子落在名叫叶绿体的球形显微结构上。叶绿体本质上是个太阳能加工厂，利用光能把二氧化碳和水等原材料合成新分子。植物利用叶绿体产生的新分子萌发新根，沿着架子长出卷须。鲁斯的学生在植物底下勤奋工作，探究寄生虫的生物化学秘密，写成科学论文发表，就好像阳光在他们体内也推动了某种智能光合作用的发生。在这样一个时刻，这样一个地方，谁有时间去思考远古的历史呢？

大卫·鲁斯坐在位于正中央的办公室里管理着整个实验室。他是个年轻人，一头卷发浓密漆黑，有一颗门牙带着豁口。他语气沉着，令人平静，在回答问题时滔滔不绝，前有参考材料，后有手头的课题，几乎从不停下整理思路。我去拜访的那一天阳光灿烂，他向我解释他为什么开始研究在他自己的大脑里也携带着几千只的寄生虫：龚地弓形虫。他头顶上有几幅人体炭笔画，让人记起鲁斯在大学里学习艺术的那段时间。在高中毕业后去念大学前，他做了一段时间的程序员。“我以为我不会去上大学了，因为当程序员乐趣无穷，而且很挣钱，但没过多久我就厌倦了。”后来他转向生物学。刚开始学习生物学的时候，他考虑过研究寄生虫：“从生物学来说，最有意思的问题莫过于一个有机体如何靠另一个有机体存活，尤其是在另一个细胞里。作为一名研究生，我四处看了看，找几家实验室聊了聊，但发现这个体系似乎很老旧。”

鲁斯指的是比起其他生物学家，寄生虫学家在管理实验室上面对着更大的挑战。举例来说，很多研究动物如何从受精卵开始发育的科学家会选择果蝇作为实验对象。要是在一只果蝇身上发现了一个有意思的突变，他们知道如何培育携带该突变的整个品系。他们有工具可以分离突变的基因、关闭某个基因或者用另一个版本的基因替代它。有了这些工具，生物学家能够绘制出从单个细胞变成一只昆虫的作用网络。但寄生虫学家不一样，光是让寄生虫在实验室保持存活就已经让他们绞尽脑汁了，选择感兴趣的品系培育更是不可能做到。研究果蝇的生物学家有一个巨大的工具箱供他们取用，而寄生虫学家只有破烂的榔头和没齿的锯子。

这种挫折感没能吸引鲁斯，于是他在研究所里开始研究病毒，后来研究了哺乳动物的细胞。这些研究为他带来回报，帮他在宾州大学找到工作，但这时他想换研究方向了。他得知，在他远离寄生虫领域的那几年里，其他研究者在如何像使用果蝇那样使用寄生虫方面取得了一些初期成果。有一种寄生虫看起来特别有前途：弓形虫。它也许不像它的近亲疟原虫那样威名远播（疟原虫会导致疟疾，这种复杂的生物能在短短几小时内把一个红细胞“荒原”变成它的栖息地），不过它在实验室里似乎活得还不赖。也许弓形虫可以充当疟原虫的研究原型，毕竟两者有许多种蛋白质以类似的原理发挥作用。鲁斯说：“也许想法很天真，但我认为人们以前之所以不研究弓形虫，有一个原因是它相当无趣。生物学家和其他人一样喜欢研究有吸引力的课题。但另一方面，既然这种有机体如此无趣，就意味着它多多少少和我们已经熟悉的某些东西有些相像，那么开发用来研究的遗传学工具也就不需要我白手起家了。”

鲁斯开始制造他的工具，他成功了，简单得让他感到不安。他说：“有人以为我的实验室里有点金之手，其实我们只是选择了一种容易处理的有机体。”他的实验室发现了如何用突变筛分弓形虫，如何用一个基因替换另一个，如何以前所未有的清晰度观察寄生虫。短短几年内，他们就开始利用这些工具去提问了，例如弓形虫究竟是怎么侵入细胞的，为什么弓形虫和疟原虫能被某些药物杀死却能抵抗另一些药物。

1993年，鲁斯开始研究一种能杀死这两种寄生虫的药物：

克林霉素。因为该药物要花很长时间才能杀死疟原虫，人们并不会用它治疗疟疾，它主要被用来对付艾滋病患者体内的弓形虫，而艾滋病患者正需要一种他们能服用数年而没有副作用的药物。鲁斯说："克林霉素的有趣之处在于它不该起作用的。"

事实上，克林霉素是主要杀死细菌的抗生素，它能干扰细菌建造蛋白质的细胞器，也就是核糖体。"真核生物细胞的核糖体完全不一样，克林霉素不会干扰它们的功能，这是好事，否则克林霉素就会杀死你我了。也因此，它成为一种良好的药物。但弓形虫不是细菌。它们有细胞核，有线粒体。与它们亲缘关系更近的显然是我们，而不是细菌。"（线粒体是真核生物细胞中产生能量的地方。）

话虽如此，克林霉素却能杀死弓形虫和疟原虫，没人知道为什么。科学家知道克林霉素对它们体内正常的核糖体没有任何影响。但真核生物的线粒体里还有一些与其他生物不一样的核糖体。线粒体就携带着自己的DNA，用来生成自己的核糖体等。然而，研究人员发现，克林霉素也不会损伤线粒体的核糖体。

鲁斯想到弓形虫实际上携带着第三套DNA。20世纪70年代，科学家发现弓形虫有一组既不属于细胞核也不属于线粒体的DNA。这组孤儿DNA含有第三种核糖体的配方。鲁斯认为，克林霉素可能攻击了这种核糖体，从而杀死了寄生虫。他和学生摧毁了这一组DNA，发现这种弓形虫确实无法生存。

但这套基因究竟是干什么的呢？鲁斯和学生发现它所在的细胞器悬浮在寄生虫的细胞核附近。科学家给这个细胞器起过好几个名字：球体、高尔基氏附加体、多膜体，每一个名字都会让你以为他们知道它的功能。不，他们并不知道。

鲁斯现在知道正是它携带的基因使得弓形虫对克林霉素敏感。但他还是不知道这些基因制造出的核糖体是干什么的。为了寻找灵感，他用这组基因同弓形虫和其他微生物的基因进行了比对。他发现和这些基因最相似的[1]并不是弓形虫细胞核或线粒体里的基因，而是植物叶绿体的，也就是让实验室架子上的植物里蓬勃生长的那些太阳能加工厂。鲁斯说："它们怎么看都像来自一棵绿色植物。"

鲁斯曾经希望搞清楚为什么尽管弓形虫和疟原虫更像我们，却会像细菌一样死去。现在他面对的谜题变成了另一个：疟原虫怎么会是常春藤的亲戚？

~ ~ ~

在兰克斯特这样的19世纪的生物学家眼中，寄生虫是退化成现在这个样子的。它们的演化是丢弃，是主动放弃一切旨在积极进行自生生活的功能，满足于吃用勺子喂进嘴里的餐食。到了20世纪，人们也还是秉持这种退化的观念。几十年以来，演化生物学家认为，在飞行能力的起源或大脑沟回的产生这些传奇面前，寄生虫的演化故事实在不值一提。然而，旋毛虫能让宿主在肌肉内为它建造育儿所，蟹奴虫能让雄蟹变成它的母亲，血吸虫能和血液融为一体，这些都是演化产生的适应性。许多寄生虫学家不把演化当作他们的研究方向，只研究寄生虫现在的生存状态。然而，演化不请自来，闯进了他们的研究工作。

在大卫·鲁斯这里正是如此：想要理解今天的弓形虫，想要搞清楚疟疾为什么会是一种“绿色”疾病，唯一的方法就是回溯数亿年的时光。寄生虫的历史和自生生活的动物历史一样引人入胜。它们和其他生命的演化在40亿年前开始相互纠缠。事实上，从很大程度上来说，寄生虫的历史就是生命本身的历史。

重建这段历史并不容易。寄生虫一般很柔软易碎，不利于形成化石。尽管每隔几百万年总会有一只寄生虫被困在琥珀里，或者有被寄生性藤壶强迫变性的雄蟹永远留在了化石里，但绝大多数情况下，寄生虫会随着宿主组织的腐烂而消失。不过，化石并没有斩断生命历史的线索。演化构造出了一棵庞然大树，今天的生物学家可以研究它长满叶子的枝尖。通过对比收集来的生物学特征，他们可以回溯到枝杈的分杈之处，甚至追溯至大树的根基。

生物学家通过分辨物种之间最亲近的亲缘关系，绘制出了这棵大树交叉的枝杈。更密切的亲缘关系表明它们从共同先祖分化出来的时间必定比其他物种更晚。为了看见这样的亲缘关系，生物学家会观察有机体相同和不同的地方，判断哪些来自共同先祖，而哪些是演化造成的错觉。鸭子、鹰和蝙蝠都有翅膀，但鸭子和鹰的亲缘关系更近。证据在于它们的翅膀：鸟类的翅膀是在失去爪子的前肢上长满了羽毛而构成的，而蝙蝠的翅膀是在爪子变长的指骨上蒙盖了肉膜而构成的。蝙蝠生下来身上有绒毛，直接产出幼崽，用乳汁喂养，这说明尽管有翅膀，但它们更接近我们和其他哺乳类动物，而不是鸟类。

但肉体和骨骼能说明的亲缘也就到此为止了。举例来说，它们无法明确指出蝙蝠更接近灵长类还是树鼩。假如有机体没有肉体和骨骼，那就更白搭了。推动生物学家在过去25年里开始比对有机体的是蛋白质和DNA，而不是翅膀或鹿角。科学家已经知道了如何在电脑的帮助下做基因测序和比对。这种方法也有自己的缺陷，根据基因创造的树有时和根据骨肉造出的树一样令人困惑，不过也许这只是个过渡性的研究方法，但生物学家还是第一次得以从宏大的角度扫视全部生命。

这棵树的根基代表生命起源。最靠近树根的枝杈上的诸多有机体如今生活在滚烫的水中，往往是海底热泉附近。这说明40亿年前，生命很可能就起源于这种地方。类似基因的分子聚集在脂肪化合物的小囊内，或者是覆盖泉口侧壁的油性薄膜中。不知过去多少个百万年，第一个真正有机体形成了，它们类似于细菌，松散的基因悬浮在细胞壁内。从这些原始的细菌开始，生命分化为不同的演化支，古菌大体上延续了类似于细菌的生活，而第三条分支是完全不同的一条道路，它们就是真核生物，把蜷缩起来的DNA[2]紧紧地包裹在细胞核之中，能量则来自线粒体。

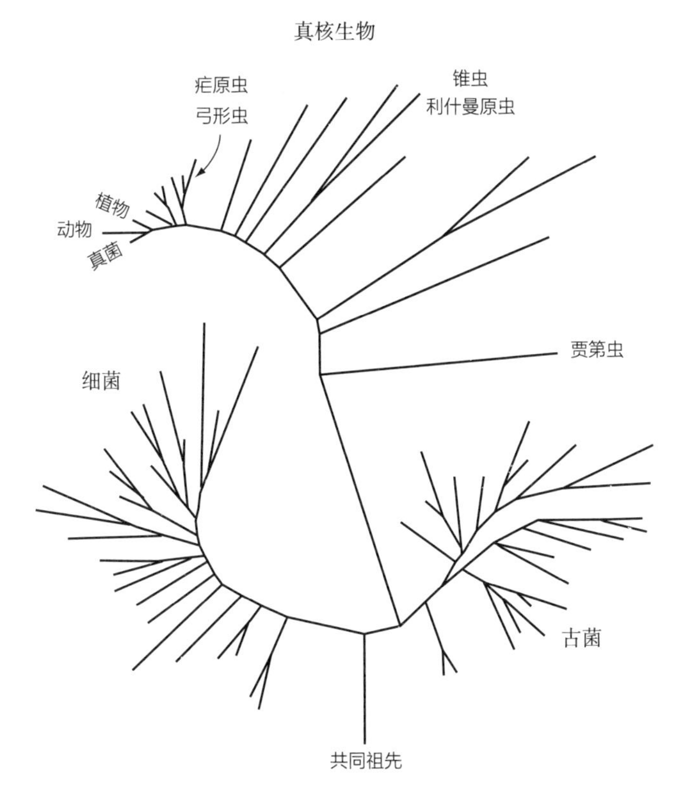

生命之树，显示了一些寄生虫在进化中所处的位置（改编自佩斯，1998）

寄生虫，按照这个词语的传统定义（导致疟疾和昏睡病的生物，会钻进肠道和肝脏，会从毛虫体内迸发而出，就好像宿主是个巨大的生日蛋糕）全都位于演化树中真核生物这一侧的枝杈上。它们放弃了在海洋中或陆地上的生活，转而寄生在其他真核有机体内。它们包括了被巨大的演化鸿沟隔开的有机体，例如锥虫和贾第虫，它们早在20亿年前真核生物的黎明时期就已经分道扬镳[3]。寄生生物中也有一些关系更近的亲属，例如真菌和植物。寄生性的动物，例如血吸虫和寄生蜂，简直称得上是我们的亲表兄弟了。寄生行为遍布整个真核生物域，许多系谱各自独立演化出了这种生活方式，在数亿年时光中一次次得到验证：它确实能带来巨大的收益。

然而，演化树同时也清楚地证明了寄生虫的传统定义是多么肤浅。定义为什么非要局限于生命三大分支之一的有机体中？19世纪的生物学家将传染性细菌也称为寄生虫，这是有道理的。正如某些真核生物放弃了自生生活，沙门氏菌和大肠埃希菌之类的细菌也放弃了自生生活，而其他细菌继续在海洋、沼泽、沙漠甚至南极冰盖之下独立生存。它们的区别仅在于所在分支不同，而不是生活方式。

寄生虫是个有机体的定义也同样失之偏狭。举例来说，你在这棵树上就找不到流感病毒的位置。因为严格地说，病毒并不是生物。它们没有内部新陈代谢，无法自我繁殖。病毒不过是蛋白质构成的外壳，壳上携带着能让它们进入细胞的必要工具，然后利用细胞自身的机能来完成自我复制。然而，病毒具有类似血吸虫等寄生虫的一些寄生性特征，它们通过牺牲宿主来繁衍生息，它们利用同样的一些花招来躲避免疫系统，有时候甚至能改变宿主的行为方式从而提高传播的可能性。

20世纪70年代，英国生物学家理查德·道金斯帮病毒摆脱了自相矛盾的困境。病毒也许不是传统意义上的生命，但它们能完成生命的基本功能：复制基因。道金斯认为，动物和微生物的存在也是为了达到同一个目标。我们应该将它们的身体、新陈代谢和行为方式都视为基因建立的载体，目的是让基因得到复制。从这个意义上说，人类大脑和使病毒能够钻进细胞的蛋白质衣壳没什么区别。这个生命观当然是有争议的，许多生物学家认为它低估了生命复杂性的重要意义。不过，在探讨寄生行为的时候，它倒是确实管用。在道金斯看来，寄生行为不是某只跳蚤或棘头虫的所作所为[4]，而是一组DNA在另一组DNA的帮助下，或以后者为代价，完成的复制。

这组DNA甚至有可能是你的一部分基因。人类有大段大段的遗传材料对身体毫无用处。它们不制造毛发，不制造血红蛋白，甚至不协助其他基因完成任务。它们包含的指令只有一个目标，那就是让它们比基因组的其他部分复制得更快。它们有一些会产生某些蛋白酶，将自己切下来，然后插入你基因中的另一个位点。搜寻受损DNA的蛋白质很快就会发现它们留下的空隙。由于人类的基因是成对出现的，这些蛋白质能根据未受损的副本重建缺失的空隙。最终的结果是跳跃的DNA有了两个拷贝。

这些游离的遗传物质有时会被称为自私的DNA或基因寄生虫[5]。它们利用宿主（其他基因）来完成自我复制。和传统定义的寄生虫一样，基因寄生虫也会伤害宿主。它们会将自身插入基因组中的任何一个位置，有可能诱发疾病。由于基因寄生虫能够比其他基因复制得更快，它们已经在许多宿主的基因组中泛滥，其中就包括人类的。

父母会将基因寄生虫遗传给子女，因此我们可以根据自私的DNA划分家系，有共同祖先的后代，生活在其宿主的共同祖先中。基因寄生虫的王朝也有兴衰。创始者第一次在新宿主的DNA中出现后，它就开始以爆炸性的速度复制自我，把寄生虫塞满宿主的基因。（这里的爆炸性是演化意义上的，也许需要历经数千年。）基因寄生虫是粗心的复制者，它们经常会制造出有缺陷的副本。这些畸形副本无法自我复制，只会填塞宿主的DNA。因此基因寄生虫往往冒着自取灭亡的风险。

它们可以通过小规模暴发的演化更新来逃离死胡同。它们中有一些窃取了宿主的基因[6]，使得它们能够制造蛋白质外壳。这些基因寄生虫变成了病毒，脱离所在的细胞，前去感染其他细胞。这些脱逃者中有一些甚至能够感染其他物种。寄生虫（例如螨虫）有可能携带着它们去了新的宿主那里，不过这样的跳跃年代过于久远，我们很难知道究竟是怎么发生的了。

举例来说，一种淡水扁虫为什么会和一种海生水螅以及一种陆生甲虫拥有相同的基因寄生虫呢？[7]

病毒和基因寄生虫在今天也许很常见，但40亿年前，寄生行为有可能比现在更加猖獗。今天每一个正常的有机体，无论是细菌还是红杉树，它们携带的基因都组成了一个个强有力的联盟。它们能够精准地复制出新的一代，齐心协力对抗作弊的基因。然而部分科学家认为，当地球还比较年轻的时候，基因之间几乎没有组织，也无法良好合作。基因能够从一个微生物自由流向另一个微生物，它们通过某种全球微生物网络进入或离开基因组。任何一个基因都有可能通过欺骗其他基因来帮它完成复制，自然选择会给它奖励，让它开始传播。最终，基因联盟组织起来，形成了单独的有机体，但它们依然会混乱地交换DNA，以至于生物学家很难将它们区分为单独的物种[8]。

尽管受到形形色色的攻击，真正的有机体还是完成了演化。也许是因为它们的基因演化到了一定的程度，这些基因能够彼此协作，一方面抵御作弊的基因，另一方面可以忠实地复制自我。可能就是在这个时期，生命开始分化为三大演化支[9]：细菌、古菌和真核生物。一部分早期的微生物在海底热泉附近积累的化学物质中找到了能量来源。在数亿年的漂流中，部分系谱的细菌变得能够捕捉光能，还有一些细菌学会了利用它们排出的废物，另一些细菌演化成杀手，吞噬自给自足的细菌。基因寄生虫仍然依靠这些各种各样的微生物生存，但它们的宿主已经开始占据上风。

然而，生命的复杂性每登上一个阶梯，就会出现一类新的寄生虫。随着真正的有机体的演化，其中的一部分变成了寄生生物。关于它们最初的演化过程，存在几个有说服力的推论，在一定的情况下，它们可能都是正确的。一个推论开始于微生物捕食者吞噬了作为下一顿饭的有机体，捕食者在细胞膜上打开一个腔，将猎物吞入体内，它们本来准备切割猎物，但出于某些原因，它们的饭只吃到了这儿。猎物待在捕食者微生物的肚子里，无法被消化。

于是局势翻转，在被失败的捕食者吐出去之前，这些猎物竟然从捕食者那儿抢到了一丁点营养物质。除了这些额外的食物，猎物还得到了短暂的庇护，更成功地避开了其他捕食者，从而帮助猎物比过去更快地繁殖。自然选择使得那些帮助猎物在捕食者体内存活的基因变得更加普遍。其他基因随后加入，帮助猎物主动寻找捕食者，自己打开捕食者细胞膜上的腔体。猎物在捕食者体内待的时间越来越长，逐渐放弃了自生生活。现在轮到捕食者必须想办法抵御猎物的侵害了，驱逐它们花费的精力越来越多。假如抵御寄生虫入侵的代价变得过于巨大[10]，部分允许寄生虫成为常年食客的宿主就会变得更有生存优势。宿主分裂的时候，寄生虫也会复制自己的DNA，一代一代传递下去。

一旦以这种方式结合在一起，寄生虫和宿主的关系可能存在几个发展方向。寄生虫也许会继续扰乱宿主的生活，也许会变得对宿主有益，例如分泌对宿主有益的某些蛋白质。在一起生活了许多代以后，寄生虫和宿主之间的界限可能会变得模糊。偶尔会有寄生虫的部分DNA进入宿主本身的DNA之中，寄生虫自己的DNA则萎缩得只剩下几个最基础的功能。两种有机体事实上变成了一体。

达尔文从未想象过生命会如此融合。他心目中的生命是一棵不断分杈的大树，就像前面的图画所示的那样。然而，生物学家现在已经认识到，他们还需要把一些枝杈重新编在一起。[11]

科学家测量了许多微生物的全部基因序列，在其中见到了寄生虫被自然选择的迹象。已经完成全基因组测序的物种之一是立克次氏体（*Rickettsia prowazekii*）[12]，这种细菌会导致斑疹伤寒。它侵入细胞，吸收细胞的营养，消耗细胞中的氧气，疯狂增殖，撑爆宿主。它的DNA看上去非常像线粒体中的DNA，线粒体是一种为我们身体中的细胞提供能量的细胞器。30亿年前，某种自生生活的原始细菌是立克次氏体和线粒体的共同祖先。它的部分后代最终通过早期的真核生物代代相传：通往立克次氏体的分支走上了邪恶的演化路径，通往线粒体的祖先则在宿主体内定居下来与宿主和平相处。线粒体是我们幸运的祖先获得的一种寄生虫。能够进行光合作用的细菌逐渐使大气充满氧气，而线粒体让真核生物能够呼吸氧气。

今天的真核生物是一场缓慢吞噬与感染的狂欢产物。线粒体入侵后，真核生物的几个分支各自获得了其他一些细菌。这些细菌都能进行光合作用，宿主把它们剥夺得只剩下驾驭阳光的本领，它们就是叶绿体。从这些真核生物中产生了藻类和陆生植物，它们继续增加大气中的氧气。我们能呼吸氧气，植物能大量制造氧气，这都要归功于细胞中的寄生虫。

这场持续几十亿年的大戏解释了疟原虫为什么是一种“绿色”疾病[13]。某些古老的真核生物吞下某种可进行光合作用的细菌，成为能够以阳光为生的藻类。几百万年后，另一种真核生物吞噬了这些藻类中的一个。新宿主吞下藻类，扔掉了细胞核和线粒体，只保留了叶绿体。这个黑吃黑的强盗就是疟原虫和弓形虫的祖先。这个俄罗斯套娃式的世界解释了你为什么能用杀死细菌的抗生素来治疗疟疾：因为疟原虫体内有个曾经的细菌肩负着维持生命的重任。

我们难以猜测那种古老的寄生虫是如何利用它新得到的叶绿体的。也许它用叶绿体像植物一样进行光合作用为生存供能。但这并不是唯一的选择，因为植物的叶绿体不只能驾驭阳光，还能合成多种物质，包括脂肪酸（构成橄榄油的化学分子就是脂肪酸）。大卫·鲁斯和同事推测，疟原虫和弓形虫体内的残余叶绿体依然能制造脂肪酸，而寄生虫利用脂肪酸在宿主细胞中包裹自身[14]。克林霉素之所以对寄生虫是致命的，是因为它能摧毁疟原虫的保护泡。

不过有一点是肯定的：疟原虫和弓形虫的那个祖先并不生活在动物体内。10亿年前还不存在供它们寄生的动物。单细胞生物在当时刚刚开始形成聚落和集合。最初的多细胞动物中有许多和现在的任何生物都没有相似之处。它们有一些像是充气床垫或某个古代王国的华丽钱币。直到7亿年前[15]，我们今天能见到的一些最原始的动物才逐渐出现：珊瑚虫、水母、节肢动物。与此同时，藻类开始组织成更复杂的形态，于是植物开始出现。大约5亿年前，植物登上海岸，形成地毯般的苔藓，后来又演化成低矮的茎类植物，最终是树木。很快，动物也登上了陆地[16]，4.5亿年前出现了蜈蚣、昆虫和其他无脊椎动物，3.6亿年前，最初的行动迟缓的脊椎动物终于诞生了。

多细胞生物创造了一个诱人的新世界，供寄生虫前去探索。它们将食物集中在巨大而紧密的身体内，成为一次就能停留数周甚至数年的安稳栖息地。寒武纪海洋中的动物不但吸引细菌、病毒和真菌，也吸引了疟原虫之类的原生动物。一类新的寄生虫又诞生了：动物演化得能够在其他动物体内生活。扁虫进入甲壳类动物体内在其中分化为吸虫、绦虫和其他寄生虫。蟹、昆虫、蛛形纲——至少增加了50倍的其他动物分支随之被寄生[17]。

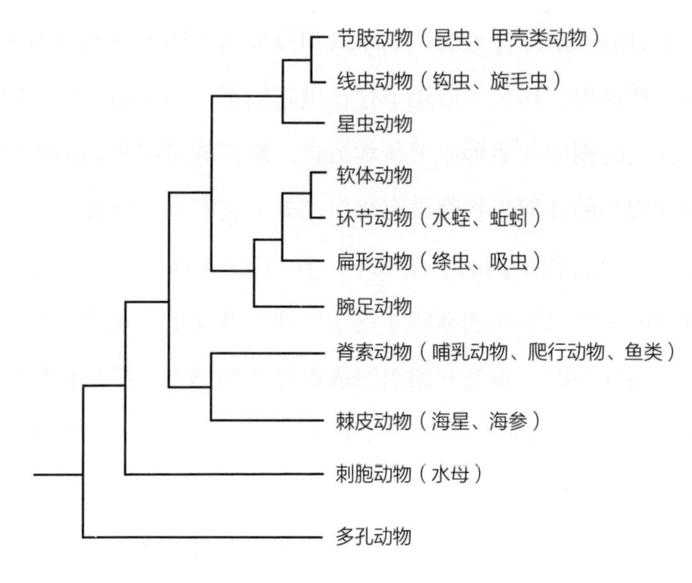

动物的进化关系（改编自诺尔和卡罗尔，1999）

寄生虫在宿主体内迅速演化为与祖先不同的各种形态。与水母有亲缘关系的动物在鱼体内寄生，剥离了不需要的器官变成小小的孢子状形态，如今还会引发鱼眩转病（whirling disease）折磨着美国河流的鳟鱼。随着宿主变得体形更大并且分布更广——有的长成了参天大树，或超过百万个体的蚂蚁聚落，或长达80英尺（约24米）的海洋爬行动物——供寄生虫享用的栖息地也在日益扩张。寄生虫在生命之初经历了第一次兴旺，但在宿主变得更有组织时受到了残酷压制，现在又迎来了一个全新的黄金时代。

我们所在的系谱——脊椎动物——在成为寄生生物方面做

得不太成功。在少数获得成功的物种中，有几种是生活在拉丁美洲河流里的鲇鱼。其中最著名的是牙签鱼（candiru），这种鱼只有铅笔粗细，它的恶名来自它会袭击在河里小便的人。它跟着尿的气味一头扎进小便者的尿道。一旦它把牙齿插进阴茎或阴道基本就不可能被拽出来了。还好牙签鱼并不靠袭击人类为生[18]，它通常吃其他鱼类，它会从其他鱼的鳃盖底下钻进去，咬开那里的微血管吸血。吸上几分钟它就会松口脱离，前去寻找下一个宿主。另外还有一种鱼，它过着更加寄生性的生活。在拉丁美洲捕获的鱼身上，人们有时候会发现1英寸（约2.54厘米）长的鲇鱼藏在鳃里。这些小鱼会在那里度过一生中的大部分时间，以宿主的血液或黏液为食。

没人知道为什么世界上不存在更多类似牙签鱼的物种，但确实有些因素使得脊椎动物难以实现寄生生活。比起无脊椎动物，脊椎动物的新陈代谢率更高，因此在另一个动物体内很可能无法得到足够多的食物。一个动物想成为寄生虫，就必须产出大量后代，因为幼虫想进入下一个宿主是生死攸关的事情，但又极为困难。脊椎动物必须向每个后代投入大量能量，因此很可能无法承受这个挑战。但正如理查德·道金斯指出的，寄生行为未必非要以绦虫那样的传统形态而存在。想象一下，一种动物能够欺骗另一种动物为它抚养幼崽。欺骗者会更有可能传递它的基因，而被欺骗者往往会用更少的时间照顾它真正的后代，传递它本身的基因。事实上，有很多物种（包括无脊椎动物和脊椎动物）会施行这种社会寄生行为。

在无脊椎动物中，最极端的范例之一出现在瑞士阿尔卑斯山区。你在那里能见到铺道蚁（*Tetramorium*）的蚁穴[19]。在里面寻找蚁后时，你很可能会发现有一些颜色苍白、形状奇特的蚂蚁趴在它的背上。它们并不属于铺道蚁群体中的某个特别阶层，而完全是另外一个物种：施氏食客蚁（*Teleutomyrmex schneideri*）。食客蚁一生的大部分时间都在铺道蚁蚁后的背上度过，用构造特殊的抓握腿抱住蚁后。铺道蚁的工蚁不会攻击这些外来者，而是允许它们享用它们反刍给蚁后的食物。寄生的食客蚁在宿主的巢穴里交配，新生的蚁后会离开，寻找一个新的蚁群，跳上新宿主的后背。

寄生性的蚂蚁之所以能过上这种生活，是因为它们能制造嗅觉假象。蚂蚁主要依靠嗅觉来感知世界，它们演化出了一套复杂的能通过空气传播的化学物质词汇表来互相交流——如何设置觅食路线、如何发出警报通知整个蚁群、如何识别同一个蚁穴的伙伴。食客蚁能哄骗宿主照顾它们，而不是吃掉它们，那是因为它们能发出信号，让宿主认为它们就是蚁后。食客蚁之所以能施展这些魔咒，很可能因为它们就是从宿主物种演化而来的，用两者的共同语言来对付自己的亲属。

但是，靠蚂蚁生活的许多社会性寄生虫并不是蚂蚁。举例来说，有些种类的蝴蝶能哄骗蚂蚁喂养它们的毛虫[20]。蝴蝶把卵产在花上，毛虫孵化后会落在地上，然后被蚂蚁发现。通常来说，蚂蚁会将毛虫视为一顿豪华大餐。然而假如它们遇到的是社会性寄生虫，它们会表现得就好像毛虫是它们蚁群的一只走失幼虫。毛虫分泌的气味哄骗蚂蚁把毛虫拖回巢穴里，喂养它，清理它的身体，就好像它是它们自己的幼虫。有时候蚂蚁甚至更在乎毛虫，而不是蚂蚁的幼虫。毛虫在舒适的环境中过冬，然后结茧。它逐渐蜕变为有翅膀的蝴蝶，在这个过程中，蚂蚁会继续照顾它。只有在它破茧而出的时候，蚂蚁才会意识到它们之间多了个巨大的入侵者，蚂蚁会试图攻击它，但蝴蝶会逃出蚁穴，拍拍翅膀就飞走了。

社会性寄生虫的行为本质上和传统寄生虫做的事情没什么区别：它们会找到宿主防御措施中的弱点，把敌人的弱点变成自己的优势。有些脊椎动物也会做同样的事情。比方说杜鹃鸟，它会在芦苇莺等其他鸟类的鸟巢中产卵。杜鹃幼鸟孵化后，会把宿主的蛋和雏鸟扔到地面上。芦苇莺会继续喂养杜鹃幼鸟，甚至在杜鹃长得比养父母还大之后也不会停下。杜鹃完全长成后会离巢去寻找交配对象，扔下没有了孩子的芦苇莺不管不问。

蚂蚁主要通过嗅觉感知世界，而鸟类依靠的主要是眼睛和耳朵。因此杜鹃和其他寄生性鸟类不会用气味以假乱真，而是会制造虚假的印象和声音。杜鹃蛋的模样酷似宿主物种的蛋，因此宿主不太会产生把它推出鸟窝的冲动。杜鹃孵化后，会欺骗芦苇莺喂养它，靠的是模仿芦苇莺用来喂养幼鸟的信号。为了确定需要捕获多少食物，芦苇莺会在鸟窝里低头看，而幼鸟会张大嘴巴。假如它们见到了大量粉红色（也就是幼鸟嘴部的内侧），就会自动前去捕食。另一方面，它们把幼鸟的叫声当作第二信号。幼鸟还觉得饥饿，就会发出叫声，于是芦苇莺就去寻找更多的食物。

初生的杜鹃比芦苇莺的幼鸟大得多，而且还会越长越大[21]。芦苇莺低头看鸟窝的时候，会见到杜鹃的一张大嘴，在它大脑里留下的印象与许多只小芦苇莺张嘴的画面相同。与此同时，杜鹃幼鸟会模仿芦苇莺幼鸟的叫声，但它模仿的不是一只芦苇莺幼鸟，而是像一窝幼鸟的鸣叫。因此，杜鹃不但欺骗宿主喂养它，而且会让宿主带来足够喂养8只芦苇莺幼鸟的虫子。动物体内没有多少空间可供容纳寄生性的脊椎动物，但动物的巢穴就是另一码事了。

母亲的子宫也是如此。受精卵落入子宫，尝试着床，这时它会遇到巨噬细胞和其他免疫细胞组成的大军。新胚胎的细胞上没有母体细胞上的蛋白质，因此应该会触发免疫系统来摧毁它。胎儿面对的麻烦类似于绦虫或血吸虫面对的麻烦，而它逃避母亲免疫系统追杀的方式也几乎相同[22]。人类胚胎首先分化出的细胞会形成滋胚层（trophoblast），这是个保护性的屏障，包围着胎儿身体的其他部分。它能抵御攻击性的免疫细胞和补体分子，发出信号使周围的免疫系统变得迟钝。说来有趣，有一些证据表明，在滋胚层中制造这些抑制信号的是永久镶嵌在我们DNA中的某些病毒，正如寄生蜂基因中的病毒能够让寄生蜂控制宿主的免疫系统。

假如根据道金斯对基因利益的定义来考虑寄生行为，那么胎儿就可以算是一种半寄生虫了。它分享母亲的一半基因，另一半基因来自父亲。从演化角度说，母亲和父亲都有利益，希望胎儿顺利出生，过上健康的生活。然而一些生物学家认为，胎儿的生长方式与父母的利益也会产生严重冲突。随着胚胎的发育，它会建立胎盘和血管网络，从母亲体内吸取营养。它会接管母体对子宫周围血管的控制，因此母体无法限制血液流向胎儿。胎儿甚至会释放化学物质，提高母亲的血糖浓度。然而假如母亲让孩子摄取过多的养分，就有可能严重影响母亲的健康。母亲也许会变得无法照顾其他的孩子，甚至有可能威胁她再次生育的能力。换言之，胎儿会威胁她的基因遗产。研究表明，母体会与胎儿抗衡，释放化学物质进行反击。

尽管胎儿会给母亲带来沉重的负担，但它的成长速度对父亲的健康毫无影响。胎儿尽可能快速成长符合父亲的基因利益。这个矛盾会在胎儿体内得到体现[23]。对动物的研究表明，胎儿从父亲和母亲那里继承来的基因会做截然不同的事情，尤其是在滋胚层之中。一方面，母系基因会尽量减缓胎儿的生长速度，控制母亲体内的这个“寄生虫”。另一方面，父系基因会钳制母系基因，使后者沉默下去，让胎儿生长得更快，从宿主体内抽取更多的能量。

只要有两种生命密切接触，彼此之间存在基因冲突——即便是母亲与孩子——寄生行为就会出现。

被几百万只寄生虫包围，这种感觉难以用语言描述。你把脸凑近一个标本瓶，一根形状优美的丝带充满了整个标本瓶，那是从豪猪体内取出的一只绦虫，你忍不住会去欣赏它数以百计的节片，其中每一节都有自己的雌雄性器官，全都充满了生命力，像照片一样在防腐液里被保存下来。然而紧接着，一时间你会忍不住担心，这个怪物会微微抽动，突然挥舞身体，撞破玻璃扑向你。

由美国农业部农业研究所管理的国家寄生虫收藏馆是世界三大寄生虫收藏之一。（没人能确定美国藏品是不是比俄罗斯藏品更丰富。当你有了多达几百万件的标本，也往往会数不清数目。）它坐落于农业部曾经用来饲养豚鼠的一处设施内，从1936年开始经营。远处，机构总部冰冷的蓝色玻璃从树木顶端探出头来。领我参观藏品的向导是埃里克·霍伯格，一名健壮如熊的寄生虫学家。他研究极北地区的寄生虫：只生活在麝牛肺部的某些线虫、海象体内的吸虫。他带领我走下一段灰色斑纹的楼梯，经过几个小实验室，经过高高一摞卡片目录，一个女人正在缓慢地把目录输入电脑，那是一个世纪搜集到的寄生虫资料。然后我们走进一道厚实的大门，藏品出现在眼前。

刚开始我有点失望。我曾经跟着古生物学家走过博物馆的陈列品，穿过暗门进入他们的收藏室，我们曾经徜徉于走廊中，又高又深的展柜林立左右两侧，里面装满了鲸鱼头骨和恐龙脊椎，它们自从挖出来之后就没再被碰过。但国家寄生虫收藏馆，只够容纳一家小餐厅，甚至一家修鞋铺。霍伯格介绍我认识一名退休的科学教师，他名叫唐纳德·波林。波林坐在桌子前，穿登山靴和白大褂，正在从保存液中拯救线虫的玻片标本，历经上百年时间，这些保存液已经结晶成了致密如红糖的固体。“免得我去泡酒吧。”他说，刮掉一块盖玻片上的结晶物。

房间的其余空间主要被带滚轮的金属架占据，你可以通过转动一个三向轮将它们一一滑开。霍伯格和我开始沿着架子走动，浏览那些瓶瓶罐罐，失望的感觉顿时消失。藏品包围了我，成了我的世界。我们转动封死的标本瓶，看上面用铅笔写的标签。“宿主：黄头黑鹂。”阿拉斯加驯鹿的绦虫，麋鹿的肝吸虫，带褶皱的单殖吸虫，附着在韩国某种鱼的鳃上……

有一次，霍伯格让我看一种线虫——粗如手指，长如马鞭，色如鲜血——它依然蜷缩在一只狐狸的肾脏里，我忍不住说了出来：“真恶心。”我其实是来找霍伯格学习知识的，而不是想继续我的恐怖马拉松，但这些东西就是会占领你的心神。现在轮到霍伯格觉得失望了。他说：“人们的厌恶态度会让我生气。你们忽略的是这些生物是多么无与伦比的有意思，而且这种态度还会损害寄生虫学作为一门学科的名声。部分原因正是人们会被这种东西吓住，”他朝狐狸肾脏点点头，“老的寄生虫学家正在陆续退休，但后继无人。”

我们继续参观。我们见到了满满一罐缩小膜壳绦虫，就是会利用甲虫进入老鼠身体的那种寄生虫，它们就像一大团彼此纠缠的米粉。有一块猪肉，旋毛虫在里面打洞，仿佛夜空中的无数流星。我们经过存放玻片的加盖托盘，它们数以百计，像书本一样被直立放在架子上，每一个托盘里都是几十个夹着寄生虫的玻片。我们经过12 000个玻片，那是霍伯格做论文时在阿留申群岛搜集的——他怀疑他在退休前都找不到时间去整理那12 000个玻片。1989年，霍伯格在收藏馆找到工作，把这些标本从华盛顿大学带了过来。10年过后，他依然会不断地遇到惊喜。“食蟹海豹？”他看着一罐绦虫叫了起来，他拿起标本瓶，在手里转来转去。他把眼镜抬到额头上，看着悬浮在保存液里的纸质标签说：“有可能是伯德上次去南极考察时采集的。”我们见到一罐马蝇幼虫。马穿过野地的时候，成年马蝇会把卵产在马的毛发上，马舔毛发的时候，就会吞下虫卵。虫卵以口腔的温暖作为孵化的信号，孵化后会钻进马的舌头。然后它们一路打洞进入马的胃部，把自己固定在那里喝血。幼虫成熟后会放开钩子，从马的消化道随着粪便离开。幼虫落在地上，化蛹变为成年个体。我们面前的标本瓶里躺着一块马的胃部，上面密密麻麻的满是马蝇幼虫，像是一丛石质的小小蜂巢。我看得入迷，但霍伯格畏缩了。“这东西我就算了吧。”我很高兴看到，就连寄生虫学家也有他的极限。

霍伯格最喜欢的藏品就是那部分玻片。他抓起几个盒子，领着我走进他的办公室，一台复式显微镜占据了大半个房间。他放上玻片，对焦让我看，向我展示海鹦、髯海豹和虎鲸体内的绦虫节片。你很难分辨不同种类的绦虫。有时候可见的唯一区别只是容纳性器官的生殖腔的形状。有时候只有基因才能告诉你两只绦虫是不同的物种。但是，通过研究它们之间的关系，尽管没有任何化石为他引路，霍伯格还是重建了4亿年的寄生虫演化史。他寻找寄生虫寄生其宿主的特异模式，从而实现了这个目标。霍伯格思考，为什么这些种类的绦虫（学名为四叶目*Tetraphyllidea*）只生活在海鸟和海洋哺乳动物体内？为什么没有一种生活在人类或鲨鱼体内？为什么另一种绦虫全世界只出现在两个地方：一个是澳大利亚，一个是玻利维亚的热带旱生林？这些问题的答案汇总起来，构成了绦虫的演化史，这部史诗同时也蕴含着诸多秘密，有其脊椎动物宿主的历史，也有大陆漂移和冰川周期。

19世纪时，生物学家认为这段历史既简单又无聊：一旦寄生虫向体内生活投降，它们就落入了演化的死胡同，因为它们就此丧失了在其他地方生存的能力。它们所经历的一丁点演化都是被宿主拖着走的结果。当宿主的一个种群在一个岛屿上或一条山脉中变得与世隔绝，它们会分化成不同的物种，而寄生虫也会同样与其物种的其他个体隔离，形成它自己的新物种。

假如这是真的，当你在比较亲缘相近的宿主的演化树和它们所携带的寄生虫的演化树时，应该会见到某种模式：两者会构成彼此的镜像。假如你解剖了四种亲缘相近的鸟类，发现里面都有绦虫。最早分支的鸟类系谱应该会带走最早分支的那种绦虫，之后的每个宿主分支都会携带自己的寄生虫分支。

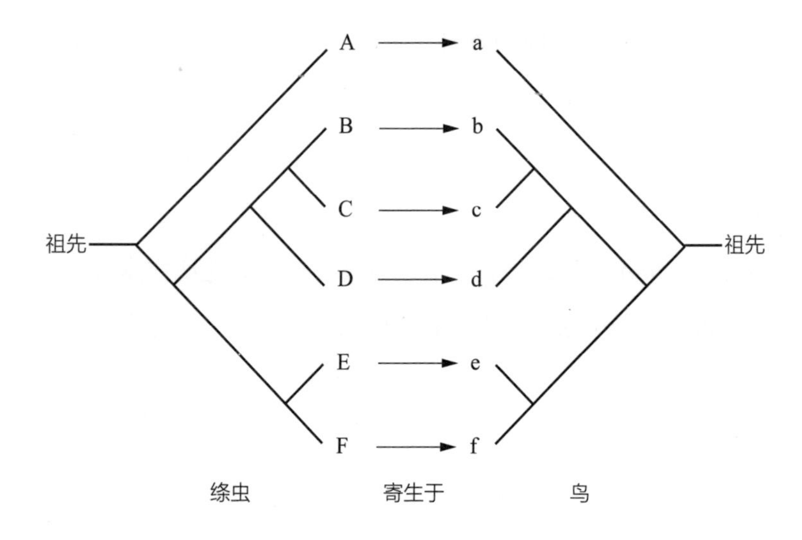

直到20世纪70年代末，多伦多大学的丹尼尔·布鲁克斯等生物学家才开始着手以这种方式排列宿主和寄生虫的演化树。没过多久他们就意识到，这些双生的历史事实上比想象中复杂得多。有时候，两棵树形成完美的镜像，就像上面那棵树。但另外一些时候，两棵树会是下图中的样子。

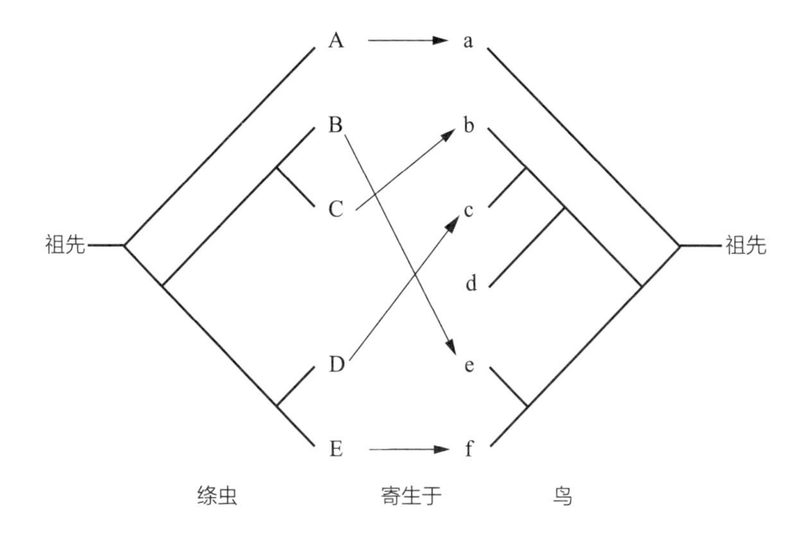

寄生虫有时候确实会跟随宿主形成新的物种，但有时候也会跳跃到完全不同的新宿主身上（正如例图中的B、C、E绦虫）。有时候它们会在一个宿主体内分化成两个物种，而宿主本身并没有分化。还有一些时候，它们会彻底从宿主身上消失。换句话说，寄生虫和它们营自生生活的亲戚一样，演化的故事也同样风起云涌和复杂多变[24]。

关于绦虫的早期历史，最重要的线索来自其演化树上最底部的根。这些原始的绦虫全都生活在鱼类体内。今天存在的鱼类可分为两大类：软骨鱼（例如鲨鱼和鳐鱼）和硬骨鱼。两者大约在4.2亿年前分化。大约4亿年前，硬骨鱼系谱又分化成两个分支。一个系谱产生了鳍呈放射状的硬骨鱼（辐鳍鱼），包括鲑鱼、鳟鱼、雀鳝和其他几千个物种。另一个分支通向具有肉质叶状鳍的硬骨鱼，例如肺鱼和腔棘鱼。正是这个分支最终产生了有腿的脊椎动物，后来爬上海岸，成了我们的祖先。

绦虫起初很可能是在最早的辐鳍鱼中完成演化的[25]。这段历史反映在一个事实中：现存最原始的绦虫就生活在最原始的辐鳍鱼体内，例如鲟鱼和弓鳍鱼。正是在这些宿主体内，绦虫从叶状演化出了它们独特的长条状分节身体。后来，绦虫寄生了鲨鱼和其他软骨鱼类，但它们似乎并没有向肉鳍鱼下手。根据目前所知，肺鱼和腔棘鱼都不携带绦虫。

但是，绦虫寄生了与肉鳍鱼亲缘最近的物种：陆生脊椎动物。事实上，绦虫几乎生活在每一种两栖类、鸟类、哺乳类和爬行类动物的体内。陆地生命并没有从水生祖先那里继承绦虫。寄生虫必定是后来才入侵的，它们藏在辐鳍鱼体内从水里上岸。脊椎动物登上陆地大约5000万年后，某些吃鱼的爬行动物在进食时吞下了绦虫，一个全新的系谱就此诞生。从那以后，陆地上的绦虫随着宿主演化而分化出各种新形态，它们继续在分支之间来回跳跃，例如从哺乳类到两栖类，还有从哺乳类到鸟类。

大约3亿年前，陆生脊椎动物分化成爬行类和哺乳类的前身。大约2亿年前，爬行类分支演化出了恐龙，它们很快成为主宰陆地的动物。绦虫也生活在恐龙体内吗？没人能够确定，但很难想象恐龙能幸免于难，因为它们最近的亲属鸟类和鳄鱼都携带绦虫。你也很难想象绦虫不会利用这些巨兽体内的空间，长到长达100英尺（约30米）甚至更长。这个念头会让寄生虫学家会心微笑。圣芭芭拉的寄生虫学家阿尔曼德·库里斯思考过这么一个怪物会拥有什么样的生态环境。最大的恐龙是草食的蜥脚类恐龙，它们的体重能达到上百吨。你很难想象任何一个猎食者——哪怕是庞大如霸王龙那样的巨兽——如何能够击倒它们。也许霸王龙只吃巨型恐龙的尸体，也许它得到了某些帮助。库里斯猜想，也许绦虫把蜥脚类和霸王龙当作了驼鹿和狼的前身。蜥脚类在吃植物时吞下了绦虫卵，寄生虫在它们体内发育成巨大的包囊。幼虫撕开宿主的肺部或大脑时，也许拖慢了蜥脚类的动作，使得霸王龙能够捕猎它们，从而让绦虫进入最终宿主体内。恐龙的绦虫甚至有可能会在化石记录中留下印记。现存某些绦虫的包囊非常巨大，生长的力量极为可观，甚至能涨破人类的颅骨。恐龙体内的包囊有可能会大得需要叉车才能搬运，古生物学家或许能够辨认出它们留下的痕迹。

在绦虫存在的4亿年里，地球经历了四次大灭绝。最近一次发生于6500万年前，基本上可以确定是由一颗直径10英里的小行星撞入墨西哥湾引发。它的威力足以灭绝恐龙和地球上其他的一半物种。绦虫却活了下来。在地球的某些角落，你甚至能发现绦虫依然以恐龙在地上行走之时的方式生活。玻利维亚的热带旱生林是鼠负鼠（mouse opossum）等有袋动物的家园[26]。它们是一种罕见绦虫的宿主，这种绦虫名叫linstowiid，它需要一种节肢动物充当中间宿主。除了这里，全世界只有一个地方也存在linstowiid，那就是澳大利亚，它们同样生活在有袋动物体内。如今这些寄生虫被太平洋隔开了数千英里，但7000万年前，澳大利亚、南美洲和南极洲属于一块大陆。澳大利亚和玻利维亚绦虫的祖先起源于那块已经消失的陆地上的有袋动物，随着大陆漂移造成的陆地分离，宿主和寄生虫也逐渐分道扬镳。然而在接下来的7000万年里，支持绦虫在哺乳类体内完成生命周期的生态系统仍旧保持不变。

另外一些绦虫有可能通过放弃旧宿主逃过了小行星带来的劫难。四叶目绦虫只生活在海鹦和鹈鹕等海鸟和鲸与海豹等海洋哺乳动物体内。从表面上看，这个宿主组合并不符合逻辑。这些动物相距太远，不可能从共同祖先那里继承这种绦虫。鸟从爬行类演化而来，很可能来自1.5亿年前在陆地上奔跑的某些恐龙。海洋哺乳动物进入海洋的时间要晚得多。大约5000万年前，鲸从类似于郊狼的哺乳动物演化而来；海豹则是2500万年前类似于熊的哺乳动物。你必须追溯到3亿年前，才能找到鸟类和哺乳类的共同祖先，而那个共同祖先演化出了脊椎动物的许多其他系谱——从鳄到龟到眼镜蛇到沙袋鼠到人类——没有一个是四叶目绦虫的宿主。

鸟和鲸的绦虫必定来自其他地方，很可能不是从鱼身上传给他们的，因为与四叶目绦虫亲缘关系最近的物种生活在陆生爬行动物体内，与鸟和鲸的关系都很远。因此，四叶目绦虫的祖先必定生活在某些古老的爬行类宿主体内。鲸和海鸟出现之前，海洋里有一些爬行动物恰好扮演与它们相同的生态角色。假如你在2亿年前乘船驶过海洋，飞过你头顶的不会是海鸟，而是翼龙：这种头部狭窄的爬行动物用多毛肉膜构成的翅膀飞行，猎取鱼类飞回它们在岸边岩石上的栖息地。跃出你周围水面的也不是鲸，而是多个系谱的爬行类巨怪，例如长脖子的蛇颈龙和状如剑鱼的鱼龙。

2亿至6500万年前，这些爬行动物主宰着海洋中的食物链。鸟类逐渐和翼龙共享天空[27]，霍伯格认为翼龙把绦虫当作欢迎礼物送给了鸟类，因为鸟类也吃充当绦虫中间宿主的那些鱼。6500万年前的大灭绝带走了大型恐龙，也消灭了海洋爬行动物和翼龙。没人知道鸟类为什么能从这颗小行星下幸免于难，但看起来是它们让四叶目绦虫的生命周期得以延续。鲸和海豹后来接替了海洋爬行动物留下的角色，绦虫于是也寄生了它们。构成生态系统的动物有可能改变，只要生态系统本身完好无损，寄生虫就能生生不息。

过去的6500万年间，绦虫继续繁殖兴盛，它们的足迹继续见证宿主的历史。举例来说，生活在亚马孙河刺魟体内的绦虫见证了这条河曾经如何倒流。假如刺魟是从大西洋移生至亚马孙河的（也就是亚马孙河现在的流向），它们体内的绦虫应该更接近大西洋魟鱼的绦虫，但实际上更接近的是太平洋魟鱼的绦虫。更令人费解的是，太平洋和大西洋魟鱼体内还有另一些绦虫，它们彼此间的亲缘关系比和亚马孙绦虫之间更加接近。

最有可能解释这些事实的猜想是1000万年前魟鱼曾经逆流而上[28]。安第斯山脉当时还没有形成，亚马孙河从巴西流向南美洲的西北海岸。那时候的地理环境与现在还有个巨大的区别：巴拿马地峡尚未形成，因此大西洋和太平洋由一条宽阔的海峡相连。亚马孙河的流向与现在相反，刺魟鱼群那时从太平洋游入亚马孙河。亚马孙河里的刺魟适应淡水，与游向海洋的表亲逐渐隔离，而两大洋的刺魟依然彼此混杂。到巴拿马地峡从海洋中隆起时，它们都感染了一些淡水刺魟不可能得到的新绦虫物种。

过去数百万年间，绦虫又发现了另一个宿主，一种用双腿直立行走的动物。霍伯格一直在研究人类体内的绦虫。多年来，寄生虫学家就绦虫如何来到人类体内生活提出了许多猜想。有一个理论是说10 000年前，人类开始驯养家畜时，感染了在家牛的野生表亲及其猎食者之间循环的绦虫。但是看着演化树，霍伯格认为事实并非如此。他和同事们比较了人类绦虫和它们的“近亲”，发现两者是在100万年前分支的，而不是仅仅几千年前。那时候我们的祖先还是类人猿，离农耕生活还很遥远。它们有可能吃得最接近牛或猪的肉类应该是被狮子杀死的野生动物的尸体。这解释了霍伯格的另一个发现：与人类绦虫亲缘关系最接近的物种把狮子和鬣狗当作最终宿主[29]。霍伯格想象类人猿跟着狮子，吃狮子吃剩下的猎物，因此感染了它们的绦虫。

回顾人类的黎明时期有不止一种方式。你可以去埃塞俄比亚筛泥土寻找石器和刮削过的骨头，也可以去国家寄生虫收藏馆，找到正确的标本瓶，看一看我们的同行者。

ᔓ ᔓ ᔓ

随着绦虫进入新宿主的体内，它们不得不演化出新的生活方式。比如必须适应新的肠道地形，绦虫开始生活在老鼠体内之后，用试错法找到新办法，让面象虫进入最终宿主的嘴里。重建这些适应性是一项艰巨的工作，因为你很容易就能构思出一个听上去合情合理的演化经过。看见燕子的长尾巴，你会断定演化它是为了让鸟能更精确地调整飞行姿态，但另一个人看见长尾巴，会断定这么演化是因为雌鸟认为雄鸟尾巴越长就越有吸引力。甚至和适应根本就没关系，也许形成这个物种的大多数燕子只是凑巧有个长尾巴，然后就一直遗传下来了。

我们看一看圆线虫（*Strongylus*）的生命旅程吧。举例来说，有一种圆线虫叫寻常圆线虫（*Strongylus vulgaris*），幼虫会爬到草叶的顶端，趴在那儿等待马来吃草。一旦被吞下去，这只蠕虫就会开始它漫长而看似毫无头绪的旅程。它会顺着马的喉咙进入胃部，继而肠道。然后它会咬穿肠道，进入马的腹腔，在动脉中游荡数周直到成熟。接下来它会返回马的肠道，钻进肠壁，在那里度过余生。

寄生虫既然要回到肠道里度过余生，一开始为什么非要离开呢？苏珊娜·苏克迪奥研究了寻常圆线虫的近亲[30]，对这种长途跋涉的形成提出了一个可行的假说。4亿年前，这些线虫的祖先生活在土壤中，以打洞和捕食细菌、变形虫及其他微生物为生（现在还有成千上万种线虫过着这样的生活）。大约在3.5亿年前，它遇到了一种新事物：在泥土中蠕行的软皮两栖动物。线虫利用打洞的能力钻进这些宿主体内并到达肠道，在那里靠两栖动物吃的食物愉快地生活了下去。

接下来的数千万年时间里，陆地上演化出了新的脊椎动物：能够站起来的哺乳动物和爬行动物。这些动物不再用黏糊糊的腹部紧贴泥土，也就不再是容易侵袭的目标了，它们用长腿高高站立。一些寄生性的线虫演化出新的进入方式来适应新宿主，它们不再通过皮肤钻进宿主体内，而是选择被宿主吃下去。苏克迪奥认为，打洞深植于它们的本能之中，已经不可能消失。一旦被吞下去，它们就会延续祖先数百万年以来的钻肉跋涉之旅，在宿主的身体里转上一圈，然后重新进入肠道。

苏克迪奥认为，寻常圆线虫的奇异行程仅仅是一种演化遗迹。有朝一日它们有可能会抛弃这项遗产，但目前依然保留着最开始寄生时遗留下来的生活习惯，那时候宿主的腹部总是亲密接触泥土。另一方面，有一些研究人员认为，寄生虫继续如此跋涉是因为这样对它们有利。寄生虫学家比较了在组织中游走的线虫[31]（例如圆线虫）和一直停留在肠道内的线虫，发现了一个一致性相当高的差异：游走的线虫长得更快，最终也会长得更大和更多产。穿过肌肉的旅程意味着暂时远离肠道内的胃酸，躲开了待消化食物的冲击、极低的氧含量和肠道强大的免疫系统的猛烈攻势。这趟行程或许确实是演化遗迹，但也非常有用。

若是把宿主被寄生虫入侵时发生的事情考虑在内，寄生虫演化之谜就变得更加令人困惑了。引起象皮病的丝虫进入淋巴系统后会产下数以千计的幼虫。患者的免疫系统有时候会对这些寄生虫做出剧烈的反应，在淋巴管内形成疤痕并堵塞淋巴管。淋巴液在淋巴管内蓄积，从而导致象皮病——肿胀得形状可怖的腿部、乳房或阴囊。将腿部肿胀称为丝虫的适应行为是不合理的，因为它对寄生虫没有任何好处。它只是免疫系统的故障，仅仅是理查德·道金斯所谓的“无聊的副产品”[32]。

想判断宿主的一项改变究竟是无聊的副产品还是寄生虫真正的适应行为，最好的办法就是研究它的演化。这方面有个非常漂亮的实验，是在使植物产生虫瘿的昆虫身上完成的。你或许也注意到过悬在橡树叶上的樱桃状小球，或者一朵花的茎部隆起得像是吞下了一颗玻璃球。它们就是虫瘿：一小块植物组织，其形成是为了保护寄生性的昆虫[33]。有几百种昆虫会生活在虫瘿中，植物的花、枝、茎、叶上都有可能形成虫瘿。举例来说，部分种类的黄蜂把卵产在橡树叶上，树叶的细胞对卵做出反应，向上生长，把卵包裹在里面。幼虫出生后，会在叶片中被埋得更深。植物细胞增殖成巨大的球形，内部有一层绒毛组织。食物（包括淀粉、糖、脂肪和蛋白质）从植物的其他部位输送进虫瘿，充满了内部绒毛中的膨大细胞。黄蜂幼虫咬开那些细胞，以液体混合物为食。内层细胞受到破坏后，外层细胞会继续分裂，准备被幼虫吃掉。

形成虫瘿的是植物本身，而不是昆虫。是否如一些研究人员所认为的，它们仅仅是疤痕组织，凑巧为寄生虫提供了庇护？巴克内尔大学的沃伦·亚伯拉罕森和加州大学欧文分校的亚瑟·魏斯极其细致地研究了虫瘿，主要对象是一枝黄花瘿蝇（goldenrod gallfly）[34]。这种蝇会在晚春时节把虫卵产在一枝黄花的嫩芽中。植物会产生球形的虫瘿，其直径会长到0.5～1英寸（1.27～2.54厘米），瘿蝇幼虫在里面成长。寄生蜂和甲虫都会袭击瘿蝇幼虫。啄木鸟和黑顶山雀会在冬季啄开虫瘿吃，当它们是某种美味的坚果。

瘿蝇生活的虫瘿尺寸不一，形状各异。假如虫瘿仅仅是瘿蝇生活在一枝黄花体内的无聊副产品，那么可想而知，它们从一代到下一代的任何变化，都应该与植物用来抵抗侵袭的基因有所关联。亚伯拉罕森和魏斯做了实验，他们用来培养瘿蝇的一枝黄花全都是克隆体，既然一枝黄花的基因完全相同，它们对瘿蝇的防御措施也应该一模一样。然而，亚伯拉罕森和魏斯发现，这些植物产生的虫瘿依然差异巨大。这说明虫瘿的形状由瘿蝇的基因决定，而且是通过操控植物的基因来实现的。考虑到60%～100%的虫瘿来自寄生虫的侵袭，瘿蝇的这些基因有可能经历了非常激烈的自然选择。生物学家观察一代和下一代的瘿蝇时，发现一个瘿蝇谱系总是会产生相似的虫瘿，从而支持了以上的结论。虫瘿固然是植物形成的，但也是寄生虫的杰作，决定其形状的是寄生虫的演化，而不是宿主的。

事实上，我们会惊讶地发现寄生虫使宿主产生的诸多变化并不是无聊的副产品，而是演化导致的适应行为。就连损伤本身也往往是一种适应。亲缘关系密切的不同寄生虫对宿主有可能温和，也有可能残酷，还有可能处于两个极端之间的任何一点。取决于不同的种类，利什曼原虫有可能会让你长几个脓疖，也有可能吃掉你的脸。直到近期，科学家才开始思考寄生虫对宿主的影响为什么会如此不同。医生忙着寻找治疗方法，演化生物学家对宿主的兴趣更大，而不在乎寄生虫，他们对这些差异不以为然，仅仅认为当寄生虫刚跳跃到一种新宿主体内时，往往会造成很大的伤害。他们还说，等寄生虫得到机会进行自我调整，就会逐渐变得温和。

许多寄生虫在偶然间进入新宿主体内后，情况确实应该如此。举例来说，有一种疾病名叫裂头蚴病（sparganosis），这种疾病由一种绦虫引起，它以桡足动物为中间宿主，在蛙类体内成熟。假如人类不小心在喝水时吞下了一只桡足动物，绦虫会钻出人类的肠道，在我们体内困惑地游走，找不到它在蛙类体内用来指路的线索和地标。幼虫在我们皮肤下随意乱钻，会长到几英寸长，破坏组织，引起炎症，使宿主陷入痛苦。假如有足够多的蛙类绦虫进入人体，它们也许会演化出另一个更适应新宿主的物种。假如真是那样，按照传统认知的看法，自然选择会奖励对新宿主造成较少伤害的突变。说到底，宿主若是死去，寄生虫也会跟着丧命。成熟的认知水平带来的是温和的行为。

直到20世纪90年代，生物学家才开始做实验检验这个想法。德国演化生物学家迪特·艾伯特设计了一个实验，他使用的是水蚤[35]。水蚤有时候会被一种名叫*Leistophora intestinalis*的原生动物寄生，它生活在水蚤的肠道内，导致水蚤腹泻；粪便携带着寄生虫的孢子，将它们传播给同一个水塘中的其他水蚤。艾伯特搜集了英国、德国和俄国的水蚤，为每一个种群都培养了无寄生虫的聚落。然后，他用*Leistophora*感染水蚤聚落，但只使用来自英国水塘里的寄生虫。

根据有关寄生虫的传统观念，英国水蚤应该表现得最好。英国*Leistophora*在英国水蚤体内待了不知多少代，理论上说已经达到了温和的共存状态。但艾伯特发现实际上刚好相反。英国水蚤体内的寄生虫反而比德国和俄国水蚤的多出许多，英国水蚤长得更慢，产卵更少，死去的数量也更大，尽管英国的寄生虫有更多的时间去适应英国的水蚤，但它们依然非常凶猛。

艾伯特的发现并没有让部分生物学家感到意外。他们已经建立了宿主和寄生虫关系的数学模型，发现了“亲不敬熟生蔑”的理论依据。自然选择倾向于能够让自己比其他基因复制得更频繁的基因。显而易见，假如一种基因会导致寄生虫令宿主迅速死亡，那么它在这个世界上就走不了多远。然而，过于温文尔雅的寄生虫也不太可能成功。因为它从宿主那里夺取得太少，因此就无法得到足够的能量去繁殖，同样会走进演化的死胡同。寄生虫对待宿主的苛刻程度（生物学家称之为毒力）拥有平衡性。一方面，寄生虫希望尽可能多地利用宿主；另一方面，寄生虫也希望宿主保持存活。冲突之间的平衡点就是寄生虫的最佳毒力。而通常来说，这个最佳毒力就已经相当凶残了[36]。

生活在蛾的耳朵上的螨虫很好地说明了毒力的作用方式。蛾必须随时对蝙蝠保持警惕，蝙蝠通过回声定位来搜寻蛾。蛾听见蝙蝠发出的超声波信号，会立刻开始躲藏和在空中迂回飞行，以避免受到攻击。假如螨虫长满了蛾的耳朵，里里外外全都不放过，才会有足够的空间来产出大量后代。然而假如它们肆意生长，损坏了蛾用来听声音的纤细毛发，就会导致蛾的那只耳朵失聪。

大自然为这个难题提供了两个解决方案。有些种类的螨虫会生活在任何一只耳朵上，包括内侧和外侧，但只会选择两只耳朵中的一只，给宿主留下足够的听力去避免被吃掉。另一些种类的螨虫会同时寄生两只耳朵，但只生活在外侧上。由于它们放弃了耳朵内侧的宜居环境，因此繁殖的数量比会致聋的螨虫少，蛾际传播也更慢。

为了检验毒力理论，生物学家可以预测寄生虫在现实世界中的表现。中美洲的森林中，有几种线虫寄生在榕小蜂体内。这些蜂是奇特的生物，雌性把卵产在无花果树的花里，然后死去。花长成圆滚滚的果实，蜂卵孵化，幼虫吃无花果。它们长成成年的雄蜂和雌蜂，在果实内交配。雌蜂随后离开无花果，寻找其他无花果产卵。离开时它们身上会沾上花粉，发现无花果的花时就会使它受精，从而产生新的子代。

对植物和动物来说，这是一种愉快的共生关系：无花果依靠榕小蜂完成授粉，榕小蜂依靠无花果抚育幼虫。但线虫闯进了这个和谐的场景。有些无花果上长着这种寄生虫，携带受精卵的雌蜂准备离开时，线虫会爬到它身上搭便车。等榕小蜂找到新的无花果时，线虫已经进入它的身体，开始吞吃它的内脏。榕小蜂进入无花果产卵，但寄生虫也在它的身体内产卵。等榕小蜂完成产卵的任务，寄生虫就会杀死它，从它身体里爬出五六只新的线虫。

榕小蜂和线虫作为宿主和寄生虫已经共存了4000多万年，这是一种漫长而可敬的关系。不同种类的榕小蜂有不同的产卵习惯，有些只在没被其他榕小蜂碰过的无花果里产卵，这样它们的后代就可以独享整个无花果了。另一些不介意和其他榕小蜂一起产卵。毒力理论对生活在榕小蜂体内的线虫做出了预测。感染单独产卵的榕小蜂的线虫必须小心处理宿主。假如杀死宿主的速度太快，雌蜂就有可能只产下几颗卵，甚至根本不产卵。线虫在无花果里的后代的潜在宿主就会变少，生存机会随之降低。

对愿意接纳邻居的榕小蜂的寄生虫来说，情况就不一样了。线虫的后代在无花果里孵化后，它们很可能会找到其他榕小蜂来寄生。无论线虫怎么折磨宿主，都不会给后代造成风险，因此你可以猜测这些寄生虫会更加凶残。生物学家爱德华·赫尔花了十几年研究巴拿马的榕小蜂及其寄生虫，对比11个物种的记录后，他发现数据确实符合预测的模式，从而有力地证明了毒力理论[37]。

想要研究毒力的规律，寄生虫学家可以把任何一种寄生生物作为研究对象，无论是螨虫、线虫、真菌、病毒甚至是不良DNA。宿主可以是人类、蝙蝠、蜂或橡树。同样的方程式永远适用。科学家从这个演化角度看待寄生虫时，将寄生虫区隔开的传统壁垒忽然倒塌。是的，它们占据的位置在生命之树的不同分支上，是的，它们各有各极为不同的自生生活的祖先，但那些鸿沟使得它们的相似性反而更加值得注意。达尔文本人就注意到了，不同的系谱有可能各自独立地向着同样的形态演化。蓝鳍金枪鱼和瓶鼻海豚被超过4亿年的趋异演化隔开。然而，尽管海豚的祖先在仅仅5000万年前还形似郊狼，海豚却演化出了水滴状、硬直的身体和形如新月的窄颈胃部，而金枪鱼同样拥有这些特征。生物学家将这样的聚合称为趋同演化，寄生虫是所有生命中趋同现象最显著的群体。自生生活的线虫从土壤进入树根，在那里演化出打开和关闭单个基因的能力，把单个植物细胞变成了舒适的庇护所。线虫的另一个系谱诞生了旋毛虫，这种寄生虫会对哺乳动物肌肉中的细胞做出相同的事情。枪状肝吸虫演化出了一些化学物质，能强迫蚂蚁爬到草叶顶端并把自己固定在那儿。真菌也完成了同样的壮举。想找到枪状肝吸虫和真菌的共同祖先，你必须去10亿年前的海洋中搜寻某种单细胞生物。然而，在如此漫长的时间之后，两者发展出了相同的策略来控制宿主。

毒力法则也建立在趋同演化的基础上，它们有望改变我们对抗疾病的方式[38]。HIV这样的病毒需要像线虫那样在宿主间传播。假如某个HIV病毒株变得更容易传播，就能够更快地在特定宿主体内繁殖（同时给他或她带来更大的伤害）。艾滋病的流行就是这么开始的：在性伙伴更多的群体中，病毒会更快地破坏宿主的免疫系统。引起霍乱的细菌名叫霍乱弧菌（*Vibrio cholerae*），它通过饮水传播，用引起痢疾的方式离开宿主身体。在饮水经过净化的地方，霍乱弧菌感染新宿主的可能性较低，病征也比较轻。在卫生条件较差的地方，细菌就能承担变得更加恶性的代价了。

寄生虫几十亿年的历史虽然才刚刚浮出水面，但已经向我们表明，退化并不是它的引导力量。寄生虫在演化过程中也许确实失去了一些特征，然而话又说回来，在人类的历史上，我们同样失去了尾巴、体毛和硬壳蛋。兰克斯特惊愕于蟹奴虫在成熟时抛弃体节和附肢的行为。但他本人同样曾在母亲的子宫中发育出鳃裂的痕迹，但随后又在长出肺部时消失，他对此也应该感到厌恶才对。寄生虫进入地球上的第三大栖息地后，它们确实失去了一些旧有的结构，但也演化出了各种各样的适应性，科学家到今天依然在尝试理解它们。

我在美国国家寄生虫收藏馆度过了一天，我和埃里克·霍伯格待在他的办公室里，交谈和搜寻玻片标本，最后我问能不能再回去看看藏品。他说："没问题，让我给你开门。"我们重新下楼，他打开门锁。房间里已经没人了。唐纳德·波林完成了当天的清理玻片工作，回家去了。我走进去，霍伯格站在门口，说我要什么就喊他，然后把我关在了里面。沉重的大门徐徐关闭，我很不喜欢那种宿命的感觉，现在我和寄生虫一起被关在了这儿。然而等我习惯了和它们共处一室后，这个地方变得利于冥想。这是我能想到的最接近正式寄生虫博物馆的地方，尽管缺少了寄生虫中的许多大类：散落于昆虫学藏品中的寄生蜂和瘿虫，热带医学院收藏的原生动物，某个丹麦藤壶专家保存的蟹奴虫。我心想，总有一天你们会相聚的，那个地方也许会比豚鼠饲养场更加高级。

Evolution from Within

The peacock's tail, the origin of species, and other battles against the rules of evolution

第六章　从内而来的演化

孔雀的尾巴、物种起源和反抗演化法则的其他较量

智者就是从敌人那儿也能学到不少东西，警惕才能平安无事，敌人逼得我们提防，朋友让我们放松警惕。比方说，各个国家建了高大的城墙，造了巨大的战舰，都是从敌人那儿学来的，而不是从朋友那儿学来的，这样才保障了子孙、家庭和财产的安全。

——阿里斯托芬，《鸟》

《物种起源》是一本会带来痛苦的书。达尔文实际上在说，上帝并没有把地上的物种造得完美而和谐。物种的诞生来自数量巨大、持续不断的死亡。他写道："当我们看到极为丰富的食物时，我们常欣喜地看到自然界光明的一面，而没有看到或忘记了那些自由歌唱的鸟儿在取食昆虫或植物种子时，是在不断地毁灭另一类生命；我们可能还忘记了，这些'歌唱家'的卵或雏鸟有很多被其他肉食鸟或兽所毁灭。"[1]他认为，大多数植物和动物根本不会得到繁殖的机会，因为它们会被草食动物或捕食者吃掉，或在抢夺阳光或水的斗争中输给同物种的其他成员，有时可能活活饿死。从所有威胁中存活下来的少数个体将成功的秘诀传给下一代。自然选择就存在于这海量的死亡之中，它把死亡变成鸟的歌声、鱼的腾跃，变成一个至少在表面上充满光明和欣喜的世界。

然而，达尔文对一个特别强大的演化威胁几乎只字不提，而这个威胁给他本人带来了许多悲伤。他的10个孩子曾经与流感、伤寒和猩红热等疾病做斗争，到1859年《物种起源》出版时，有3个小孩已经去世。达尔文本人的大部分成年生活也饱受疲劳、晕眩、呕吐和心脏问题的折磨。他这样描述他的健康情况：“年轻时很好，但过去这33年很糟糕。”[2]尽管没人确定他受苦的原因究竟是什么，但有人猜测他患有恰加斯病（Chagas disease）[3]。恰加斯病由克氏锥虫（*Trypanosoma cruzi*）导致[4]，这种锥虫与导致昏睡病的布氏锥虫是近亲。克氏锥虫会缓慢地损伤神经系统的各个部分，恰加斯病的死亡方式多得可怕：失灵的心脏可能停止跳动，肠道可能停止接收蠕动的信号，使得食物在结肠累积，直到患者死于血液中毒。克氏锥虫由锥鼻虫传播，那是南美洲的一种咬人昆虫，达尔文在随小猎犬号周游世界时曾被它叮咬，直到他返回英国之后许多被感染的症状才逐渐出现。虽然达尔文一家不需要担心被狼吃掉或饥饿而死，但感染性疾病（对他来说是寄生虫）依然有可能伤害他们。

寄生虫对其他生命造成的伤害更加严重，从演化角度来说，这种伤害与被捕食者吃和被饿死是同等级的。病毒和细菌往往动作迅速，它们疯狂增殖引发的疾病要么杀死患者，要么导致自己被免疫系统击败。真核寄生虫同样能快速置人于死地——昏睡病和疟疾的凶残就是明证——但它们也会造成其他类型的伤害。虽然跳蚤和虱子只生活在皮肤上，但它能折磨宿主，使其憔悴衰弱[5]。肠道蠕虫允许宿主活上许多年，但会阻碍宿主的成长，降低其产下后代的机会。凯文·拉弗蒂在卡平特里亚盐沼研究的吸虫不会杀死它们寄生的鲣鱼，但会把宿主变成爱跳舞的诱饵。感染了蟹奴虫的蟹也许能活很久，但寄生虫阉割了它，因此它无法把基因传递下去，从演化的角度来说，它已经是行尸走肉了。

通过阻止宿主把基因传递下去，寄生虫构成了一个强烈的自然选择因素。也许是寄生虫给达尔文带来了太多的痛苦，因此他无法承认寄生虫能够成为促进宿主创造性演化的力量，尤其是促成的许多演化发生在你能猜到的地方：免疫系统，它保护动物不受入侵者的伤害。但寄生虫也带来了一些乍看之下与疾病毫无关系的特征。越来越多的证据表明，人类和其他许多动物需要交配的原因正是寄生虫。孔雀的尾巴，以及雄性用来吸引雌性的其他机制的产生可能就是因为寄生虫。寄生虫很可能塑造了从蚂蚁到猴子的各种动物社会群落。

寄生虫很可能从生命诞生之初就在推动宿主的演化。40亿年前，基因刚形成松散的联合体时，基因寄生虫或许就在利用优势让自己比其他基因复制得更快。作为回应，早期的生物体很可能演化出了监管自身基因的方法。这种监督机制直到今天依然存在于我们的细胞之中：我们细胞携带的部分基因只有一个任务，那就是搜寻基因寄生虫并尝试抑制它们[6]。

多细胞有机体演化产生之后，它们成了寄生虫特别钟爱的目标，因为每个有机体都能提供一个广阔、稳定、食物丰富的栖息地。多细胞有机体还必须对抗一种新的寄生行为，它们自己的一些细胞试图以牺牲其他细胞为代价进行复制（我们依然在面对这个难题——癌症）。这些压力导致了最初的免疫系统的演化。但是，宿主在对抗寄生虫的道路上每前进一步，寄生虫也会自主演化一步以作为回应。比方说有个免疫系统演化出一种标记机制，它能给寄生虫打上标签，让寄生虫变得更容易识别和杀死。寄生虫随即会演化出用来撕掉这个标签的工具。免疫系统在反应中变得越来越复杂，大约5亿年前，脊椎生物演化出了用T细胞和B细胞识别特定种类的寄生生物并产生相应抗体的能力。

这样的往复演化并不仅仅发生在过往时间的深渊之中，今天它依然在发生，只要能够设计出合适的实验，生物学家就能亲眼见证整个过程。英国帝国学院的A. R. 克拉雷维尔德用果蝇和寄生蜂做了这么一个实验[7]。实验中，他选择了一种寄生蜂和它寄生的两种果蝇：亚暗果蝇（*Drosophila subobscura*）和黑腹果蝇（*Drosophila melanogaster*）。他先用亚暗果蝇培育寄生蜂，然后把几十只寄生蜂和黑腹果蝇放在一个隔间里。寄生蜂寄生新的宿主，20只黑腹果蝇中有19只被杀死了。但20只黑腹果蝇中有1只成功调动免疫系统杀死了寄生蜂幼虫。克拉雷维尔德取出有抵抗力的果蝇，培育出下一代的黑腹果蝇。

与此同时，克拉雷维尔德继续用亚暗果蝇培养寄生蜂。新一代黑腹果蝇成熟后，他把一些寄生蜂转移到它们的隔间里。于是寄生蜂开始进攻新一代的黑腹果蝇，然后克拉雷维尔德再次养育幸存者，产出新一代黑腹果蝇。

克拉雷维尔德就这样持续培育寄生蜂和果蝇，在这场宿主对寄生虫的对抗中，他蒙住了一个拳手的眼睛。随着世代交替，黑腹果蝇越来越适应抵御寄生蜂的进攻了。但寄生蜂是克拉雷维尔德在另一种果蝇身上培育的，没有机会跟上黑腹果蝇宿主的演化脚步。这场不公平的竞争使得黑腹果蝇能够稳步提升它们对寄生虫的抵御能力。仅仅过了五代，能够杀死寄生蜂幼虫的黑腹果蝇就从20只中的1只，变成了20只中的20只。

宿主和寄生虫能够在持续升级的竞争中共同演化（生物学家称之为军备竞赛），然而在许多情况下，两者的演化看上去更像是旋转木马。随着时间的推移，寄生虫会越来越擅长识别宿主、寻找防御弱点、在宿主体内兴盛繁衍。但宿主的基因不可能千篇一律，而是会有各种各样的品系，每一种都拥有自己的一套基因。寄生虫也会产生变种，有一些或许能帮助寄生虫对抗特定品系的宿主。时间慢慢过去，寄生虫也会分化出不同的品系，每一种品系都适应于对抗不同品系的宿主。

生物学家为这样的亲密关系建立了数学模型。假如一个宿主品系比其他的更常见（暂且称之为宿主A），能寄生于它的寄生虫都会拥有美好的未来，毕竟这些寄生虫能够在数量众多的宿主之间跳跃，随时完成复制。然而问题在于，寄生虫会杀死大量宿主或使其绝育。一代又一代繁衍下来，随着寄生虫的大量寄生，宿主A逐渐衰落。

寄生虫对最常见品系的特别关照，使得较为罕见的其他品系有了优势。由于最常见的寄生虫没有攻击它们的机制，它们就得到了繁殖的机会。随着宿主A的衰落，另一群宿主（暂且称之为宿主B）逐渐崛起。但这时，能够攻击宿主B的寄生虫就得到了自然选择的奖励，也开始大量繁殖。它们最终会导致宿主B数量的下降，使得宿主C上位，然后是宿主D、宿主E等，甚至有可能回到宿主A。每隔一段时间，突变还会产生一个罕见的新宿主品系，它会成为宿主F，加入整个轮转。

如此永无休止的兴衰起伏很可能会让兰克斯特时代的生物学家大惊失色。他们将生命的历史视为一场进步的急行军，总是受到退化的威胁。但在这种新的演化过程中，既不存在前进也不存在后退。寄生虫迫使宿主经历了大量变化，却没有任何特定的方向。一个变种崛起，随后衰落，另一个变种崛起并取而代之，随后又跟着衰落。这种演化并不是史诗的材料，而是超现实的童话。生物学家称之为红皇后假说，红皇后指的是刘易斯·卡罗尔《爱丽丝镜中奇遇记》中的一个角色，她带着爱丽丝跑了很久，却哪儿都没去。红皇后对爱丽丝说："唉，你看，在这个国度你必须全力奔跑才能保持原地不动。"

但是，红皇后假说还有一个悖论。尽管是为了保持原地不动而全力奔跑，但它很可能使得演化向前迈出了至关重要的一步：它很可能促成了性的产生。

ᔕᔕᔕ

20世纪80年代初，柯蒂斯·莱弗利在新西兰不由自主地思考起了性。他靠研究加利福尼亚湾的藤壶刚刚获得了演化生物学的博士学位。他在资格考试中必须回答的问题之一是：为什么演化论这么难以解释“为什么需要性？”他不知道。

这不是一个绝大多数人会常常提出的问题。莱弗利说：“假如你走进大二课堂，问：‘为什么存在雄性？’他们看你的眼神像说来了个疯子。他们会说你需要雄性完成繁殖，保证每一代都会产生更多的雄性。对哺乳动物来说也许确实如此，但对很多物种来说并不是这样的。任何生物都有可能做到不需要雄性和雌性的繁殖，这个想法会让他们感到震惊。在绝大多数人的脑海里，性和繁殖被混为一谈了。”

细菌会在觉得时机正确时分裂成两个，这很简单，许多单细胞真核生物也能这么繁殖。很多植物和动物都有能力按自己的意愿进行无性繁殖。甚至在有性繁殖的物种里，也有很多能切换成无性繁殖。假如你走过科罗拉多山坡上的几百棵颤杨，那你身边很可能是由克隆体构成的一片森林，它们不是从种子发芽而来，而是全部来自一棵树的树根，颤杨的树根会重新拱出地面形成新的树苗。海蛞蝓或蚯蚓等雌雄同体的生物同时拥有雌雄两套性器官，它们能够自体受精，也能与其他个体交配。有些种类的蜥蜴全都是雌性，在一个名叫孤雌生殖的过程中，它们会以某种方式触发未受精卵开始发育。与其他的繁殖方式相比，有性生殖既缓慢又代价高昂。100只孤雌生殖的雌蜥蜴能产生的后代数量远远多于雌雄各50只能产生的。只需要50代，一只能自我复制的蜥蜴的后代就能淹没100万只有性生殖的蜥蜴的后代[8]。

莱弗利在思考性的奥秘时，还只有屈指可数的几个假说能解释它为什么会存在。其中最受欢迎的两个分别是彩票假说和树木交错的河岸假说。根据彩票假说，性能帮助生命在不稳定的环境中生存。一排克隆体在森林中也许会过得很好，但假如森林在几百年后变成了大草原呢？性带来的变种能够让有机体在变化中生存下去。

另一方面，根据树木交错的河岸假说，性能让后代为复杂多变的世界做好准备。在任何一个环境中，无论是潮汐滩涂、森林树冠还是海底热泉，空间都会被划分为不同的生态位，在每一个生态位中生存都需要不同的技能。一个特化适应了某个生态位的克隆体，它生下的后代也只能应付同一个生态位。但性能重洗基因这把牌，给每个后代发一手不同的牌。莱弗利说："从根本上说，这么做是在分散后裔，让它们能利用不同的资源。"后裔之间不需要为了食物而过度竞争，那么母亲就更有可能成为祖母。树木交错的河岸假说在理论上也许说得通，但实际上可行性不大。想要它成真，不同的基因组构造出的身体必须有着明显的区别。然而，这就是当时的主流思想。

1985年，莱弗利为了琳达·德尔菲，他的妻子，来到新西兰，他想在坎特伯雷大学学习演化生物学。莱弗利在坎特伯雷大学找到一份博士后研究员的工作，他想知道新西兰能不能给他一个机会去检验学界对性的不同解释。演化生物学的理论往往诞生得既快又容易，但也往往可悲得经不起任何检验。为了检验性起源的各种解释，莱弗利首先要找到一个合适的物种来进行研究。这个物种必须是有性生殖和无性生殖的混合体。比如，有些动物既有雌雄种群，也有克隆种群。还有一些动物雌雄同体，个体能选择是和自己还是和其他个体交配。只有在这些种类的动物身上才能观察到演化的代际效应，因为生物学家可以对比有性生殖和无性生殖的表现。莱弗利说："假如你的研究对象只能有性生殖，就不太可能知道自然选择对无性生殖有利还是不利了。然而假如你建立的系统中这两者同时存在，那就有了比较的基础。"他就无法用人类来检验性的延续性，因为人类只能进行有性生殖。不存在任何一个人类群体能通过自然克隆来产生孩子。在人类所处的演化系谱中，有性生殖和无性生殖的竞赛早在数亿年前就结束了。

幸运的是，新西兰有一种蜗牛完全符合莱弗利的研究目标标准。这种蜗牛名叫新西兰泥蜗（*Potamopyrgus antipodarum*），体长四分之一英寸（约6毫米），遍布在新西兰近乎所有的湖泊、江河和溪流中。尽管泥蜗的所有种群基本是孤雌生殖产生的完全相同的克隆体，但也有一些种群会分化为雌雄两种形态，通过有性生殖来完成繁殖。

莱弗利首先研究泥蜗的栖息地对繁殖方式是否有影响。生活在溪流里的泥蜗需要面对突如其来的洪水，生活在湖泊里的泥蜗则享受着平静而安定的生活。根据彩票理论，生活在溪流里的泥蜗应该更倾向于有性生殖，因为它们必须在不稳定的环境中生存。根据树木交错的河岸理论，湖泊中为了占据不同的生态位会产生更多的竞争，会更倾向于有性生殖。

莱弗利徒步到有泥蜗生活的高山湖泊，拿着网兜蹚进水里。他在那里采集泥蜗标本，为了确定泥蜗的性别，他敲开蜗壳、解剖泥蜗、在右触角背后搜寻阴茎。然而在他看到泥蜗体内的情况时，他感到非常困惑——泥蜗的身体里塞满了他觉得像是巨型精子的东西。“我拿去给大学的一名寄生虫学家看，对我来说真是不幸，他说：‘白痴，这不是精子，是虫子。’”寄生虫学家向莱弗利解释，这些寄生虫是吸虫，它们会阉割泥蜗宿主，在宿主体内繁殖，最终进入最终宿主水鸭的身体。寄生虫学家告诉莱弗利，某些地方的泥蜗体内长满了吸虫，其他地方却完全没有。

这番羞辱并不难消化，因为莱弗利意识到寄生虫可以让他检验性的存在的第三种解释：性起源的始作俑者是寄生虫。多名科学家曾经以不同形式提出过这个猜想，其中最明确的是牛津大学生物学家威廉·汉密尔顿在1980年提出的。汉密尔顿认为，宿主在面对红皇后困局时，性是比自我复制更好的抵御寄生虫的策略。

以一群变形虫为例，它们通过克隆繁殖，有10种基因各自不同的品系。假如细菌感染了它们，就会启动红皇后的竞赛。细菌也有自己的品系，每种都适应于一种不同的宿主。最常见的变形虫品系受到适应于它的细菌品系的攻击，等这个变形虫品系数量大减，寄生的聚光灯就会移向另一种品系。由于变形虫靠克隆繁殖，每一代变形虫都和前一代拥有相同的基因。细菌会一次又一次地扫荡相同的10种品系，过了一段时间，其中的某些品系可能彻底灭绝。

现在假设一下，一部分变形虫演化出了交配的手段。雄性和雌性复制自己的基因，结合在一起形成后代的DNA，基因在组合时会被打乱。结果，后代并不是父母中任何一个的复制品，而是两者基因的全新混合体。此时，寄生虫再想要追赶宿主的脚步就困难得多了。有性生殖的变形虫的基因会彼此混合，因此产生的后代不再属于某个特定的品系，寄生虫也就更加难以锁定目标了。红皇后依然会逼着有性生殖的有机体不停奔跑，但它们的后代受到感染的可能性会变得较低。这种多样性给有性生殖的变形虫带来了保护，可能会让它们在和无性生殖的变形虫的竞争中获得显著优势。

这是个漂亮的理论，但第一次读到该论文时，莱弗利并不真的相信。“我的感觉——我猜也是一般人的感觉——是这个理论非常漂亮，但似乎不太可能是真的。原因嘛，其实是我在世上见到的寄生虫太少。假如一种选择性压力足够强烈，它应该会产生立竿见影的明显效果。至少在这个国家的人类身上，我们没见到这些明显的效果。至于从事田野生物学研究的人，他们感兴趣的主要是竞争或捕食。寄生虫方面缺乏传统研究。”

但事实上，绝大多数动物（也包括莱弗利研究的泥蜗）都充满了寄生虫。考虑到汉密尔顿也许有那么一点正确的可能，莱弗利决定开始记录被他解剖的泥蜗有没有感染寄生虫。“寄生虫的理论是汉密尔顿在1980年或1981年、1982年刚刚提出的，没人找到合适的生态系统去检验他的猜想。在敲开泥蜗的壳之前，我不知道面前的生物其实就是一个。我意识到它刚好对应着汉密尔顿的理论，但假如把寄生虫换成病毒，我恐怕就不可能发现了。我们面对的是显眼的游来游去的大虫子，任何人都能在立体显微镜底下看见它们。”

没过多久，莱弗利就看出了明显的规律[9]：湖泊泥蜗比溪流泥蜗更多地受到吸虫感染；而湖泊中受到感染的泥蜗又以雄性为主；一个湖泊里感染的情况越严重，雄性的比例就越高。只有一个假说能同时解释这三个规律，那就是红皇后假说：在寄生虫较多的地方，有性生殖的演化压力就越强。“我真的震惊了。在我最终发表的数据集采集到一半的时候，我心想：‘哇，有个趋势正在显现。’于是我走出去，采集了更多的数据，看趋势有没有消失。不，没有。加入更多湖泊的数据也没有改变结果，高有性生殖和高感染率同时出现的湖泊并不是少数。”

1987年，莱弗利发表了关于新西兰泥蜗的初步成果。从那以后，他把有性生殖当作他的研究方向。他用其他方式检验红皇后假说，发现了更多的支持性证据。举例来说，1984年他带着博士后学生朱卡·乔克拉前往新西兰南岛的亚历山德里娜湖。两人从浅水区和深水区采集了泥蜗。泥蜗在浅水区和水鸭生活在一起，后者是吸虫的最终宿主，水鸭会在浅水区排出吸虫的虫卵。由于水中的虫卵太多，浅水区泥蜗比深水区的感染更严重。莱弗利和乔克拉发现浅水区中的泥蜗雄性也更多，这很可能是寄生虫造成的演化压力导致的。仅仅在这一个湖里，他们就能看见寄生虫如何塑造宿主的性生活[10]。

与此同时，莱弗利注意到其他生物学家发现红皇后假说对别的物种也同样有效。尼日利亚生活着名叫截形小泡螺（*Bulinus truncatus*）的螺类[11]，它是携带血吸虫的物种之一，这种寄生虫会导致血吸虫病。它的性生活比莱弗利研究的新西兰泥蜗要奇特得多。每只截形小泡螺都是雌雄同体的，它们拥有雄性和雌性性腺，能够给自己的卵受精并产下克隆体。有一些截形小泡螺还具有能用来与其他个体交配的阴茎。

和新西兰的泥蜗一样，尼日利亚的截形小泡螺既然能自体受精，那么长出阴茎并和其他个体交配似乎是个巨大的浪费。和在新西兰一样，寄生虫似乎让这种努力有了价值。按照寄生虫学家斯蒂芬妮·施拉格所说，截形小泡螺每年都有一个交配季节。尼日利亚北部水温最低的时候是12月和1月。截形小泡螺把低温当作信号，产出更多的带有阴茎的后代，也就是能和其他个体交配的个体。截形小泡螺群体中带阴茎的越多，有性生殖和DNA洗牌就越频繁，下一代中的变种就越多。截形小泡螺需要大约3个月时间来成熟，因此有性生殖的新一代会在3～6月成熟，而3～6月刚好是血吸虫在尼日利亚北部活动最猖獗的一段时间。简而言之，截形小泡螺似乎在几个月之前就利用有性生殖为寄生虫的年度攻击做好准备。

至于红皇后假说对有性生殖的影响，最出乎意料的支持性证据来自寄生虫本身[12]。与宿主一样，许多种寄生虫也会交配。1997年，苏格兰的几名科学家提出疑问：寄生虫为什么要费这个力气。他们和莱弗利一样，找到了一个不拘泥于有性或无性生殖的物种。他们选择的是大鼠粪类圆线虫（*Strongyloides ratti*），顾名思义，这种线虫生活在老鼠体内。生活在老鼠肠道内的雌性线虫会自己产卵，不需要雄性的帮助。虫卵离开老鼠的身体后孵化，幼虫会产生两种形态。

一种形态是完全雌性，它们会花时间去寻找老鼠并进入其身体。线虫钻进老鼠的皮肤[13]，然后在皮下游走，最终抵达老鼠的鼻子。它会找到老鼠用的嗅觉神经末梢，顺着神经前往大脑。然后寄生虫会走一条无人知晓的路线前往老鼠的肠道，开始制造它的雌性克隆体。

另一种形态从虫卵中孵化出来，停留在土壤中。幼虫成熟后会变成雄性或雌性个体，而不是只有雌性，它们不采取克隆方式，而是以有性生殖的方式产生后代。雌性产下受精卵，孵出的下一代线虫会穿透老鼠的皮肤返回宿主的肠道。换句话说，大鼠粪类圆线虫能以有性生殖或无性生殖方式完成它的生命周期[14]。

苏格兰科学家决定看看老鼠的免疫系统能不能影响这种寄生虫选择什么繁殖方式。它们把大鼠粪类圆线虫植入老鼠体内，老鼠对寄生虫产生免疫应答。然后他们给老鼠注射抗寄生虫药物清除老鼠体内的寄生虫。现在老鼠拥有了抵御第二次入侵的能力。科学家再次感染老鼠，这一波寄生虫开始产卵，从这些卵中孵化出的幼虫更有可能进行有性生殖。在另一个实验中，科学家用辐射抑制老鼠的免疫系统，然后让它感染粪类圆线虫，他们发现这时的寄生虫更有可能进行自我复制，而不是有性生殖。

这些实验表明，粪类圆线虫更倾向于无性繁殖，但健康的免疫系统会迫使它采取有性生殖。莱弗利说："你的免疫系统算是寄生虫的寄生虫。"和寄生虫一样，T细胞与B细胞会繁殖出不同的品系，最成功的杀手最有可能进行繁殖。和宿主一样，寄生虫能够通过有性繁殖和基因多样化来保护自己。

莱弗利和其他科学家的研究都把性的起源放在了红皇后的肩膀上，但他们从未见过皇后陛下本人。一些研究人员在电脑上模拟宿主与寄生虫的斗争时，曾见过她的影子从显示器上掠过。莱弗利在他本人的研究中，也只能通过有性生殖和无性生殖的泥蜗的生活地点来见证她施加的影响，这仅是她的影响在一个特定时刻的快照。不过随着日积月累，他研究了足够多的泥蜗，见到了她跨越时间而非空间的力量。

他和另一名博士后学生马克·迪布达尔花了5年时间在波鲁阿湖里捞泥蜗[15]。这里的泥蜗全都是克隆体，大多数属于四种主要品系。莱弗利和迪布达尔每年都会对四种泥蜗群落做普查，记录种群数量的起落。他们把最罕见和最常见的克隆体带回印第安纳大学的实验室（莱弗利如今在那里工作），将这两种泥蜗暴露在寄生它们的吸虫之下。他们发现了一个巨大的差异：寄生虫更难以感染品系比较罕见的泥蜗。这正是红皇后假说的一个重要预测：稀有的品系赋予了有机体优势，因为寄生虫更适应于较为常见的宿主。

接下来，他们分析了5年间收集的波鲁阿湖泥蜗的普查数据。他们发现，在任何一年，感染一种泥蜗品系的寄生虫数量与这个品系的规模无关，被寄生最严重的泥蜗并不是最常见的品系。不过，有了5年的记录，莱弗利和迪布达尔得以回顾各品系数量在过去数年间的情况。这时，一个明显的规律跳了出来。在任何一年，被寄生最严重的泥蜗品系在数年前都曾是最常见的品系，而在这一年它们的数量在下降。这些泥蜗曾经稀有，后来数量增加，但寄生虫迟早会追上来，导致数量逐渐下降。由于吸虫的演化需要一段时间才能追上宿主，因此吸虫总是会在泥蜗数量开始下降时达到成功的顶点。

通过追溯过往，科学家第一次见到了红皇后工作时的身影。爱丽丝肯定会喜欢这个方法。她在冒险中失去了红皇后的踪迹，于是问玫瑰该怎么找她，玫瑰答道："我建议你走另一条路。"[16]

"这在爱丽丝听来简直是无稽之谈，但她朝远处望去，瞥见了几眼皇后的身影，于是想这次不妨试试玫瑰的建议，就朝着相反的方向走去。这次她顺利地找到了，还没走一分钟，她就发现自己已经和王后面对面地站在一起了。"

威廉·汉密尔顿提出是寄生虫推动了有性生殖的演化后不久，他意识到这个想法能够自然而然引出另一个理论。性也许能帮助有机体抵御寄生虫，但也会带来它本身的问题。比方说假如你是一只母鸡，你的基因特别适应于抵御红皇后此刻最青睐的寄生虫。你想生小鸡，但为此你必须找一只公鸡，小鸡的一半基因继承自这只公鸡。如果你挑了一只抗寄生虫基因不够好的公鸡，小鸡就会遭殃。因此你必须仔细挑选配偶，想办法搞清楚哪些公鸡拥有良好的基因，这会给你带来收益。公鸡就不需要这么挑剔了，因为公鸡能数以百万计地制造精子。而母鸡不一样，你一生中只能下几十几百个蛋。

汉密尔顿和密歇根大学的研究生玛琳·祖克合作，提出雌性会通过雄性的表现来判断雄性抵御寄生虫的能力。假如一个追求者过于弱小，它将不得不把大部分精力花在抵御寄生虫上，剩下的资源将所剩无几。然而有能力抵御寄生虫的雄性会有足够的剩余能量，用来向雌性彰显它的健康基因。汉密尔顿和祖克认为，这些展示物必定艳丽、奢侈和昂贵。鸡冠很可能就有资格成为这么一个生物的“履历书”。它对于公鸡的生存没有任何特定的用处，甚至是个负担，因为为了保持鸡冠的鲜红和膨胀，公鸡必须向它泵入睾丸激素，而睾丸激素通常会抑制免疫系统，使得公鸡在抵御寄生虫方面处于劣势。

正如寄生虫有可能造就了鸡冠，寄生虫也有可能拉长了天堂鸟的尾羽，它们有可能让红翅黑鹂变得更红，给雄性棘背鱼的身体添上亮色斑点，使得蟋蟀的精包变得更大。雌性可以用来评判雄性的一切特征都有可能受到了寄生虫的影响。

20世纪80年代初，汉密尔顿和祖克发表了他们的理论[17]，并做了个简单的验证实验。按照这个理论，受到更多寄生虫滋扰的物种应该比寄生虫较少的物种更加绚丽。根据他们的假说，细菌和病毒不会对雄性特征产生重大的影响，因为细菌和病毒通常不是杀死宿主就是被宿主清除。假如是前者，不会留下雄性去展示特征；假如是后者，生病的雄性可以完全恢复健康，难以与更强壮的雄性区分开来。

汉密尔顿和祖克搜集了关于北美鸣禽及其寄生虫的报告，这些寄生虫会导致磨人的慢性疾病，例如会引起鸟疟疾的寄生虫，还有弓形虫、锥虫和形形色色的线虫和吸虫。他们通过艳丽程度和歌声给每个物种的雄性炫耀行为打分，发现最受寄生虫所累的物种拥有最喜爱炫耀的雄性。

他们的奠基性工作引发了大量研究（事实上，比汉密尔顿关于有性生殖起源的理论还要多）。动物学家在蟋蟀的歌声、棘背鱼的斑点、强棱蜥的喉囊中验证了这些猜想。汉密尔顿和祖克在许多验证性研究（尤其是实验室试验）中[18]大获成功。祖克研究了东南亚的原鸡，[19]它们是家鸡的野生亲属。祖克在实验室里记录雌原鸡的选择和它们所选雄性的鸡冠情况。她发现，雌性始终更属意鸡冠较长的雄性。

在一项更复杂的研究中，瑞典科学家选择了野生环颈雉。[20]雄性环颈雉的腿部长有突刺，研究人员发现，雌性会通过刺的长度来决定与哪个雄性交配。研究人员随后查看环颈雉的免疫系统基因，发现刺最长的环颈雉都拥有一个特殊的基因组合。科学家不知道这些基因如何能帮助雄性抵御寄生虫，但在观察环颈雉的后代时他们发现，父亲刺比较长的小环颈雉比父亲刺比较短的那些更有可能活下来。

抗寄生虫的“广告”没有理由不从雄性的身体延伸到它的求偶方式之中。美口桨鳍丽鱼（*Copadichromis eucinostomus*）的情况似乎正是如此[21]，这种鱼生活在非洲中部的马拉维湖里。为了吸引雌性，雄性会在湖底用沙子构筑荫蔽处。有些荫蔽处只是在石块顶端放置的一把沙粒，但有些会形成几厘米高的巨大圆锥。雄性会一起构筑荫蔽处，彼此相邻紧密，每条雄鱼都会守卫自己的荫蔽处，驱赶企图侵占的游荡雄性。雌性会把大部分时间花在独自觅食上，然而到了交配时间，雌鱼会游向荫蔽处社区，检查不同雄性的作品。假如一条雌鱼选择与一条雄鱼交配，它会释出一颗卵子放在嘴里，雄性也会把精子放进雌性嘴里，然后雌鱼带着受精卵离开。

显然，雌性用荫蔽处来判断哪些雄性在抵御绦虫等寄生虫上表现最好。实验表明，能建造出尺寸较大、形状光滑的荫蔽处的雄性更容易获得雌性的青睐，而这些雄性同时也是携带绦虫数量最少的个体。携带绦虫的鱼可能要花费更多的时间进食，以至于无力维护它的荫蔽处。就这样荫蔽处成了一份病历书，甚至是一份基因简历。

但汉密尔顿-祖克假说也经历了一些失败。举例来说，雄性沙漠蟾蜍用叫声吸引配偶，但叫声响亮并不能证明免疫系统更擅长抵御伪双睾虫，这种寄生虫会待在蟾蜍的膀胱里喝血。有几个种类的强棱蜥，雄性个体拥有颜色鲜艳的喉部垂肉，那是雌性钟爱的特征，但垂肉颜色是否鲜艳与攻击蜥蜴的疟原虫等寄生虫毫无关系。

这些失败迫使科学家思考他们是不是在用错误的方式检验汉密尔顿-祖克假说。一种特定的寄生虫可能有害，也可能无害，因此对雄性的炫耀行为可能影响很大，也可能毫无影响。即便你对不同寄生虫的数量做了大量研究，通过这些数据也很难得出一般性的结论。因此，与其去统计寄生虫本身的数量，评估免疫系统的情况也许更加可靠。免疫系统已经演化得有能力处理形形色色的寄生虫了，因此可以提供更好的总体性线索。比起巨大的绦虫，清点微小的白细胞的数量要困难得多，但事实证明这个路线更加正确。免疫研究为汉密尔顿-祖克假说提供了强有力的一致性支持。[22]举例来说，雌孔雀会选择尾羽更绚丽的雄孔雀，而研究人员发现，尾羽更绚丽的雄孔雀对寄生虫的免疫应答也更加强烈。

汉密尔顿-祖克假说失效的另一个原因有可能是科学家找错了信号。他们执着于公鸡的鸡冠或蜥蜴的喉囊，因为这些可见的特征更容易衡量。然而，在两性之间的沟通方式中，视觉线索未必那么重要。例如，老鼠闻一闻配偶候选者的尿[23]就知道它有没有携带寄生虫；假如雄鼠有寄生虫，那么雌鼠就会避开它。雄鼠甚至有可能会用气味展示它们抵御寄生虫的能力，就好像那是某种不可抗拒的奢侈香水。一名生物学家写道："雄鼠的气味，在化学上相当于雄孔雀的羽毛。"[24]

就算汉密尔顿和祖克的理论在某些动物身上失效，寄生虫也有可能用其他不同的方式塑造了它们的性生活。再一次地，塑造方式的不同来源于特定的一种动物如何传递基因。例如蜜蜂，年轻的蜂后会在夏末带着一群雄蜂离开它出生的蜂巢。雄蜂在与蜂后交配后死去，蜂后会活过冬季，在春天用去年秋季的受精卵建立一个新的蜂群。换句话说，每一种蜜蜂，都必须通过数量稀少的蜂后这个瓶颈来完成繁衍。

通过研究蜜蜂的DNA，生物学家发现蜂后会在婚飞期间与10～20只雄蜂交配。抛开快感不谈，如此频繁交配的代价是相当高昂的[25]：交配期间的蜂后更容易受到捕食者的攻击，而且它原本可以节省频繁交配所耗费的能量以熬过漫漫严冬。

正如瑞士生物学家保罗·施密特-亨普尔所做的研究，蜜蜂的频繁交配行为有可能是为了抵御寄生虫。他将精子注射进蜂后体内培育下一代蜂群。一些蜂后得到的精子来自几只亲缘关系密切的雄蜂，而另一些得到精子“鸡尾酒”的则在遗传多样性上要高出3倍。蜂群开始孵化时，施密特-亨普尔把蜂群放在巴塞尔附近一片正在开花的草甸上，直到开花季节结束才去捕捉蜜蜂。

几乎从每一个角度来说，得到精子多样性较高的蜂后，其后代都比精子多样性较低的蜂后后代更能够抵御寄生虫。它们的蜂群感染程度更低，感染的寄生虫种类更少，单个个体的寄生虫数量也更少，更有可能活到夏末，因此也就更有可能产出下一代的蜂群。蜂后并不精挑细选某个特定的交配对象，而是将大量求爱者收于门下，在未来的蜂巢中创造出丰富多彩的基因调色盘。

免疫系统对抵御寄生虫至关重要，尤其是一个有能力快速演化的免疫系统，它实际上是最后的一道防线。免疫系统抗击的是已经越过护城河进入城堡的侵略者。从一开始就将寄生虫拒之门外会更好。演化是被动的。宿主通过适应选择来抵御寄生虫，改变自己的身体形状、行为方式、交配方式甚至社会结构，一切都是为了和寄生虫保持距离。

许多昆虫明显是为了抵御寄生虫而改变了外形。[26]有些昆虫在幼虫期会浑身覆盖尖刺和坚韧的外皮，阻止寄生蜂尝试在它们体内产卵。有些的身体上长出了可分离的一丛丛倒毛，会在寄生蜂试图降落时缠住它。蝴蝶结茧时，有时候会用一根长长的细丝把茧吊起来，使得寄生蜂无处借力，因此难以刺穿它们的外壳。

对一些昆虫来说，铠甲远远不够。举例来说，有几千种蚂蚁受到几千种相应的寄生蝇的折磨[27]。寄生蝇栖息在从蚁穴到食物的路径之上。见到合意的蚂蚁在底下经过，寄生蝇就飞下去落在蚁背上，把产卵器插进蚂蚁头部和身体之间的缝隙。蝇卵很快孵化，蛆一路咬进蚂蚁的体内，然后前往蚂蚁的头部。这些幼虫是吃肌肉的。假如寄生的是哺乳动物，它们钻进肱二头肌或大腿是合理的，不过蚂蚁身上肉最多的地方是头部。不像我们，颅骨里塞满了大脑，蚂蚁的脑袋里只有一团松散的神经元，其余的空间全都留给了为它们的上颚咬合提供动力的肌肉。进入蚂蚁头部的蛆会啃食肌肉，小心翼翼地避开神经，一直生长到占据了头部的整个空间。最后在某一天，蚂蚁迎来了它恐怖的结局：寄生虫溶解了头部与身体的连接部位，头部掉在地上，就像个熟透的橘子，丢了脑袋的宿主蹒跚乱走，而寄生蝇开始了它的下一个生命阶段——形成虫蛹。其他昆虫必须织茧以面对大自然和饥饿的捕食者，但寄生蝇不需要，它们可以躲在蚂蚁头部这个坚固的摇篮里愉快地发育。

寄生蝇的破坏力很强，蚂蚁针对它们演化出了各种防御性的行为。有些蚂蚁会用奔跑躲避寄生蝇；有些会在路上停下，疯狂挥动肢体，一旦感觉到头顶上有寄生蝇，就开始咬合上颚，一只寄生蝇会让6英尺（约1.8米）长的路上的100只蚂蚁停下脚步；有一种蚂蚁，假如寄生蝇落在它的背上，准备在它的头后产卵，这种蚂蚁会突然翻转头部紧贴身体，像老虎钳似的压碎寄生蝇。

对切叶蚁来说，寄生蝇完全改变了它们的社会结构。切叶蚁会从蚁穴前往树木，割下叶片带回蚁穴，在森林地面上形成绿色碎屑的游行队伍。切叶蚁是拉丁美洲许多森林中最主要的草食动物——就像缩微版的角马，不过切叶蚁并不吃树叶，而是把树叶带回蚁穴用来培育真菌，它们以真菌为食。因此，严格来说，切叶蚁不是草食动物，而是蘑菇种植者。

切叶蚁的蚁群根据体形分为大小两个群体，大型蚂蚁负责带树叶回蚁穴，迷你蚂蚁负责照看种植园。你也会见到迷你蚂蚁骑在树叶上由大型蚂蚁带回蚁穴。生态学家多年来一直不明白迷你蚂蚁为什么要浪费时间像这样搭车来去。有人猜测迷你蚂蚁有可能会在树上采集树液之类的其他食物，然后骑在叶子上回家以节省能量。事实上，迷你蚂蚁是抵御寄生虫的警卫。攻击切叶蚁的寄生蝇通过特殊的方法接近宿主，它们会落在树叶碎片上，然后在蚂蚁上颚和头部之间的缝隙中产卵。搭车的迷你工蚁则张开上颚在树叶上巡逻或休息。要是见到寄生蝇，它们就会驱赶甚至杀死它。

对更大的动物来说，与寄生虫的斗争同样激烈，尽管未必会像蚂蚁与寄生蝇的搏斗那样显而易见。哺乳动物持续不断地遭受寄生虫的攻击，从跳蚤、虱子、蜱虫、马蝇、螺旋锥蝇到牛皮蝇等不一而足，它们会吸血或在宿主皮肤里产卵。[28]作为回应，哺乳动物演化出了强迫性的清洁行为。瞪羚懒洋洋地甩尾巴，用口鼻蹭身体侧面，这看起来像是一幅和平的画卷，但实际上是它与侵袭者大军之间的慢镜头战争。瞪羚的牙齿状如耙子，这不是为了帮助进食，而是为了刮掉皮肤上的跳蚤、虱子和蜱虫。要是挡住它的牙齿不让它梳理，它体内的寄生虫就会增多8倍。瞪羚不会因为特定的某处瘙痒而清洁身体，它们会按钟表般精确的时间表来打扫卫生，因为寄生虫的攻击片刻不停。梳洗会占用动物进食和防备捕食者攻击的时间，黑斑羚群体中的头领会被蜱虫缠身，其身上的蜱虫比雌性身上的多6倍，因为警惕其他雄性挑战者占用了它的时间。

动物社会的形态也能帮助减少寄生虫。动物以这种方式保护自己免受捕食者的伤害。鱼待在鱼群里能够集中警惕，一旦有任何一条鱼感觉到捕食者接近，整个鱼群就会一起游走。即便捕食者发动攻击，鱼群中每个成员被杀死的概率也低于它单独行动时的概率。是时候把寄生虫放在狮子“旁边”了。增大瞪羚的群体规模，不但能够降低每一只瞪羚被狮子吃掉的概率，还能降低每个个体受到蜱虫或其他吸血寄生虫攻击的概率。另一方面，寄生虫也会让群体不至于变得太大。随着挤在一起的动物越来越多，一些寄生虫就越来越容易在宿主之间传播，无论那是打喷嚏时喷出的病毒、鼻拱时传播的跳蚤还是饥饿蚊子携带的疟原虫。

加州大学伯克利分校的灵长类动物学家凯瑟琳·米尔顿认为，寄生虫甚至有可能教动物学会了礼貌。米尔顿研究中美洲的吼猴[29]，她被侵袭它们的一种寄生虫的凶残吓住了：螺旋锥蝇。这种蝇会搜寻哺乳动物体表的伤口，甚至能找到蜱虫叮咬产生的小孔。它会通过伤口把卵产在动物体内，幼虫一旦孵化就会开始吃宿主的血肉造成巨大的伤害，能轻而易举地杀死吼猴。

螺旋锥蝇会让吼猴对抢夺配偶或领地的争斗产生戒心。争斗可能仅仅是小打小闹，但假如某只吼猴被抓伤，螺旋锥蝇能保证那将是它一生中的最后一次打闹。螺旋锥蝇在寻找伤口方面效率非凡，故而演化更可能青睐不太暴力的吼猴。于是，演化使吼猴变成了和蔼可亲的动物，甚至推动它们演化出了在不受伤的前提下彼此对抗的方式，例如吼叫和拍打，而不是撕咬和抓挠。还有很多哺乳动物也能用各种方法避免战斗，很可能同样是为了避免寄生虫的侵袭。

对宿主来说，最好的战略就是干脆不和寄生虫产生交集。宿主为了避免引起寄生虫的注意而演化出了一系列看上去极为怪诞和不可思议的适应行为，你很难想象它们事实上一开始是针对寄生虫而出现的。以卷叶蛾毛虫为例[30]：它们会像榴弹炮似地把粪便发射出去。每次毛虫开始排粪，就会抬起一块由转轴固定的板状结构，顶住肛门周围的一圈血管。血压在板状结构背后蓄积，然后毛虫松开板状结构。血液的压力撞击粪便，使其弹射的起始速度达到每秒3英尺（约0.9米），粪便会在空中划出弧线落在2英尺（约0.6米）之外。

什么东西能够推动这么一门肛门炮的演化呢？寄生虫。寄生蜂在搜寻卷叶蛾毛虫之类的幼虫时，最好的一条线索就是宿主粪便的气味。毛虫通常静止不动，不会在树枝之间奔跑，因此粪便往往会在身边积累。寄生蜂对卷叶蛾毛虫施加的巨大压力推动了高压发射粪便的演化。让粪便远离自己，毛虫就更可能不被寄生蜂发现了。

和昆虫一样，脊椎动物也会想方设法地避开寄生虫。牛粪会给它周围的草施肥，让草长得茂盛而高大，但牛通常会避而远之。牛之所以避而远之[31]，是因为牛粪中往往携带着肺线虫等寄生虫的虫卵，孵化出来的寄生虫会爬上附近的草叶，希望被牛吃下去。一些研究人员认为，北美驯鹿和角马等会长途迁徙的哺乳动物在规划路径时，也会考虑避开途中寄生虫密集的区域。燕子每年会回巢重新住下，但假如它发现旧巢滋生了蠕虫、跳蚤或其他寄生虫，就会去建造一个新巢。假如狒狒发现线虫在它们睡觉的地方泛滥就会离开，直到寄生虫全部死去才会回来。紫貂甚至会用野胡萝卜和飞蓬之类含有天然杀寄生虫剂的植物装点巢穴。猫头鹰有时会捕捉盲蛇，但不会撕碎盲蛇来喂雏鸟，而是把它们扔进鸟巢。盲蛇会充当女仆，钻进鸟巢的各个角落，吃它们发现的寄生虫。

即便你的母亲非常擅长评判荫蔽处，即便你摆头杀寄生蝇的技术炉火纯青，即便你能把粪便弹射到附近的草地上，到最后寄生虫还是有可能进入你的身体。你的免疫系统会尽其所能抵御入侵；多亏了寄生虫造成的演化压力，你的免疫系统成了一套极为复杂而精确的防御系统。但宿主也演化出了其他类型的战争手段。它们能争取其他物种的帮助，能用“药物”治疗自己，甚至能改造未出生的下一代，让它们为寄生虫肆虐的世界做好准备。

植物受到寄生虫攻击时会通过自己的免疫系统来保护自

己，它会制造有毒的化学物质，让寄生虫在啃食植物时一起将毒药吃了去。同时，植物还会发出求救信号。植物能感觉到毛虫在啃它的叶子，这种感觉不是通过神经系统传递的，但植物确实能感觉到。此时植物会合成一种特殊的分子传播到空气中。这种气味对寄生蜂来说就像香水[32]，强烈地吸引着飞来飞去搜寻宿主的寄生蜂。寄生蜂跟着气味找到受损的叶子，在那里锁定毛虫并把卵产在毛虫体内。植物和寄生蜂之间的对话不但及时而且精确。植物以某种机制感知到正在啃食叶子是哪一种毛虫，然后向空气中喷洒相应的分子。寄生蜂只会在植物通知寄生蜂它的宿主趴在叶子上时做出反应。

动物有时会通过改变饮食来抵御寄生虫。有些动物会干脆停止进食[33]，假如绵羊受到肠道蠕虫的严重侵袭，它会把食量降低到正常情况下的三分之一。这样的改变显然对寄生虫不利，寄生虫希望羊大量进食，这样它也可以大量进食，然后大量产卵。研究人员猜测，节食能以某种机制增强宿主的免疫系统，让宿主能更好地抵御寄生虫。另一方面，动物也可能不是简单地禁食，而是对吃什么更加挑剔，选择含有所需营养物质的食物来帮助它们抵御感染。

有时候，动物在受到寄生虫攻击时会开始吃它们几乎从来不碰的食物。比如一些种类的灯蛾毛虫，它们平时只吃羽扁豆。但有时灯蛾毛虫遭到了寄生蝇的攻击，体内被产下寄生虫的卵。这些寄生蝇和攻击蚂蚁或其他昆虫的不同，它们从毛虫体内出来时并不总能杀死宿主。因为灯蛾毛虫会把食谱从羽扁豆切换成一种毒芹，从而提高自己的生存率。寄生蝇依然会钻出毛虫的身体，但毒芹中含有某种化学物质能帮助毛虫存活下来发育为成虫。换句话说，灯蛾毛虫演化出了一种简单的医疗手段[34]。医疗行为在动物中可能相当普遍，有大量记录表明，动物有时候会吃能够杀死寄生虫或从肠道驱除寄生虫的植物。不过研究人员还在尝试证明动物确实会在生病时去吃那些食物。

若是情况变得严峻，也就是宿主几乎没有希望杀死体内的寄生虫，宿主就会想办法止损。它必须接受自己已经在劫难逃的事实。演化给了宿主几条路去好好利用它所剩无几的时间。有些种类的螺受到吸虫感染后，在被寄生虫阉割变成寄生虫采集食物的奴隶之前，它们只有一个月左右的自由时间[35]。它们会充分利用这个机会，迅速产生最后一批卵子。假如吸虫侵入了一只尚未性成熟的螺[36]，它的性腺发育会比健康的个体快得多。要是运气好，螺还能赶在寄生虫让它失去生育能力前挤出几颗卵子。

索诺兰沙漠的果蝇受到寄生虫攻击时的反应是发情[37]。它们靠腐烂的巨柱仙人掌为食，有时会在那里遇到螨虫。螨虫会跳到果蝇身上，把针状的口器刺进果蝇的身体，吸食果蝇的体液。后果可能很严重，螨虫感染严重时能在几天内杀死一只果蝇。生物学家发现，健康的雄性果蝇和被螨虫感染的雄性果蝇的生殖活动区别巨大。寄生虫会促使雄性花更多的时间去追求雌性，雄性身上的寄生虫越多，它花在这方面的时间就越长，在一些实例中甚至高达3倍。

乍看之下，这似乎是傀儡操控的又一个典范，寄生虫通过促使被感染的果蝇与健康果蝇接触来加速传播。但实际上，螨虫似乎只会在果蝇吃仙人掌的时候跳到果蝇身上。它们从不在交配伙伴之间跳跃。因此，寄生虫似乎逼迫果蝇演化出了在死亡临近时（死后就不能交配了）交配更频繁的习性。

果蝇为什么不把这种充满速度与激情的交配风格变成永久性的习性呢？答案大概是螨虫并不是每时每刻都在攻击果蝇。有些仙人掌上爬满了螨虫，有些却完全没有。与蜜蜂一样，交配会让果蝇付出较大代价，使它们容易成为捕食者的目标。因此还是灵活一些比较好，平时以较慢的频率交配，在面对寄生虫时才加快频率。

蜥蜴也需要面对自己的螨虫问题[38]；它们有可能因为螨虫感染而死，即便侥幸活了下来，也往往会发育不良。它们在受到攻击时会做出另一种改变：它们会改造未出生的后代。被螨虫感染的蜥蜴生出的孩子比健康父母的孩子个头更大、动作更敏捷。健康的蜥蜴幼仔在生命第一年会有个快速发育的过程，但在生命的其他时间内生长得很慢。然而，假如一只蜥蜴的父母是被螨虫感染的个体，它在生命前两年甚至更长的时间内都会快速生长。显然，蜥蜴母亲能够调整后代的生长过程，让它们适应于寄生虫的存在。假如环境中没有螨虫，蜥蜴的后代可以慢慢成长，享受较长的生命。但假如有螨虫，为了达到成熟后的健康体重，加快生长速度是有好处的，即便那意味着更早迎来死亡。

假如一个宿主注定在劫难逃，它会尽可能不把危害带给自己的亲属。熊蜂的工蜂白天会在花丛中穿梭[39]，采集花蜜带回蜂巢。晚上它们待在蜂巢里，靠成千上万只蜜蜂用肌肉扇动翅膀时的热量保持温暖。工蜂前去采蜜的路上有可能会遭受寄生蝇的攻击，寄生蝇会在它体内产卵。寄生虫在熊蜂的身体里发育成熟，温暖的蜂巢使得寄生虫的新陈代谢飞速运转，只需要短短10天就能完成生长。寄生蝇从宿主体内出来后，有能力感染整个蜂巢。但是，许多寄生蝇享受不到这么好的待遇，因为它们的宿主会做出古怪的事情，它会开始在蜂巢外过夜。工蜂待在外面的寒冷环境中，延迟了寄生虫的发育，同时也延长了自己的生命。叠加之下，寄生虫甚至有可能会在工蜂死亡前都无法发育成熟。熊蜂以这种方式阻止了它的蜂巢中暴发瘟疫。

尽管这些反击行为相当巧妙，但寄生虫也会演化出反反击的措施。为了远离牛粪中的肺线虫，牛会避开粪便，那么寄生虫就会离开粪便。肺线虫随着牛粪掉在地上后[40]，它会等待时机，直到被光照到。得到这个信号之后，肺线虫会开始向上爬，最终来到牛粪的表面。这时它会开始搜寻一种真菌，这种真菌也寄生在牛体内，它同样会对光做出反应，长出一个个带有弹簧结构的孢子囊。肺线虫一旦碰到孢子囊，就会紧紧抓住它并爬到顶上。真菌能把孢子囊弹射到6英尺（约1.8米）高的半空中，随风飘离牛粪。肺线虫像坐太空船似的搭便车，远离牛粪使得它更有可能被牛吃下去。

研究“军备竞赛”的时间长了，你会开始想象宿主和寄生虫会彼此裹挟飞上云端，双方都会疯狂推动对方的演化，直到都变成全能的半神，互相投掷闪电。然而，这样的竞赛自然是有极限的。克拉雷维尔让寄生蜂与果蝇对决时，果蝇仅仅过了五代就达到了60%的抗虫性，然而在后续的几代中，抗虫性始终停留在60%。为什么它不能一直上升到100%，形成一个彻底免疫的族群呢？因为抵抗寄生虫要付出高昂的代价。它需要能量来合成必要的蛋白质，于是这些能量就不能用在其他方面了。克拉雷维尔德让经他选择能抵抗寄生蜂的果蝇与普通果蝇争抢食物，发现它们的表现很差劲。比起依然容易被寄生的果蝇，它们生长得更慢，夭折的可能性更高，成年后个头也更小。演化不会向宿主提供无穷无尽的弹药库，它们必须在某个阶段让步，承认寄生虫是生命中的一个事实。

∾ ∾ ∾

达尔文开始写《物种起源》的时候，理解自然选择的作用原理并不是他的终极目标。那其实仅仅是实现目标的手段，只是为了解释这部著作的标题。经历了40亿年的分支和生长，今天的生命之树拥有一个茂盛的树冠。科学家已经命名了160万个物种，而它们很可能只是地球的全部生物多样性中的一小部分，而地球的全部多样性比这个数字要大许多倍。达尔文想知道这个多样性是如何产生的，但他对生物学的了解不足以解答他的疑问。现在生物学家对遗传有了更深入的理解，知道了基因如何在代与代之间起起落落，他们离物种事实上如何形成的答案越来越近。在这里，他们再次发现宿主和寄生虫之间的竞争至关重要。它或许能够解释生命为何能演化出这么茂密的树冠。

新物种诞生自隔绝[41]。冰川也许会把一小群老鼠与它们物种的其他成员隔开，经过几千年的时间，这些老鼠有可能会产生变异，它们会变得和其他老鼠有所不同，甚至无法杂交生下后代。某种鱼类也许会游进一个湖，部分成员开始专门在水底的淤泥上觅食，而其他成员在清澈的浅滩上。两者会为不同的生活方式演化出不同的特性，杂交产生的后代对两种生活都会难以适应。自然选择会将两者分开，它们会越来越多地和自己所属的群体待在一起，最终形成两个不同的物种。

寄生虫的寄生也会促进新物种的形成。寄生虫能够适应宿主身体的一个小角落，也许是肠道中的一段弯曲，也有可能是心脏或大脑。十几种寄生虫可以专门寄生鱼鳃，它们会精确地划分地盘，彼此之间不会形成竞争。专攻特定的宿主物种使得寄生虫进一步多样化。整个北美的郊狼只有一个物种，部分原因是郊狼会吃任何用四条腿走路的动物。与郊狼或其他捕食者不同，许多寄生虫都在红皇后的控制之下。假如一种寄生虫想要寄生多种宿主[42]，它就必须和所有宿主玩红皇后游戏，就像一个象棋棋手同时下十几盘棋，他必须在棋局之间疯狂奔走。假如另一种寄生虫经历突变，使得它只寄生一种宿主，那么它的全部演化就可以集中在单独的这一种宿主身上了。宿主甚至不需要是整个物种，只要宿主的一个群体足够与世隔绝，寄生虫专攻它们就会带来收益。由于寄生虫专注于一个物种或一个物种的一部分成员，它们就给其他寄生虫留下了演化空间。

随着新物种的诞生，老物种会逐渐灭绝。物种在竞争中失利，数量降低到阈值之下，或者环境改变得太快，物种无法适应，这时物种就会消失。寄生虫的品系有可能比营自生生活的生物[43]更能抵御灭绝的危机。尽管寄生虫倾向于成为“专家”，但它们偶尔也会涉猎其他的物种。有时候事实证明新物种适合成为新的家园，那么寄生虫就会找这一个新的宿主物种。举例来说，四叶目绦虫依然生活在地球上，寄生海鹦和鲸，但7000万年前它们寄生的翼龙和鱼龙都早已灭绝。寄生虫的多样性就像一个大湖，新物种像大江大河似的不断涌入，但出去流向灭绝的只是涓涓细流。

把这些原因综合在一起，寄生虫的种类之多也就不足为奇了。哺乳动物大概有4000种，除了某些人迹罕至的森林里还藏着一些兔形目和鹿科动物等待被发现，这个数字相当准确。但目前已知的绦虫就有5000种，而且每年都有新物种被发现。

寄生蜂有20万种。寄生植物的昆虫也有几十万种。加起来算一算，动物中的大部分都是营寄生生活的。另外还有不计其数的真菌、植物、原生动物和细菌也能骄傲地冠上寄生虫的称号。

现在越来越清楚的一点是，寄生虫很可能也促使它们的宿主变得越来越多样化。寄生虫不会以同样的方式攻击一整个物种。一个特定地区的寄生虫会专门攻击这个地区的宿主群体，适应宿主基因的当地子集。宿主相应演化，但仅仅是这个地区的宿主，而不是整个物种。这种局部性的斗争[44]催生了有记录以来最迅速的一些演化案例，其中包括丝兰蛾和它们产卵的花朵、螺类和寄生螺类的吸虫、亚麻和寄生亚麻的真菌。随着这些宿主群体抵御专门攻击它们的寄生虫，它们的基因也和所属物种的其他个体变得有所区别[45]。

然而这还只是寄生虫推动宿主形成新物种的诸多方式中的一种。例如，基因寄生虫能够加速宿主的演化。为了演化的发生，基因必须产生新的序列。普通的突变能够得到这个结果，比方说来自外太空的宇宙射线偶然间撞击了DNA，或者细胞分裂时基因不小心插错了位置。但是在基因寄生虫的帮助下，突变还能发生得更加频繁。基因寄生虫在细胞染色体之间或物种之间跳跃时，有可能把自己嵌入一个新基因之中。这种粗鲁的穿插通常会引起麻烦，就像你把一串随机指令塞进电脑程序的中间。但是，这种干扰偶尔也会变成好事——演化意义上的好事。被打乱的基因有可能会突然能够制造一种新蛋白质，发挥新的作用[46]。似乎正是基因寄生虫的一次盲目跳跃使得我们能够更有效率地抵御寄生虫。有迹象表明，制造T细胞和B细胞上的受体基因是由基因寄生虫凭空创造出来的[47]。

基因寄生虫一旦在新宿主体内确立地位，它就有可能扰乱整个物种的统一性[48]。基因寄生虫的标准结局是在宿主的后续代际中爆发性增长，将自己嵌入数以千计的位点。随着时间的推移，携带基因寄生虫的宿主会自行分化为独立的种群——不是不同的物种，而是倾向于在群体内交配繁殖的群体。这时，基因寄生虫会继续在它们的DNA中前后跳跃。这种跳跃在每个种群中都会有所区别，因此会导致彼此基因的差别越来越大。到了最后，当两个种群中的罗密欧和朱丽叶相遇并试图交配时，各自不同的基因寄生虫集合会让两者互不相容。基因寄生虫使得宿主的不同种群难以混合基因，从而推动宿主分裂形成新的物种。

寄生虫创造新物种的方式还有扰乱宿主的生殖活动。有一种名叫沃尔巴克氏体（*Wolbachia*）的细菌生活在地球上15%的昆虫和许多其他无脊椎动物体内[49]。它生活在宿主的细胞内，它感染新宿主的路径只有一条，就是感染雌性的卵子。沃尔巴克氏体所生活的卵子受精并成熟后，会成长为被沃尔巴克氏体寄生的个体。

这种生活方式有个缺点：假如沃尔巴克氏体在雄性宿主体内长大，它面对的就会是个死胡同，因为雄性体内没有卵子供它感染。结果，沃尔巴克氏体接管了宿主的生殖活动。在它寄生的许多宿主物种中，沃尔巴克氏体会对受感染雄性个体的精子做手脚，使得它们只能和携带沃尔巴克氏体的雌性成功交配。假如被感染的雄性企图与健康雌性交配，它们的后代会全部死亡。沃尔巴克氏体在某些种类的蜂中使用了不同的策略：这些昆虫在正常情况下出生时有雌有雄，雌雄个体进行有性生殖，但假如被沃尔巴克氏体感染了，出生的就会只有雌性，通过孤雌生殖生下更多的雌性。这种细菌把宿主全都变成了雌性，于是为自己找到了更多的宿主。

在这两种情况下，沃尔巴克氏体都会造成被感染群体与未被感染群体的基因隔离。新出生宿主的父母要么都携带沃尔巴克氏体，要么都是健康个体，不可能是一方健康一方不健康的混血儿。通过建立这道生殖墙，寄生虫为新物种的形成创造了舞台。沃尔巴克氏体只是诸多有能力影响宿主生殖活动的寄生虫里最知名的一个，我们也许会发现，这实际上是新物种形成的常见方式之一。

达尔文向来拥有强烈的反讽意识，但这一次对他来说也许都有点难以承受。理解生命如何改变形态，演化如何被推动，新物种如何产生，他本来能够在他垂死的孩子身上找到灵感。假如生命是一面织锦，织机的操纵者之一无疑正是寄生虫。

The Two-Legged Host

How Homo sapiens grew up with creatures inside

第七章　两条腿的宿主

智人如何与体内的生物一起成长

人类只有三个大敌：发烧、饥荒和战争。三者中最大的敌人，也是迄今为止最可怕的敌人，就是发烧。

——威廉·奥斯勒

寄生虫的美是一种非人性的美。之所以说它非人性，不是因为寄生虫是从外星球来奴役我们的，而是因为它们在这颗星球上的时间比我们要久得多。有时候我会想起贾斯汀·卡莱斯托，这个苏丹男孩被昏睡病折磨得只能在床上呜呜咽咽。他才12岁，仅凭自己的力量，他不可能和一个寄生虫的王朝抗衡，这些寄生虫生活在几乎每一种哺乳动物体内，还进入爬行类、鸟类、恐龙和两栖类的身体——自从鱼类上岸以后的每一种脊椎动物。但在鱼类上岸前，它们就生活在鱼类体内了，在演化过程中，它们不但住进脊椎动物体内，也占领了昆虫的身体，甚至在树木中繁衍生息。就像贾斯汀一样，人类这个物种也只是个孩子，这个年轻物种只有几十万年历史，是个稚嫩的宿主，等待锥虫和其他寄生虫攻城略地。

当然了，寄生虫也从没遇到过我们这样的宿主。我们能够发明医药和排污系统来对抗寄生虫，以前没有任何动物这么做过。我们还改造了我们身边的这颗星球。在寄生虫经历了几十亿年的辉煌后，如今它们必须生活在我们创造的世界里，这个世界的森林日益缩减、简陋的城镇日益膨胀、雪豹逐渐消失、鸡鸭成倍增殖。由于寄生虫具有的适应能力，它们目前活得还不赖。我们应该担忧秃鹫和狐猴的消失，它们的灭绝会让我们认识到人类对这颗星球的照管是多么糟糕。但我们不需要担忧寄生虫的消失。虽然生活在黑犀牛身上的蜱虫也许会在21世纪随着宿主一起消失，但在我们这个物种的存在时期，总体而言，寄生虫不会面临从这颗星球上消失的危险；等到人类灭绝，大概几乎所有的寄生虫也还存在于世界上。

尽管寄生虫必须生活在我们创造的世界里，但这句话反过来也说得通。寄生虫构造了我们赖以生存的所有生态系统，它们在数十亿年的时光中雕琢了宿主的基因，我们人类的基因也不例外。

寄生虫塑造人类的精确性令人震惊。免疫学家开始研究抗体的时候，发现抗体分为不同的类型。有些长着有可活动关节的分支，有些形状仿佛五芒星。每一类抗体都演化得能够抵御特定类型的寄生虫。免疫球蛋白A能抵御流感病毒和其他少数几种寄生虫。星状的免疫球蛋白M能把它的“星芒”钉在链球菌和葡萄球菌等细菌身上。

还有一些特殊的小抗体，它们名叫免疫球蛋白E（简称IgE）。科学家刚发现这种抗体时，搞不清楚它有什么功能。它的含量在大多数人体内维持在几乎无法被检出的水平，只在花粉热、哮喘或其他免疫反应发作时除外，这时它的含量会在整个身体里突然激增。免疫学家已经搞清楚了IgE是如何帮助触发这些反应的。一些无害物质（例如豚草花粉、猫的皮屑或棉花纤维）进入身体后，B细胞会针对这些物质的形状制造IgE抗体。IgE抗体随后与肥大细胞（mast cells）结合，肥大细胞是一种特殊的免疫细胞，存在于皮肤、肺部和肠道中。在这以后，IgE所对应的无害物质再次进入身体时，假如它与肥大细胞上的一个IgE结合，那么什么都不会发生；假如它与肥大细胞上并排的两个IgE结合，无害物质就会激发免疫反应了。突然，肥大细胞喷发出洪水般的化学物质使得肌肉收缩、体液涌入，并召唤其他免疫细胞前来援助。于是就有了花粉热引发的打喷嚏、哮喘引发的喘息和蜂蜇引发的红色荨麻疹。

因为过敏没有任何好处，所以免疫学家只是将IgE视为免疫系统的一种罕见缺陷。但后来他们发现IgE实际上是有用的，它能帮助我们抵御寄生动物。美国和世界上的少数几个国家已经摆脱了肠道寄生虫、血吸虫和它们的其他同类，IgE在这些地方也许没有用武之地，但是其他地区的人类（更不用说那里的哺乳动物了）都携带着大量的吸虫、蠕虫和IgE。对大鼠和小鼠做过的大量实验表明，IgE在抵御这些寄生虫上起着至关重要的作用：假如夺去动物的IgE，寄生虫就会在它们体内泛滥。

从某种意义上说，免疫系统已经认识到了，寄生性的动物和生活在我们体内的其他生物有所不同；它们更大，外壳也比单细胞有机体的细胞膜复杂得多。因此，免疫系统设计出了一套依赖IgE抗体的全新战略。我们还不完全清楚这套战略的具体细节，对于不同的寄生虫，它的表现或许也不尽相同。它最擅长应付旋毛虫[1]，这种寄生虫在肌肉细胞中成长，然后随着掉进胃里的肉块进入新宿主的身体。

旋毛虫从包囊中脱出后会刺穿肠黏膜上的突起，从而穿过宿主的肠道。肠黏膜中的免疫细胞会捡取寄生虫外皮上的某些蛋白质，然后前往肠道后侧的淋巴结，向淋巴结里的T细胞和B细胞展示旋毛虫的蛋白质，于是身体针对这种寄生虫制造出数以百万计的免疫细胞。这些B细胞和T细胞随后涌出淋巴结，聚集在整个肠黏膜内。

B细胞会制造抗体，其中包括IgE，抗体遍布肠道表面形成一道屏障，旋毛虫无法穿透它来固定身体。与此同时，被激活的肥大细胞导致肠道突然痉挛和充血。这让寄生虫无法抓住肠壁，因此会被冲走。

这套精确战略专门针对一种特定寄生虫，与针对许多其他寄生虫的战略一起，早在6000万年前，也就是人类最初的灵长类祖先飞荡于树木间之前就已经存在了。假如猴子和猿猴可以作为我们祖先的参考，那么它们显然需要这些战略的帮助：今天的灵长类动物身上充满了寄生虫，血液里有疟原虫、肠道里有绦虫和其他寄生虫、毛皮中有跳蚤和蜱虫、皮肤下有马蝇、血管里有吸虫。

5000万年前的某个时候，人类的祖先生活在非洲的某个地方，刚与今天的黑猩猩走上不同的道路。原始人类开始用两条腿站立，逐渐从茂密的丛林向比较稀疏的森林和稀树大草原迁移，他们在这些地方猎杀动物、采集植物。我们祖先体内的一些寄生虫也紧随其后，随着宿主分化为不同的物种而分化。在原始人类迁移到新的生态环境中时，他们也感染了新的寄生虫。按照埃里克·霍伯格的推测，原始人类偶然闯进了绦虫的生命周期，在此之前绦虫只在大型猫科动物及其猎物之间循环出现。与此同时，原始人类开始在稀树大草原上为数不多的饮水坑附近度过大量时间。他们和许多其他动物喝相同的水，这些动物就包括鼠类。某种血吸虫在从螺类游向鼠类的途中偶然碰到了原始人类的皮肤，并试着钻了进去[2]。它很喜欢它发现的新环境，于是逐渐演化出了一个只寄生原始人类的吸虫新物种。从那以后，曼氏血吸虫就生活在人类的血管里了。

100万年前，原始人类开始一批接一批地走出非洲，他们徒步穿越旧世界，从西班牙一直到爪哇。在一个普遍认可的演化模型中，这些原始人类没有在地球上留下任何后代。现存所有人类的祖先都是10万年前走出东非的最后一批原始人类，他们取代了一路上遇到的所有其他原始人类。在远离故土的旅程中，我们的祖先逃离了一些寄生虫，比如依靠采采蝇传播的锥虫，但采采蝇不在非洲之外生活，因此其引发的昏睡病到现在也还是一种非洲疾病。但人类在旅程中也成了新寄生虫的宿主，在中国，另一种生活在老鼠体内的血吸虫进入了人类，那就是日本血吸虫（*Schistosoma japonicum*）。

至少15 000年前，一些人朝着东北而去，通过阿拉斯加进入新世界，在那里遭遇了一批新的寄生虫。被人类留在非洲的锥虫其实在那块陆地上已经存在了数亿年[3]。1亿年前，南美洲和非洲西侧还连在一起，寄生虫在整块陆地上蔓延。但后来板块构造运动撕开了两块大陆，在两者之间注入了茫茫大海。南美洲带走的锥虫开始单独演化，形成克氏锥虫和其他物种。寄生虫的这两个分支分道扬镳后很久，最早的灵长类才在非洲演化产生，接下来的数千万年里，我们的祖先只和昏睡病做过斗争。本来人类迁出非洲远离了这个祸害，然而等他们终于抵达南美洲，曾经折磨他们的寄生虫的亲戚已经等候多时，准备用恰加斯病迎接他们。

到了10 000年前，人类已经在除南极洲外的所有大陆上定居，但他们依然以小群体的方式生活，吃猎杀的动物和采集的植物。他们携带的寄生虫必须遵循这些规则生活。在人类历史的早期，寄生表现最好的是拥有可靠的途径进入人体的寄生虫，例如大猎物体内的绦虫、嗜血按蚊携带的疟原虫和埋伏在水里的血吸虫[4]。需要密切接触来传播的寄生虫很可能经历了短暂的辉煌，就像埃博拉病毒在中部非洲小区域内的人群中传播一样，但人群本身分布稀疏，它们无法传播到一群人之外，所以它们始终不太常见。

然而，当人类开始驯化野生动植物并以其为食时，情况发生了改变。农业革命各自独立兴起，首先在10 000年前的近东出现，随后不久在中国出现，几千年之后在非洲和新世界出现。随着农业的出现和随之而来的村镇与城市的诞生，几乎每一种寄生虫都迎来了大暴发。绦虫不再需要等待人类去捡取合适的尸体或猎杀合适的猎物，而是可以活在家畜体内。人类吃下被污染的猪肉，排出绦虫的虫卵，用不了多久就会有一只到处乱拱的猪吞下虫卵，让新一代的寄生虫萌发生命。猫和老鼠跟随人类走遍全世界，这很可能使得弓形虫成了地球上最常见的寄生虫[5]。印加人沿着安第斯山脉修建的房屋为猎蝽（assassin bug）提供了理想的生活场所，而印加人的羊驼篷车队又把这种昆虫和它们体内的寄生虫带到了南美洲的大部分地区[6]。农业对血吸虫来说是一件前所未有的大好事：人们在亚洲南部建立灌溉系统和麦田，为血吸虫的宿主螺类开辟了巨大的新栖息地，而田间又总有农民在劳作，传播很容易就能完成。在村庄拥挤肮脏的环境中，病毒和细菌可以在人与人之间传播。最成功的寄生虫当数疟原虫。携带疟原虫的按蚊喜欢在露天的死水中产卵，农民砍伐森林时刚好创造出了这种水塘[7]。数量稳步上升的蚊群比它们的祖先更容易发现新目标，人们白天在田间劳作，晚上在村庄中聚集。

几亿年以来，寄生虫一直在塑造我们祖先的演化，过去这10 000年里，它们也没有停手。仅仅是疟疾就对我们的身体产生了奇异而重大的影响。疟原虫吞吃的血红蛋白由两种蛋白链组成，分别被称为α链和β链，两种蛋白链都依照我们基因中的指令制造。我们携带两个制造α链的基因，一个继承自父亲，另一个来自母亲，β链同样如此。假如任何一个血红蛋白基因发生突变，这个人的血液就会出问题。β链上的一个突变会造成名叫镰刀型细胞贫血症的遗传病[8]。在这种情况下，血红蛋白只要不和氧分子结合，就无法保持正常形状。有缺陷的血红蛋白在缺氧时会坍缩成针尖状的团块，进而使得红细胞扭曲成镰刀形状。镰刀状的红细胞会卡在毛细血管里，使血液无法向身体供应足够的氧气。假如一个人只继承了一个有缺陷的β链基因，那么另一个正常基因制造的血红蛋白能让他健康生活。但假如他获得了两个有缺陷的基因，那么他的身体就只能制造出有缺陷的血红蛋白，导致患者通常在30岁之前死去。

会死于镰刀型细胞贫血症的人不太可能把基因缺陷传递下去，因此这种疾病应该极为罕见才对。但事实并非如此，非裔美国人里每400人就有1人患有镰刀型细胞贫血症，每10人就有1人携带一个有缺陷的基因。这个基因之所以能保持如此高的流通性，唯一的原因是它恰好能够抵御疟疾。血细胞里的针尖状团块不但会威胁红细胞的存在，还能刺穿红细胞里面的寄生虫。镰刀型细胞坍缩时，它会失去泵入钾的能力，而钾正是疟原虫赖以生存的元素。你只需要一份缺陷基因，就能得到这样的保护。一份缺陷基因从疟疾手中拯救的生命抵消了由于得到两份缺陷基因而死去的那些生命。因此，那些祖先是生活在疟疾肆虐地区的人们（亚洲、非洲和地中海的大部分区域）携带这个基因的比例很高。

镰刀型细胞贫血其实只是人类与疟疾的斗争中产生的多种血液病之一。在东南亚，科学家发现一些人的血细胞的细胞壁极为僵硬，甚至无法穿过毛细血管。这种疾病名叫卵形红细胞症（ovalocytosis）[9]，与镰状细胞贫血遵循相同的遗传规则：一个人从父母中的一方继承有缺陷的基因，那么病情就很轻微，但假如从父母双方继承了这个基因，那么病情就会很严重，严重到继承了两个基因的婴儿通常会在出生前死去。然而，卵形红细胞症也会使红细胞对疟原虫来说不那么宜居。细胞膜会变得异常僵硬，疟原虫很难穿过它挤进去，僵硬的细胞膜似乎还破坏了细胞泵入磷酸盐和硫酸盐等化学物质的能力，而疟原虫需要这些化学物质才能活下去。

虽然人类改造血液来对抗疟原虫的战斗很可能已经持续了数千年，但科学家很难找到证据。来自过去的明确证据之一是一种名叫地中海贫血的疾病[10]，它是血红蛋白的另一种缺陷症。地中海贫血患者的细胞合成的血红蛋白的组分会发生错误。他们的基因会产生过多或过少的某种蛋白链，血红蛋白装配完毕后会有多余的蛋白链剩下，这些蛋白链结合在一起形成团块，在血细胞内造成灾难。它们能够像正常的血红蛋白那样捕捉氧分子，但无法彻底包围氧分子。氧是一种力量巨大的危险元素，它携带强大的电荷，能够吸引细胞内的其他分子。这些分子会抽出有缺陷的血红蛋白团块中的氧并带走。氧在细胞内游荡时能继续和其他分子发生反应将其破坏。

重度地中海贫血患者通常会在出生前死去，病情较轻的患者能活下来，但往往受到贫血的折磨。地中海贫血患者的身体会在骨髓中制造更多的血细胞，尝试补偿有缺陷的血细胞。但会造成骨髓肿胀，进而侵犯周围的骨组织影响生长发育。地中海贫血患者的骨骼通常有明显的畸形：手臂和腿部骨骼弯曲且发育不良。以色列的考古学家发现了有畸形症状的骨骼可追溯到8000年前[11]。

地中海贫血伴随人类已经很久了，并成为地球上最常见的血液疾病，原因也是它有助于对抗疟疾。看一看新几内亚等疟疾多发国家的地图，你会发现地中海贫血的发病率几乎与疟疾的流行程度相匹配。尽管地中海贫血病情严重时会让人丧命，但病情轻微时反而能救命。研究人员猜测，有缺陷的红细胞会让红细胞里的寄生虫过得比宿主更加艰难。松散的血红蛋白链携带的氧原子很容易脱落，进而有可能伤害疟原虫。寄生虫似乎没有自我修复的能力，因此它们无法正常生长。等疟原虫最终脱离红细胞时，往往形态不正常且行动迟缓，无法入侵其他细胞。因此，地中海贫血患者感染的疟疾一般是轻症，不至于危害生命。

这些血液病除了能让寄生虫难以生存，也许还为对抗疟疾做出了更大的贡献。它们也许为儿童接种了一种天然的疫苗。

儿童在被携带疟原虫的按蚊叮咬后会面临他们人生中的第一个转折点：他们尚未经受过考验的免疫系统能不能识别出寄生虫，在小主人被寄生虫杀死前击退敌人？延缓寄生虫的生长发育（无论是因为地中海贫血、卵形红细胞症还是镰刀型细胞贫血病）能够争取更多的时间，让免疫系统看破疟原虫的潜伏伎俩，识别敌人做出应答。这样的轻症疟疾使得儿童对疟疾免疫[12]，帮助他们活到成年。

ᔓ ᔓ ᔓ

考虑到寄生虫在较大的程度上塑造了人类的身体，我们不禁要思考寄生虫是不是也塑造了人性。女性会不会像母鸡选择公鸡那样，也基于能够抵御寄生虫的免疫系统来选择男性？1990年，密歇根大学的生物学家波比·洛[13]研究了血吸虫、利什曼原虫和锥虫等寄生虫肆虐的文化中的婚姻制度。她发现，一个文化背负的寄生虫负担越重，男性就越有可能拥有多个妻子或情妇。你也许会从汉密尔顿和祖克的理论中推出这个结果：因为在寄生虫严重的地方，健康男性会受到高度重视，每一个健康男性都会和多个女性结婚。那么，女性该通过什么信号来判断男性的免疫系统能不能抵御寄生虫呢？男人没有鸡冠，但他们有浓密的胡须和宽阔的肩膀，两者都依赖睾丸激素。当然这样的信号未必总是外在可见[14]，毕竟人与人之间的大量沟通是通过气味完成的，不过科学家尚未完成这方面的研究。

假如寄生虫和爱情之间有所联系，那么它很可能和许多其他演化动力纠缠在一起，埋藏在厚厚的文化变异的外壳之下。一天下午，我和玛琳·祖克谈起她的研究，她的工作分为两部分，一部分是探索汉密尔顿-祖克假说，另一部分是研究蟋蟀的歌声。我问她有没有考虑过把她的理论应用在人类身上，她的态度非常谨慎。她说："构建演化的适应场景很简单，但几乎不可能验证。我不是说我们不该研究人类的行为，我不认为这是不符合道德的。但我认为，一些拙劣的研究吸引了眼球，因为人们心想：'把这个推测应用在人类身上岂不是很酷？'人们研究人类问题时，常会只认同他们喜爱的理论。而我甚至都还不理解蟋蟀歌曲的结构到底是怎么一回事。"

话虽如此，做一些猜测也不是犯罪。寄生虫有没有可能推动了人类思维的演化？灵长类动物每天要花费大量时间（10%～20%）来彼此清理身体，和许多会清理身体的动物一样，它们必须抵御虱子和其他皮肤寄生虫无休无止的侵袭。光是捡出这些寄生虫的行为本身就有安慰作用，因为触摸会让灵长类大脑释放一些温和的麻醉剂。利物浦大学的罗宾·邓巴认为[15]，大约2000万年前，猴、猿猴和人类的共同祖先迁入有大量捕食者存在的栖息地时，由寄生虫驱动的这种享乐行为产生了新的意义。为了不被猎杀，这些灵长类动物必须簇拥在一起，但反过来它们又不得不相互争夺食物。随着社会压力的出现，灵长类动物逐渐对梳理身体带来的安慰感产生了依赖，不是因为它最初的功能（去除寄生虫），而是将它当作一种用来购买与其他个体联盟的货币。换句话说，梳理行为拥有了政治意义，为了与越来越大的群体保持联系，猿猴演化出了越来越大的大脑，同时不得不将更多的时间花在互相梳理身体上。原始人类最终达到了一个临界点，当一个群体有大约150名成员时，一天中不可能有足够多的时间供它们互相梳理身体以保持群体的完整。邓巴认为，正是在这个时候，语言逐渐产生，取代了梳理身体的地位。

抵御寄生虫很可能还以另一种方式在人类智慧的演化中扮演了角色——这个理论更加投机，但或许也更有意义。它可能对医药发展起了一定的作用。灯蛾毛虫受到寄生蝇的袭击后，会把食物从羽扇豆换成毒芹，它这么做完全出自本能。它不会忽然在叶子上停下，心想："我的身体里似乎有蝇蛆在生长，要是我不做点什么，它就会把我吃得只剩空壳。"它应该只是把食谱从一种植物变成另一种。对大多数有类似原始医疗行为的动物来说，行为过程大概都差不多。然而只有灵长类动物似乎不太一样，尤其是与我们亲缘关系最近的黑猩猩。生病的黑猩猩有时候会去找不寻常的食物[16]。它们会整片吞下某些植物的叶子，剥掉另一些植物的茎皮吃里面的苦芯。这些植物几乎没有任何营养，却具有其他方面的价值。那些叶子似乎能清除肠道内的蠕虫，与黑猩猩共享森林的人们也把那种苦芯用作药物。科学家在实验室里分析这些植物后，发现它们能杀死多种寄生虫。

换句话说，黑猩猩很可能是在医治自己。随着时间一年年过去，黑猩猩-医生理论积累了越来越多的证据，但迟迟无法得到认可。比起生物学中的一般理论，它需要更多的证据，因为科学家必须证明黑猩猩在选择特定植物时患上了特定寄生虫导致的疾病，他们还必须证明植物是如何抵御寄生虫的。想要证明这些，你必须和黑猩猩一起沿着雨林山脊奔跑，因此这方面的科研进展相当缓慢。跑得最多的科学家之一是迈克尔·哈夫曼，这名灵长类动物学家已经掌握了证据：黑猩猩吃下某些植物后，寄生虫数量确实会降低，它们的健康状况也会转好。他认为黑猩猩医疗方面的行为比受到本能驱使的灯蛾毛虫复杂得多。例如，它们只选择滇缅斑鸠菊（*Vernonia amydalina*）的苦芯，扔掉茎皮和叶子从而避开了这种植物的有毒部分，只吃含有能杀死线虫和其他寄生虫的类固醇糖苷的部分。而饥饿的山羊会过量食用这种植物，有时候会导致死亡。

假如哈夫曼是正确的，那么黑猩猩肯定会积累医学知识，通过相互传授和观察将这些信息一代代传递下去。哈夫曼曾经见过一只雄性黑猩猩吃了几口滇缅斑鸠菊，把剩下的扔在地上；一只小黑猩猩企图去捡起来，但它的母亲阻止它，用脚踩住苦芯，把小黑猩猩抱走。假如哈夫曼是正确的，那么黑猩猩必定拥有非同寻常的复杂认知能力。它们能识别特定寄生虫的症状，将吃不同的植物与治疗方法联系在一起。它们甚至会预防性地吃某些植物，将这种联系提高到一个更抽象的层次。

人类演化中最重要的里程碑之一是制造工具的能力，在谈论这个话题时，你经常会听见一个关键词：抽象，也就是对自然事物潜在用途的认识。黑猩猩会剥木棍用来钓取蚁穴里的白蚁，会用岩石砸碎贝壳，甚至会制作用来穿过大片低矮荆棘丛的凉鞋。作为与我们亲缘关系最近的物种，它们很可能体现出500万年前最早的类人猿的某些能力。我们的祖先后来迁出密林，演化出了制造更复杂的工具的能力，他们会用剥片石器来切割肉食。将工具形状与用途联系在一起的能力带来了回报：更多的食物。这种抽象思维使得原始人类能够制造更好的工具，让生存变得更加容易。换句话说，可能正是工具让人类大脑变得更大。

可以想象，同样的推论也适用于医药。识别出能用什么植物来对抗各种寄生虫的能力会不会让原始人类活得更久并产下更多后代？这样的成功会不会促使大脑变得更加强大，以去寻找对抗寄生虫的更好疗法？假如这是真的，也许我们更应该被称为医人（*Homo medicus*）才对。

∿ ∿ ∿

1955年，洛克菲勒大学的科学家保罗·拉塞尔写了一本书，他给这本书起名叫《人类征服疟疾史》，他认为这个书名不但完全合理，而且符合现实。这种夺走了无数生命的寄生虫（根据一些统计，曾经存在过的半数人类死于疟疾的情况）即将屈服于现代医学的伟大力量。“无论各个国家的发达程度和气候状况如何，在各自国境内根除疟疾第一次成为经济上可行的事情。”[17]疟疾的消亡已成既定事实，拉塞尔甚至在著作的最后提醒读者，等这种寄生虫被消灭后世界将迎来一次人口激增。

44年后的20世纪末，就在我写下这段话的时候，每12秒就有一个人死于疟疾。[1]从拉塞尔到我所生活的时代，科学家解开了DNA的秘密，近距离观察了细胞的模样，征服了从基因到行为之间的诸多链条中的一些环节。但是，疟疾依然在人类之中肆虐。

与此相同，其他许多寄生虫也是如此。除了人类更加熟悉的细菌和病毒，原生动物和动物在人类宿主体内也取得了巨大的成功。肠道寄生虫的数量总和远远超过人类[18]。引起象皮病的丝虫感染了1.2亿人[2]；血吸虫引起的血吸虫病有2亿患者[3]；即便是导致恰加斯病的锥虫这种地理范围有限的寄生虫，也感染

1　据2020年11月30日发布的最新《世界疟疾报告》，2019年发生2.29亿例疟疾病例，死亡人数估计为40.9万人。

2　据世界卫生组织2021年5月18日报道，2018年已多地实现了消除象皮病的目标，还有50个国家的逾8.59亿人生活在需要通过预防性化疗来阻止感染传播的地方。

3　据世界卫生组织报道，2018年估计至少有2.29亿人需要获得血吸虫病预防性治疗，据报告其中9720万人得到了治疗。

了近2000万人[1]。

这些寄生虫造成的痛苦受到忽视有几个原因。其中之一是患者主要是贫穷国家中的贫穷人群。另一个是这些寄生虫中的许多并不直接致命。尽管有13亿人携带钩虫，但每年因此而死的仅有65 000人。[2]但寄生虫长期感染的后果依然是毁灭性的，会使得患者无精打采，营养不良。钩虫和鞭虫之类的寄生虫使得儿童难以在学校里学习；然而只需要服一剂抗鞭虫的药物，一些看似迟钝的孩子就能重新变聪明。[19]

流行病学家尝试用他们称为“失能调整生命年”（disability-adjusted life year）[20]的单位来衡量这种损失。简单来说，生命年这个单位是在衡量因疾病而失去健康生活年数的估计值。这是个残酷的统计学计算方法，充满了铁石心肠的劳力计算：在25岁感染血吸虫比在55岁感染的这个数字要高得多。根据疾病的严重程度，苟延残喘的一年只能折算为无寄生虫生活的一个零头。蛔虫有可能阻碍儿童发育，但只要能及时发现，病情尚可逆转，儿童会重新开始发育。然而假如长时间不治疗，蛔虫就会导致儿童在成年时个头矮小。从这个角度来考虑，寄生虫对生命的消耗异常惊人。疟疾每年夺走全世界人口的3570万生命年。肠道寄生虫（以钩虫、蛔虫、鞭虫为主）远不如疟疾致

1　据世界卫生组织2020年报道，全世界估计有600万至700万人感染克氏锥虫，大多数在拉丁美洲，克氏锥虫是导致恰加斯病的寄生虫。

2　据世界卫生组织2020年报道，其将有钩虫、蛔虫和鞭虫几种主要蠕虫种类引发的感染概括为土壤传播的蠕虫感染，估计全球约有15亿人患有土壤传播的蠕虫感染。

命，但夺走的寿命更多：3900万生命年。加在一起，最常见的寄生虫每年会夺走近8000万生命年，几乎是结核病的两倍。

在美国，大多数人对寄生虫造成的灾难浑然不知（甚至不知道寄生虫是什么），因为寄生虫现在对他们的健康几乎不构成威胁。然而情况并非一向如此。大多数美国人不知道，在19世纪，疟疾从大平原地区一直横扫到北达科他州；他们也不知道在1901年，斯塔滕岛曾有五分之一人口携带寄生虫；大多数美国人不知道，美国南方以懒惰和愚蠢著称，是因为钩虫耗尽了许多南方人的精力；大多数美国人不知道，直到20世纪30年代，美国销售的25%猪肉还携带旋毛虫。[1]

美国不再需要担心这些寄生虫，不是因为有人发明了灵丹妙药。打败寄生虫的是缓慢而艰苦的公共卫生工作，需要建造户外厕所，检查食物，治疗感染，打破寄生虫从数千代人之前就开始的生命周期。这样手段简单的寄生虫现在依然有生命力。回想一下麦地那龙线虫的恐怖情况。[21]即便到20世纪中期，麦地那龙线虫也还是一种极为成功的寄生虫。20世纪40年代的一项估算认为这种寄生虫每年会从4800万人的腿上爬出来。现在依然没有针对麦地那龙线虫病的疫苗，也没有任何已知的药物对它有效。然而从20世纪80年代初开始，公共卫生工作者发起了一项运动，也许能够把它从地球上彻底清除掉。

1　旋毛虫病在美国现在已相当罕见。在2011—2015年，美国疾病控制与预防中心（CDC）平均每年报告的病例不到20例。

他们的策略非常简单。他们帮助麦地那龙线虫感染地区的人们了解这种寄生虫的知识。他们在一些地方打水井，在另一些地方分发粗棉布，用来过滤池塘水中携带寄生虫的桡足动物。他们用绷带包扎寄生虫形成的脓肿，阻止麦地那龙线虫完成它的生命周期。麦地那龙线虫从宿主身上钻出来的时候，他们禁止宿主靠近水体。短短几年时间里，麦地那龙线虫病的种群数量就开始崩溃。1989年报告的病例有892 000起（实际数字肯定高得多），到了1998年，病例数已经降至80 000起。1993年，麦地那龙线虫已经在巴基斯坦绝迹。可以想象，再过几年，这种寄生虫将被完全消灭。继天花之后，麦地那龙线虫病将成为医学史上第二种被根绝的疾病。[1]

另外两种有害寄生虫同样具有明确的生命周期，因此它们也是根绝的潜在对象。其中之一是旋盘尾丝虫，它通过黑蝇传播，会导致河盲症。1700万人携带这种寄生虫[22]，他们主要生活在非洲。我们不可能清除所有黑蝇，也不可能向每一个有风险的非洲人发放杀虫剂，因此无法阻止人们受到感染。和麦地那龙线虫一样，盘尾丝虫也没有疫苗，但存在一种部分有效的疗法。牧羊人会给牲畜服用一种名叫伊维菌素的药物，治疗它们的肠道寄生虫。伊维菌素似乎能麻痹寄生虫，让它们无法进食和游动，因此会被动物从体内排出去。寄生虫学家发现伊维

1　据世界卫生组织2020年报道，麦地那龙线虫病是一种处于被消灭边缘的致残性寄生虫病，2019年仅有54例报告病例。

菌素对许多寄生虫也效果明显，其中就包括了旋盘尾丝虫。河盲症患者服用药物后能杀死在皮肤内游走的幼虫。[23]但这不能完全治愈他们，因为蜷缩在结节里的成虫不会受到影响，它们能继续生出数以千计的幼虫。不过，导致了河盲症严重症状的正是幼虫，症状包括难以忍受的瘙痒和导致失明的眼球疤痕。研究人员发现，只要受感染者每年服用一次药物，就能清除他体内的全部幼虫。成虫能活10年，因此患者必须吃10次药才能彻底痊愈。制药业巨头默克公司捐献了足以治疗全世界河盲症患者的伊维菌素，至今已经发放了1亿剂。[1]

不久前，寄生虫学家发现，伊维菌素对引起象皮病的几种丝虫同样有效。这些丝虫的生命周期与盘尾丝虫类似，对伊维菌素的敏感性也相同。根除象皮病的计划更加雄心勃勃，因为遍及整个热带地区的受感染人口高达1.2亿。假如这些研究人员取得成功，导致这三种疾病的寄生虫被彻底消灭，全世界都该为发起这些运动而嘉奖他们。我们可以期待有朝一日，人们将难以相信世界上曾经有一些东西能够以如此复杂的方式给人类造成痛苦。寄生虫将成为22世纪的龙和蛇怪。

然而，就根除而言，导致这三种疾病的寄生虫是例外，而非常规。许多其他寄生虫在全世界大多数人口居住的贫困环

1　据世界卫生组织2019年报道，世界多地已消除盘尾丝虫病，根据《全球疾病负担研究》做出的估计，2017年全世界有2090万例流行性盘尾丝虫病感染：1460万感染者患有皮肤病，115万出现视力丧失。

境中兴盛繁衍，想要阻止它们的传播，仅仅一点善意可远远不够。血吸虫病很容易治疗，只要你能拿出20美元购买驱虫药吡喹酮。即便有人给穷得买不起药的你免费发放了药物，你也有可能再次感染这种寄生虫，因为你必须从水塘里取水而不是使用干净的井水。另外，解决贫困问题的所谓“疗法”往往会让寄生虫过得更加轻松。随着大型水坝的建造，大片旱地被淹没，从而为携带血吸虫的钉螺创造了新的家园，新的血吸虫病大流行也会随之而来。[24]

寄生虫之所以能取得今天的成就，最重要的原因是它们能不断演化。寄生虫并不像人们曾经认为的那样，是生命的死胡同，而是在持续适应它们的环境。疟疾不但一直在逼迫我们演化，疟原虫也在为了适应人类而演化。疟原虫以前只需要适应人类的自然防御手段，但数千年后的今天，它们要对抗的不再是新的T细胞受体，而是形形色色的药物。

20世纪50年代之前，一个人在世界上任何一地感染的疟疾都能用药物（几剂温和的氯喹）来治疗。氯喹通过将疟原虫的食物变成毒药来治疗疟疾[25]。疟原虫吞食红细胞内的血红蛋白时，氯喹会切断蛋白质分子的长臂，只留下富含铁质的核心。这个核心对寄生虫来说是个威胁，因为它能附着在疟原虫的细胞膜上干扰分子进出细胞的流动。寄生虫用两种方法来中和这种毒素。它会将多个分子连接起来变成对它无害的疟色素，它还会用蛋白酶处理剩余的分子，直到分子不再能和细胞膜发生反应。

氯喹能够进入疟原虫的体内，抢先与血红蛋白的核心结合，不给疟原虫中和它的机会。这种新形态的化合物无法嵌入疟色素链的末端，寄生虫的蛋白酶也无法与它发生反应。不但如此，它会在疟原虫的细胞膜上积累使细胞膜产生漏洞。寄生虫不再能够泵入它需要的钾等原子，也无法泵出它必须除掉的一些原子，如此直到死亡。

现在，全球导出都有大片地区存在的疟疾是抗氯喹的[26]。20世纪50年代末出现了两种抗氯喹的疟原虫，一种在南美洲，另一种在东南亚。研究人员尚不确定它们为什么会变得如此难以应付，但猜测它们拥有一种能够与氯喹结合的突变蛋白质，不让氯喹过于深入疟原虫的身体。这个突变有可能在过去数千年时间内反复出现，但产生的特异蛋白质没有任何用处，甚至有可能会拖累疟原虫的血液盛宴，因此被自然选择压制了下去。

但是从20世纪50年代开始，能够抵挡氯喹的疟原虫忽然有了大量空间（也就是人体）供其侵占。年复一年，这两种疟原虫突变株的后代从故乡向外扩散。南美洲突变株蔓延到了整块大陆的每一个疟疾高发区。东南亚突变株甚至更加无所不在：20世纪60年代，它向东征服了印度尼西亚和新几内亚，20世纪70年代，它向西扩散到了印度和中东。1978年，东非报告了东南亚突变株的第一起病例；20世纪80年代，它已经占领了撒哈拉以南非洲的大部分地区。现在想阻止疟疾的扩散已经变得极为困难，因为其他的抗疟药物更加昂贵，而疟原虫的耐药株也在相应增加。

疟原虫等寄生虫的再度兴起使得寄生虫学家对疫苗产生了极大的期望。尽管疫苗对部分病毒和细菌有着良好的效果，但是现在还不存在任何针对真核生物的商用疫苗，疫苗数量为零。其难点在于，真核生物寄生虫是诡计多端的复杂生物。它们在宿主体内经历不同的发育阶段，阶段与阶段之间的模样大相径庭。原生动物和动物在愚弄人类免疫系统方面成果斐然——不妨回想一下锥虫能够如何蜕掉它们的分子毛皮，然后长出有着截然不同的化学图案的另一层毛皮；还有血吸虫能攫取人体分子充当面具，同时分泌其他的化学物质，让我们的身体去自相残杀。

制作寄生虫疫苗的最初尝试只能用粗陋来形容：科学家把辐射灭活的寄生虫残余物注射到实验动物体内。这样的疫苗只能提供微弱的防护。过去20年间，科学家学会了如何更细致地定制疫苗。他们将注意力从寄生虫整体转移到了寄生虫外表面上携带的单个分子，希望能找到几个分子，激发免疫系统来抵御侵略者。可惜他们得到的只有接二连三的失败。20世纪80年代，世界卫生组织发起了一场很有进取心的运动，想创造出一种血吸虫疫苗。[27]他们针对的不是1个分子，而是6个，6个免疫学家团队针对不同的分子做实验。但6个分子都无法提供有显著意义的保护，因此就在疫苗研发人员还在寻找其他分子的时候，这个伟大的计划已经被取消了。

不过从根本上说，寄生虫并非绝对藐视着疫苗。还是有可能存在某种寄生虫离了就无法生存的化学分子，免疫系统能够正常识别这种分子，用它来指导攻击。1998年，美国海军的科学家[28]开发的疟疾疫苗开始做人体试验。他们的疫苗比之前的那些要复杂得多。他们想让人类免疫系统在疟原虫刚进入肝细胞的初期就发动攻击。肝细胞会在其表面的MHC（主要组织相容性复合体）的受体中展示疟原虫的蛋白质片段。通常来说，我们的身体无法在这个阶段抵御疟疾，因为等杀手T细胞识别出蛋白质片段增殖出一支寄生虫杀伤大军时，疟原虫已经离开肝脏逃入血流。

但是，假如我们能够提前让杀手T细胞认识这些片段，它们就能在第一时间开始摧毁受到感染的肝细胞。为了制造这支T细胞军队，海军的科学家想让受试者患上某种虚假的疟疾。他们合成了一个DNA序列注射进受试者的肌肉。DNA进入肌肉细胞开始制造由疟原虫合成并由肝细胞呈现的同一种蛋白质。从理论上说，肌肉细胞的表面会呈现这种疫苗蛋白质，这么一来，等到真正的感染发生时，已经见过它的杀手T细胞就能及时击退疟原虫了。

但是，从人体试验到实际上的大规模接种还有很长的路要走，尤其是当你要对抗的是疟疾和血吸虫病之类的疾病，它们影响了全世界贫困地区的数亿人口。阿尔曼德·库里斯把大部分职业生涯奉献给了寻找控制血吸虫病的方法，他说："你期待从疫苗中得到的最佳结果是什么？分子生物学家会说：'疫苗很昂贵，需要每隔5～7年接种一次，还需要持续的低温配送。'这意味着从制造厂到你取出安瓿瓶把注射器针头插进去的整个过程都需要冷藏。你打过天花疫苗吗？我在哥斯达黎加边境接种过，护士把疫苗保存在小酒杯里，用缝衣针刺在我的肉里。那才叫疫苗呢。"他告诉我，治疗血吸虫病的氯喹一剂要20美元。"在我工作的肯尼亚村庄里，经济条件最好的家庭也许有能力给受宠的孩子买药。假如你连这个都负担不起，那么就算我可以提供疫苗，你又能做什么呢？我的意思不是说别去研究疫苗了。海军也许需要去疟疾高发地区，还有和平队、外交官……但对受到血吸虫病折磨的2亿人来说，疫苗不可能有任何意义。可是，根据我的计算，过去这20年里，花在血吸虫病上的费用有四分之三投向了疫苗。"

就算研究人员能够发明符合库里斯的小酒杯标准的疫苗，寄生虫很可能还是会找到办法绕过疫苗。世卫组织认为，即便血吸虫疫苗只能提供40%的保护也值得支持。这指的并不是2亿血吸虫病患者中有40%能摆脱寄生虫，而是每个人能清除掉血管里40%的血吸虫。这个目标听上去值得一试，但它忽视了血吸虫狡诈的能力。这些吸虫能感知到宿主体内有多少同伴[29]，随着总数逐渐增高，每个雌性产的卵就会越来越少。这个机制很可能是血吸虫为了照顾宿主而演化出来的。假如每个雌性都尽可能多地产卵，就会给宿主的肝脏留下太多疤痕，甚至导致宿主死亡。假如疫苗只杀死一个人体内的40%血吸虫就有可能会造成相反的情况：幸存下来的血吸虫感知到竞争减少，于是增加产卵量使得病情恶化。

疫苗还有可能破坏我们来之不易的免疫能力。假设海军对疟原虫肝细胞阶段的疫苗成功了，人们决定给全世界数以百万计的儿童接种。继续假设疫苗在接下来的几年内表现良好，然而一些国家由于内战或投机者做空货币而导致接种计划无法继续下去，或者疟疾的一个变异株席卷而来，其差异大得足以让疫苗训练出来的T细胞无法识别，结果不但是这些人的肝脏没有了任何防护，而且没有机会在疟原虫红细胞阶段建立起自己的抵抗力。可想而知，疫苗在这种情况下反而弊大于利[30]。

对一些寄生虫来说，比起尝试消灭它们，寻找一种更好的共存方式也许更有意义。例如血吸虫病，血吸虫成虫并不会造成太大的危害。它们隐藏得很好，不会引发免疫系统发动破坏性的攻击，它们喝的血其实也并不多。真正引起麻烦的是虫卵，因为免疫系统会在肝脏中围绕虫卵形成巨大的球形疤痕组织。在免疫细胞交换的诸多化学信号中，有一个信号能阻止免疫系统制造这些肉芽肿。科学家发现，假如给患有血吸虫病[31]的小鼠额外注射这种化学信号物质，小鼠就不会破坏自己的肝脏了。可想而知，这种药物也能救我们的命——不是从寄生虫手中，而是从我们自己的免疫系统手中。另一个策略是阻止血吸虫交配。科学家发现雄性血吸虫会用化学信号吸引雌性。假如可以针对信号研发疫苗[32]，我们的免疫系统能够摧毁这种化学物质，从而挫败血吸虫的爱情，它们也就不会产卵了。

假如可以驯服寄生虫，我们同样有可能与寄生虫共存。寄生虫导致疾病的严重程度与寄生虫的演化选项有很大的关系。假如一种病毒的最佳生存机会要求它迅速杀死宿主，那么它多半会演化出致命毒株。但道理反过来同样成立：假如病毒必须为高毒力付出巨大代价，那么更温和的毒株就会胜出。一万余年以来，我们事实上人为造成了许多演化，我们为了想要的特性培育植物和动物，例如温驯的奶牛和更甜的苹果。艾姆赫斯特学院的保罗·埃瓦尔德是毒力理论的构建者之一[33]，他提出我们可以对寄生虫做同样的事情来战胜疾病。驯化寄生虫其实并不困难。举例来说，公共卫生运动在热带的许多地区向人们发放纱窗和蚊帐，防止传播疟疾的按蚊在人们睡觉时叮咬他们。埃瓦尔德认为，这样的运动不但能防止按蚊叮咬拯救生命，还能迫使按蚊体内的疟原虫演化成更温和的形态。随着寄生虫在宿主间传播的可能性越来越小，从演化的角度来说，杀死宿主会变得越来越不明智。

消灭寄生虫甚至有可能造成新的疾病。如今有100万美国人罹患结肠炎和克罗恩病。这两种疾病的起因都是患者的免疫系统猛烈攻击肠道内壁，引发的炎症会破坏患者的消化系统，有时候不得不通过外科手术来切除一段受损的肠道。两种疾病会终身折磨患者，而且目前都无法治愈。然而，尽管它们在今天如此常见，20世纪30年代之前却找不到结肠炎和克罗恩病的任何记录。美国最早的病例出现在纽约市富裕的犹太家庭中，医生因此认为它们是遗传病。但后来犹太人以外的白人也开始发病，医生依然认为它们是遗传病，因为患者中几乎没有黑人。然而到了20世纪70年代，黑人群体也开始发病。将视线投向美国之外，你会看见另一个非常明确的模式。在世界上比较贫困的国家里，这两种疾病几乎闻所未闻。但是在日本和韩国这两个从贫穷迅速走向富裕的国家，结肠炎和克罗恩病现在都成了流行病。

一些科学家认为，这两种疾病的流行是因为消灭了肠道寄生虫。这个理论无疑符合它们的历史。在美国，它们首先出现在城市的富裕人群中，也就是首先清除了绦虫和其他肠道蠕虫的那些人。后来，随着黑人逐渐摆脱贫困和迁入城市，他们也病倒了。肠道寄生虫在全世界大部分地区还很常见，然而在近期消灭了它们的那些国家，结肠炎和克罗恩病同样已迅速出现。就连农场动物在接受伊维菌素等抗寄生虫药物的治疗后，也开始患上肠道疾病。

人体免疫系统和肠道寄生虫之间的互动很可能一直在保护我们不受这些疾病的侵害。寄生虫学家发现，肠道寄生虫能推动免疫系统从喷洒毒素、吞噬细胞的狂热状态转向采取比较温和的攻击形式。在这个较为温和的状态下，免疫系统依然能控制住细菌和病毒，但寄生虫可以不受打扰地生活。这样的妥协对宿主同样有利。寄生虫数量较多时，反复发动攻击有可能带来危险。但后来，在演化上只是一眨眼的时间里，几亿人彻底摆脱了寄生虫。没有了寄生虫的安抚，有些人朝另一个极端摇摆得太远，免疫系统无法停止攻击自己的身体。

1997年，艾奥瓦大学的科学家用惊人的手段将这个想法投入实践[34]。他们挑选了7名溃疡性结肠炎和克罗恩病的患者，所有的常规疗法对这些人都毫无作用。科学家给他们喂食一种通常生活在动物体内的肠道寄生虫的虫卵，这种寄生虫不会在人类肠道中引起任何疾病（科学家在完成研究前拒绝透露这种寄生虫究竟是什么）。两周后，虫卵孵化，幼虫长大，7人中有6人的病情出现了全面好转。

没有寄生虫的生活很可能也是过敏等其他免疫失调症的病因[35]。工业国家有20%的人口患有过敏症，但过敏症在其他地区难得一见。由于只看一个国家整体的情况是靠不住的，因此免疫学家尼尔·林奇在委内瑞拉对这个规律做了细粒度分类的研究。他观察了有自来水和抽水马桶的上层社会家庭与居住在贫民窟的贫困家庭。在上层人口中，43%有过敏症，只有10%有肠道寄生虫的轻度感染。在贫困人口中，过敏症人数只有上层人口的一半，但寄生虫发病率为2倍。林奇将生活在雨林中的委内瑞拉印第安人也纳入研究范围，规律变得更加明显：他们中有88%的人感染了寄生虫；完全没有过敏症患者。假如没有寄生虫施加影响，无害的猫皮屑和霉菌粒子很可能会让我们的免疫系统过度反应。

为了抵御这些疾病，我们也许必须承认我们与寄生虫的长期伴侣关系。这并不是说结肠炎患者应该去吃旋毛虫的虫卵，除非他们愿意享受寄生虫穿行于肌肉中的那种漫长而痛苦的死亡过程。但是，寄生虫用来操控我们免疫系统的化学物质或许能够消除现代生活方式的一些负面影响。也许有朝一日，儿童在注射小儿麻痹症疫苗时，也会被注射寄生虫的某些蛋白质以训练他们的免疫系统不至于失控。对寄生虫与人类的故事来说，那将是令人赞叹的最终转折。寄生虫不一定永远代表疾病。在某些情况下，它们也许能成为治疗手段。

How to Live in a Parasitic World

A sick planet, and how the most newly arrived parasite can be part of a cure

第八章　如何在充满寄生虫的世界中生活

一个生病的星球及最新出现的寄生虫如何能成为疗法的一部分

每当地球改变其存在形态[1]，现存的物种就会同时被毁灭。类似的事情也发生在寄生虫身上，宿主动物死亡时，它们也同样会被毁灭。

——约翰·布雷姆泽

在我造访圣芭芭拉时，凯文·拉弗蒂向我展示寄生虫如何主宰盐沼，之后我和阿尔曼德·库里斯的一名硕士生共度了一个上午。这个年轻人名叫马克·托钦，他带领我穿过一间海洋生物实验室来到角落里的一扇蓝色大门前。门上贴着标有“隔离”二字的牌子。托钦打开门，我们走进黑暗，我听见了像是溪水流淌的声音。托钦找到开关打开了冷阴极型荧光灯，灯光照亮了一张横贯整个房间的高桌。房间左侧是装满水的水族箱，螃蟹在白色网眼板的碎块上爬来爬去。右侧是几个沉淀盆，里面垒着许多小杯，每个杯子里都有一只螃蟹泡在水里。溪水流淌的声音来自管道系统，它们从外面的潟湖抽取海水注入水族箱，流过高桌，然后进入下水道回归太平洋。

这些螃蟹是美娜斯滨蟹（*Carcinus maenas*），俗称欧洲青蟹，有些有茶杯那么大，有些只有小酒杯大小。沿着加州北部和太平洋西北地区的海岸线散步，你经常会看见欧洲青蟹的身影，这个事实让一些人感到恐惧。1991年之前，加州海岸没有一只欧洲青蟹。它的原产地在欧洲的海滩地带。这是一种贪婪的动物，英国生物学家曾观察到一只青蟹仅在一天内就吃掉了40只半英寸（约1.27厘米）长的鸟蛤。几千年（甚至几百万年）来，全世界的其他地区都逃过了饥饿青蟹的荼毒，但人类发明船舶之后情况就不一样了。青蟹一次会将数千只肉眼几乎看不见的幼体排入水中，船只在取压舱水时很容易把它们吸进船舱。大约200年前，前往美国殖民地的船只把青蟹带到了新大陆。它们很快在美国东海岸蔓延开来，吞吃新英格兰和加拿大北部的贝类。曾经是新英格兰整个渔业基础的软壳蛤蜊已经彻底消失。

欧洲青蟹也来到了南非和澳大利亚，不过数百年以来美国西海岸一直没有沦陷。尽管有大量船只来往于美国西海岸和欧洲及美国东海岸之间，但直到1991年才有渔民在旧金山附近第一次捕到欧洲青蟹。这一消息在海洋生物学圈子里传开，科学家顿时情绪低落。旧金山附近的几乎每一种贝类都可以成为它的猎物，假如青蟹通过南下前往洛杉矶或北上前往东北部的船只沿着海岸线蔓延，它就会在新的栖息地滋生，吞吃牡蛎、珍宝蟹和其他有价值的海产品，它挖的洞穴会破坏堤坝、防洪堤和水道，这将造成更大的破坏。阿尔曼德·库里斯说："它是一场灾难。它是你对最坏情况的想象。"

圣芭芭拉的隔离实验室里，欧洲青蟹在水箱里漫步。有些青蟹失去了一只螯，在原处长出了一只白如鬼怪的新螯。还有一些更不一样的，托钦把它们从水里捞出来，上下颠倒让我看，它们无助地挥舞着腿和螯，我发现它们的腹部有个奶油软糖颜色的囊状物。它们看上去和正常的螃蟹没什么区别，但已经变成了另一种东西。蟹奴虫充满了它们的身体，那正是雷·兰克斯特噩梦中退化的寄生性藤壶。托钦、拉弗蒂和库里斯正在尝试用蟹奴虫从欧洲青蟹手中解救太平洋海岸。

19世纪末，科学家偶尔将寄生虫学称为医学动物学。使用这个名称是因为他们必须先将寄生虫理解为拥有自然历史的真正的有机体，然后才有可能去尝试抵御寄生虫引起的疾病。到20世纪，这个名称已经重获新生。但现在患者不再是人，而是变成了自然界。外来物种不受控制地在各大洲和各大洋蔓延；本土动植物被新疾病追杀得节节败退；森林变成树桩，海岸线变成豪华公寓，生物栖息地一一消失。随着生态系统的崩溃，科学家开始认识到寄生虫对生态系统的健康至关重要。健康的生态系统充满了寄生虫，在某些情况下，一个生态系统依赖寄生虫来保持健康。随着人类改造世界，生物圈失去平衡，我们或许可以利用寄生虫来帮助我们修正一些错误，或许还能防止我们犯下新的错误。

科学家在19世纪80年代第一次想到可以用寄生虫治理害虫。[2]最初的想法很简单。寄生虫是一种永不衰竭的廉价杀虫剂。它能寻找并入侵宿主，击败宿主的免疫系统，很多时候会杀死宿主。使用杀虫剂的农民每年至少要给作物喷洒一次杀虫剂，但寄生虫会不断繁殖，追踪新的宿主。按照倡导者的说法，播种一次寄生虫你的麻烦就结束了。20世纪初期，农民确实见证了他们允诺的真实性。寄生蜂、寄生蝇和其他种类的寄生虫消灭了介壳虫、甲壳虫和其他害虫。寄生虫并不能根除害虫，但害虫不再对整片农田产生威胁。

20世纪30年代，农用化学品产业诞生了。DDT上市，这种强大的杀虫剂挟现代科学的荣光而来，这是一种人工合成的造物，人类能用它来驾驭自然。结果，生物防治走向了衰亡。加利福尼亚和澳大利亚还有少数的科学家继续研究寄生虫，希望能让生物防治重见天日。在接下来的40年间，化学杀虫剂逐渐失灵。昆虫演化出了DDT抗药性。这种化学物质进入食物链，导致鸟产下蛋壳极薄的鸟蛋。反对化学杀虫剂的环保运动应运而生，年迈的生物防治大师见到了卷土重来的希望。

阿尔曼德·库里斯说："当时我在伯克利念研究生。事情太有意思了。有一些是老人家了，比我大二三十岁。他们是老一辈的农业研究者，打着蝴蝶结什么的。那会儿是20世纪60年代，所以还有好多嬉皮士，两伙人发现他们上了同一条船。刚开始感觉很奇怪，但后来会意识到大家站在一条战线上。这是20世纪60年代历史的一个侧影。"

寄生虫生物防治就这样焕发了新生命，这次它拥有了更加坚实的科学基础。昆虫能演化出DDT抗药性，但寄生虫也能演化。寄生虫能产生新的分子配方来攻击宿主，抵消害虫可能演化出的抗药性。一些科学家认为，寄生虫能够通过让大自然恢复一定的平衡来控制害虫。大多数害虫都是欧洲青蟹这样的外来物种，是人类把它们带到了新的土地上。它们的危害之所以会如此巨大，是因为它们逃离了原有的寄生虫，开始不受拘束地繁殖了，而本地物种必须和自己的寄生虫做斗争。生物防治的理论认为，从入侵者的故乡引入寄生虫实际上只是重建自然约束的一种方式。

事实上，新时代的生物防治已经在控制某些危险的宿主方面取得了惊人的成就。举例来说，它很可能从饥荒中拯救了非洲的大部分地区。[3]木薯之于非洲，就相当于大米之于中国和马铃薯之于爱尔兰。木薯能长到3英尺（约0.9米）高，宽阔的绿叶和菠菜一样营养丰富，而且味道还更好。菠菜根没什么用处，但木薯粗大的根部富含淀粉。木薯生命力顽强，能在其他植物的根部会腐烂的地方生长，因此在非洲比较湿润的一些村庄，木薯是人们与饥馑之间的唯一屏障。从象牙海岸的塞内加尔到印度洋岸边的莫桑比克，2亿人以木薯为生。但是在1973年，木薯开始死亡。

扎伊尔首都金沙萨附近的小块土地上，木薯叶开始卷曲和萎缩，因此缺少光合作用，导致根部停止生长。短短几年内，这座城市周围的木薯产量大幅度下降，供一家人一周生活的木薯比一个月的工资还贵。与此同时，从布拉柴维尔、卡宾达到拉各斯和达喀尔，非洲大西洋沿岸其他港口城市附近的木薯也开始死亡。

人们打开枯萎的木薯叶，发现了白色的斑点，在放大镜下斑点变成了数以千计的扁平白色昆虫。非洲以前从未见过这种昆虫，事实上，世界上很多地方以前都没见过这个特别的物种。它们被称为木薯绵粉蚧（cassava mealybug），是吃植物的诸多寄生虫之一，特异寄生于它们的宿主植物。这种昆虫会用吻管刺穿木薯叶，把身体固定在上面。它吸食植物的浆液，同时注入一种能阻止根部生长的毒素，目的很可能是让绵粉蚧能通过叶子汲取更多的食物。木薯绵粉蚧只有雌性，一只雌性绵粉蚧能在它短暂的一生中产下800颗卵。生长季节结束时，仅一株植物就有可能长出20 000只绵粉蚧来。

木薯叶的卷曲也是绵粉蚧的毒素引起的。枯萎可能有助于它们在植物间传播。在健康的木薯田里，叶子彼此交织得密不透风，将风越过植物引向上方。但是，木薯被绵粉蚧寄生之后，叶子之间就会出现空隙，让风在枝叶之间穿梭，带着幼虫去侵占其他植物。尽管这仅仅是个推测，但毫无疑问的是只要一块田里有一株木薯被绵粉蚧寄生，其他的也就在劫难逃了。更雪上加霜的是，木薯是一种可扦插繁殖的植物，农夫可以剪下一根枝条，然后去另一个地方开辟一块新的田地。只要叶子上藏着一只绵粉蚧，这块新田地和它周围的旧田地就都会被感染。

绵粉蚧从港口到港口的跳跃很可能就是这么完成的。有人甚至可能把绵粉蚧带上了飞机，因为在1985年，绵粉蚧忽然出现在数千千米外的坦桑尼亚，然后开始在田地之间蔓延。无论它蔓延到什么地方，它都不只是仅仅夺走农民一年的收成。农民需要通过扦插来重新播种，但他们剪下的枝条都携带着绵粉蚧，因此农民还失去了未来几年的收成。

1979年，一名瑞士科学家来到伊巴丹，尼日利亚的这座大学城位于木薯绵粉蚧肆虐之地的中心。他叫汉斯·赫伦，是一名昆虫学家，从小在他家位于蒙特勒郊外的农场工作。20年后，我来到内罗毕访问他，他告诉我："我从小到大眼看着我们从几乎百分之百的有机农业变成了完全使用杀虫剂的农业。"他已经头发花白，但依然精力充沛，说起话来像开机枪，一口气能说一个小时。"我记得很清楚，在10年之内，我们从几乎不使用化学品到使用各种除草剂和杀虫剂。放学后我要开着拖拉机下地，用那些化学品处理我们的马铃薯、烟草、小麦和其他作物。我记得那些人来农场向我父亲推销化学品。我见过我们以前是怎么种地的，然后又怎么跳上这台'跑步机'，使用越来越多的化学品。"

赫伦去上大学，希望能找到办法从"跑步机"上跳下来，但又不至于摔得太惨。他首先在瑞士学习生物防治，后来就读于生物防治的复兴之地——加州大学伯克利分校。国际热带农业研究所给了他一份工作，更确切地说是一个挑战：他能不能找到一种寄生虫来防治木薯绵粉蚧？他连想都没想就接受了。“去尼日利亚是个好机会，能让我在大尺度上实践我在伯克利和苏黎世学到的东西。”

赫伦来到伊巴丹时，他发现当地的大多数科学家都确定他会惨败。他们是育种专家，以生长迅速和抗病虫害为目标培育新的杂交品种。他们很确定自己能应付绵粉蚧的灾难。他们说：“绵粉蚧？没问题，育种，这就是解决方案。”他们见到赫伦，想法和他背道而驰：“伯克利来的那家伙，他知道什么？一个生态学怪胎。”赫伦并不反对育种，但就目前的危机来说，根本没时间等他们育种。绵粉蚧正在从一个城市弹射到另一个城市，然后（按赫伦的说法）“像沙尘暴似的”吞没周围的农田。培育出一个抗病虫害的杂交种有可能需要10年时间，但10年后很可能已经不存在木薯供他们拯救了。

为了找到能防治木薯绵粉蚧的寄生虫，赫伦必须先找到这种绵粉蚧的来源地。它们似乎是在金沙萨附近忽然冒出来的，与非洲已知的任何一种粉蚧都没有亲缘关系，而是和大西洋彼岸尤卡坦半岛生活在棉花上的一种粉蚧有关联。“于是我就心想：嗯，它来自中美洲，很有意思，因为木薯最初也来自美洲。葡萄牙人在奴隶贸易中把木薯带到了非洲。那时航程非常漫长，木薯放在底层船舱里，海水会杀死上面的所有东西，所以他们没有把昆虫带过来。因此这些植物愉快地生长了几百年，直到有人带来了绵粉蚧。”赫伦推测，之所以没人在新大陆见过木薯绵粉蚧是因为那里有某种寄生虫控制住了它。“假如没有控制住，我们肯定早就知道了。”

赫伦查阅昆虫学和农业期刊搜寻有关吃木薯作物的昆虫的论文。“有些东西说不通。过去50年以来，美洲的科学家一直在研究木薯，也做过育种，但没人见过那种粉蚧。另一方面，有很多野生木薯被用作观赏植物，它们非常漂亮。于是我就心想，也许有人把一棵好看的植物带到了非洲。既然多年以来从没有人在木薯上发现过这种粉蚧，那它为什么会存在呢？因此我要研究的不只是木薯，还有和它有亲缘关系的野生植物。”

在整个拉丁美洲寻觅一种没人见过的昆虫，这会比培育能抗病虫害的木薯更加耗费时间。不过，在野生木薯的整个分布区域内，赫伦找到了几个木薯遗传多样性较高的热点地区。那里很可能也是吃木薯昆虫多样性最高的地区，而正在吞噬非洲木薯的昆虫很可能就在它们之中。

1980年3月，赫伦出发前往美洲。他先参观了几家博物馆的植物藏品，研究木薯的干燥标本。因为他觉得说不定已经有人发现了他要找的东西。“但我一无所获，于是我对自己说，咱们去看看活样本吧。我去加利福尼亚买了辆大型厢式车，在车厢里搭建个实验室，安装了床和其他生活设施。我开车穿越中美洲，一直来到巴拿马，寻找野生木薯和栽培品种。”

赫伦在中美洲搜寻目标时，当地的昆虫学家也在有组织地寻找这些昆虫。他们在搜索中发现了许多种未知的粉蚧，但都不是正在肆虐非洲的那个物种。“于是我决定，好吧，咱们离开中美洲，去南美洲看看。我把厢式车停在巴拿马的机场，搭飞机去哥伦比亚找我的一个朋友。我们一起去委内瑞拉，来到委内瑞拉北部木薯多样性的核心地区之一。我们开车跑了几个星期，找到了很多种吃木薯的绵粉蚧，但就是没有我要找的那一种。为了告诉他我在找什么，我把拍好的照片留给他，照片显示被粉蚧寄生的时候植物会变成什么样，然后我就回非洲了。”

赫伦返回伊巴丹后不久，他的朋友托尼·比洛蒂去了巴拉圭。他是去看望几个在和平队服务的美国同胞的，他知道那里是拉丁美洲的一个木薯多样性热点区，也是赫伦唯一没来得及去的地方。有一天他开车经过一片木薯田，注意到几株植物看上去不太对劲。他停车摘下木薯叶。打开一看，里面正是赫伦在找的那种粉蚧。

赫伦收到消息，请比洛蒂把昆虫样本送到大英博物馆，让那里的昆虫学家确定物种。尽管样本已经死了，但昆虫学家还是识别出它们正是肆虐非洲的那种粉蚧。昆虫学家解剖粉蚧，在它们体内找到了赫伦寻觅的真正目标：寄生蜂。赫伦终于找到了非洲所需要的寄生虫，这种寄生虫把木薯绵粉蚧控制在巴拉圭的一个角落里，将它变成一种微不足道的害虫。他请巴拉圭的昆虫学家把活粉蚧送到英国，请科学家在隔离环境下培育，这样就能在宿主身上出现寄生虫时及时捕获它们了。他把非洲的粉蚧和木薯也送到同一个隔离地点，科学家让寄生虫在非洲木薯的粉蚧上产卵。更重要的是，实验表明，这些寄生蜂只会在木薯绵粉蚧体内产卵。它们还没有适应其他粉蚧的免疫系统，蜂卵在其他粉蚧体内会被包进囊体窒息而死。赫伦认为这种寄生蜂可以被安全地引进非洲。3个月后，赫伦收到了他的第一批寄生蜂。

他已经做好了准备。他和他在伊巴丹的学生们建造了温室，在里面培育被粉蚧感染的木薯，然后捕获在粉蚧上生长的寄生蜂，他们还搞清楚了如何让寄生蜂交配。他们收集了几百只能产卵的雌性寄生蜂，于1981年11月在伊巴丹校园周围的农田里第一次放飞。“不到3个月，粉蚧种群就崩溃了。这时我们知道我们算是做对了。从一无所知到有了行之有效的控制手段，我们只用了一年半。”

生物防治尽管迎来了复兴，却依然是个规模不大的产业。昆虫学家在实验室里培育寄生蜂，装进小小的容器，然后开车带着容器去果园或玉米田。不过，赫伦内心怀着一个伟大的梦想：把这种寄生蜂播撒到整个非洲的土地上。“要说生物防治有什么是我不喜欢的，那就是我们只能小打小闹，花钱能省则省，使用二手烧杯，在小笼子里培育寄生蜂——而不是尽可能用最好的方式。生物防治为什么会输给化学品，这就是原因。”

他知道实现这个梦想会很昂贵：3000万美元。“然后人们就叫我吹牛大王。我说：‘你听我说，在你们美国，加州出现了一次果蝇暴发，比起非洲的灾情只有针尖那么小一丁点，你们在一年内就花了1.5亿。现在我们说的是2亿人处于危险之中，而不是几家出产橙子的公司。我们要处理的土地有美国国土的1.5倍那么大。光是用笼子、驴马和自行车，我们不可能完成任务，必须使用科技、机械、电子和飞机。’”

也许正是“飞机”这个词让人们疑虑重重。赫伦声称他可以像洒农药一样从飞机上把寄生蜂播撒到整个非洲。他会用二氧化碳让寄生蜂休眠，然后装进泡沫橡胶做的圆筒，每个圆筒250只，最后把圆筒放进由一家奥地利照相机生产商为赫伦定制的弹仓。赫伦打算在飞机飞过农田时让飞行员准确投放寄生蜂。“就像在开战斗机。你看着准星就知道什么时候该投弹了。我们在伊巴丹的一个游泳池做过实验。我们飞过游泳池，投放寄生蜂。时速180英里（约289千米），我们还是能投进去。”

与此同时，赫伦在伊巴丹周围的农田里投放的寄生蜂一直在持续繁殖。放飞两年后，他决定去看看它们扩散到了哪儿。“我们先徒步走。我们心想，哦，没什么了不起的，走一走就能看见。我们走了一整天，总是能找到它们的踪迹。我们心想，肯定是弄错了吧。从没见过这种寄生蜂的分布范围超过几千米。第二天，我们开车出去。我们开了150千米，这才终于发现找不到寄生蜂了。”

1985年，由于取得了初步的成功，赫伦成功募集到300万美元的启动资金，他的飞行员开始用寄生蜂轰炸乡村。这些寄生虫从他的飞机上落入农田，范围遍及尼日利亚、肯尼亚、莫桑比克，还有从大西洋沿岸到印度洋沿岸的其他国家。他的团队每个月能培育出15万只寄生蜂，尽管其中有许多会在从伊巴丹到放飞地点的漫长旅途中死去，但实际上只需要一只有生育能力的雌蜂在飞行和投放中活下来就行，它会主动去寻找宿主。即便在寄生蜂之中，这个巴拉圭物种猎杀宿主的能力也非同凡响。赫伦带着近乎父母的自豪感说："这种寄生蜂演化出了异常强大的搜寻能力。在一块100米见方的农田里，只要有一株植物上长了粉蚧，我的寄生蜂就能找到它。我们做过实验。我们先清理干净农田，然后把粉蚧放在一株植物上，从农田一角放飞寄生蜂。它们会在一天内找到那株植物。我们还做过其他实验。我们先把粉蚧放在一株植物上，然后清理掉，之后放飞寄生蜂，它们会落在同一株植物上。植物释放出的某些物质吸引了寄生蜂，就像求救信号。"

赫伦在引入寄生蜂的各个国家培训了1200人，教他们如何辨认这种寄生蜂。投放寄生蜂几个月后，他们开始勘察农田，确认寄生蜂的传播速度和木薯绵粉蚧的情况。"放飞12个月后，所有投放地区的问题都消失了。效率竟然这么高，我们自己都不敢相信。"

最后一次飞行投放寄生蜂是在1991年，接下来的几年间，昆虫学家继续追踪它的影响。投放寄生蜂的大约95%农田里，粉蚧已经彻底绝迹。由于失去了宿主，寄生蜂也随之减少到了只剩下寥寥无几的幸存者。粉蚧在剩下的5%农田里继续繁衍，但赫伦能够说明原因：农民种田种得不够用心，因此作物长势很差，以木薯为食的粉蚧也往往营养不良。赫伦使用的那种寄生蜂对宿主的尺寸颇为挑剔，会用触角像尺子似的衡量粉蚧的大小，然后才确定该生出什么性别的后代。（雌性寄生蜂交配时，会把雄性的精子储存在一个腺体里，留待以后用来给卵子受精。寄生蜂的基因会让未受精卵长成雄性，而受精卵全都长成雌性。）

寄生蜂选择在个头较小的粉蚧里只产下会孵化出雄性的卵。其中的逻辑在于雄蜂的价值不高。卵在较小的粉蚧中成熟为成虫的成功率较低，因为可供寄生蜂吃的食物比较少。由于寄生蜂会把雄蜂产在较小的宿主体内，只有少数雄蜂能够活到成年。但这并不重要，因为只需要几只雄蜂就能给许多雌蜂授精了。

在寄生蜂的如此策略的作用下，一块长势较差的木薯田里会诞生大量雄蜂。雄蜂不产卵，因此对粉蚧不构成威胁，粉蚧也就有机会能迅速重建种群了。“我们告诉农户：听我说，只有在其他情况全都正常的时候，生物防治才能发挥作用。要是你不去除杂草，那就没人能拯救你的收成了。”

阳光灿烂的那一天，赫伦在内罗毕向我讲述了木薯绵粉蚧的故事。1991年他搬到内罗毕，成为国际生理学与生态学国际中心的主任，这座巨大的建筑物位于肯尼亚首都郊区，门口立着蜣螂的雕像。这份工作是他拯救了2亿人的主粮作物的诸多奖赏之一。国际中心里充满了昆虫学家，尝试寻找利用昆虫的方法，生产蜂蜜和丝绸，消灭病虫害，从而使人类生活得更好。有一种在茎秆上钻孔的害虫多年来一直在危害非洲东部的玉米，但赫伦手下的科学家已经在印度找到了一种能够寄生它的寄生蜂。我前去拜访的时候，他们已经在肯尼亚放飞了这种寄生蜂，想看它能不能在野外生存下来。它生存下来了，现在他们想知道的是它的扩散范围。不过知不知道这一点对他们来说无关紧要。

拉弗蒂和库里斯想对欧洲青蟹做的事情正是赫伦对木薯绵粉蚧做的事情。他们知道在欧洲，蟹奴虫等寄生虫荼毒了大量青蟹，但他们在旧金山湾解剖的青蟹体内没有寄生虫。这大概是它能在新栖息地胜过其他蟹类的原因之一。于是拉弗蒂和库里斯开始考虑将蟹奴虫引入加利福尼亚。他们可以向太平洋投放蟹奴虫寄生的欧洲青蟹。它们会像微型寄生虫播种器一样把幼虫喷进海水。幼虫会找到未被寄生的青蟹，钻进去然后伸展触须。但向加利福尼亚引入蟹奴虫不会产生寄生蜂对木薯绵粉蚧相同的效果，因为两种寄生虫的生态大相径庭。寄生蜂会吞吃宿主的内脏然后啃出一条路钻出宿主的身体从而杀死粉蚧。蟹奴虫虽然不会杀死青蟹，但会使宿主失去生育能力，同时让宿主与健康青蟹竞争食物。拉弗蒂建立的数学模型预测，假如向太平洋引入蟹奴虫，青蟹数量会降低，但比木薯绵粉蚧的降低速度慢。使得青蟹数量降低的原因是蟹卵的减少，而不是蟹本身的死亡。因此等蟹奴虫和青蟹最终达到平衡时，青蟹只会减量而不会被消灭。

但是在拉弗蒂和库里斯看来，他们似乎别无选择。库里斯说："其他可选择的方法在生态方面的影响要糟糕得多。船上的反藤壶涂料正在严重污染我们的河口。北边的俄勒冈有人向滩涂喷洒抗幽灵虾的药物，想用来保护该死的引进养殖牡蛎，结果他们杀死了珍宝蟹。"

拉弗蒂和库里斯有好几年无法筹集到资金来研究蟹奴虫，但是到了1998年，欧洲青蟹已经蔓延到了华盛顿州的海岸。它对普吉特海湾构成了威胁，那里的珍宝蟹产量极为巨大。库里斯和拉弗蒂终于得到了他们需要的资金。他们联系了研究蟹奴虫和相关寄生性藤壶的世界级专家——丹麦科学家延斯·赫格。赫格给他们送来了满满几冰柜被寄生虫感染了的欧洲青蟹。

库里斯的研究生马克·托钦把这些青蟹养在一个隔离的实验室里。不过他不能完全封闭这个房间，因为蟹和寄生虫都需要流动的海水才能生存。托钦搭建管道，从太平洋抽取海水，海水流入一组水族箱，溢出的水流有可能携带肉眼看不见的蟹奴虫幼虫，因此必须经过一系列过滤器和砂土沉淀盆，然后再通过出水管流向附近的一个潟湖。

托钦花了几个月逐渐熟悉蟹奴虫和它奇异的生命周期。他学会了辨别青蟹什么时候会准备好从腹部的囊中释放出新的一批幼虫（囊会从奶油软糖色变成暗焦糖色）。他会把这时的青蟹放进小塑料杯以采集幼虫，然后吸出含有蟹奴虫幼虫的水，倒入放有健康青蟹的另一个杯子，等待雌性蟹奴虫钻进新宿主的身体。

他每天都会抓住一只青蟹的螯，用手指捏紧它的肢体。为了逃生，青蟹会从内部切断肢体，让身体落回水中。托钦会把断肢拿到显微镜底下，观察幼虫如何抓住蟹钳上的绒毛，刺进蟹钳关节的柔软之处。雌性蟹奴虫成功感染青蟹后，他会等待它发育成青蟹腹部的硬结，然后尝试让雄性蟹奴虫钻进去。

几个月之后，托钦能够从幼虫到成虫培育蟹奴虫了。1999年年初，他把他学到的知识用在加利福尼亚本地的蟹类身上。他选择了一种常见的普通滨蟹——黄色食草蟹（*Hemigrapsus oregonensis*），将其暴露在蟹奴虫之下。这大概是这两个物种有史以来第一次相遇，一方面是加利福尼亚的土生蟹类；另一方是来自欧洲的寄生性藤壶。托钦等着看会发生什么。

他发现一只雌性蟹奴虫毫不费力地进入了滨蟹的身体，甚至把触须长进了新宿主的身体。但接下来就出问题了。在欧洲青蟹体内，寄生虫能小心翼翼地把触须缠绕在神经上，不但不会损坏神经，还能通过神经向宿主传递改变心智的信号。但在滨蟹体内，蟹奴虫的触须似乎破坏了宿主的神经。每天早晨托钦走进实验室都会发现有几只滨蟹翻了肚皮，尽管还在呼吸，但已经完全瘫痪。几天之后，被感染的滨蟹全都死了，体内的蟹奴虫也随之死去。

几名生物学家目睹的正是寄生虫的难题：灵活性。由于寄生虫与宿主的演化军备竞赛，寄生虫有可能会专门寄生单独一种宿主。但这不等于寄生虫无法用相同的招式去感染另一个宿主物种。假如寄生虫遇到的新宿主拥有与旧宿主类似的生理结构和生活方式，它也许能够在其中勉强生存下去。寄生虫有可能仅仅因为生态环境的限制而得不到机会去尝试新的宿主：假如一种绦虫生活在亚马孙河的一种刺魟体内，它很可能永远也得不到机会去尝试寄生新几内亚的各种刺魟。但有时候寄生虫也可能得到机会，例如大陆板块碰撞，一块大陆上的动物移居到另一块大陆上。事实上，寄生虫似乎正是这么从大灭绝中生存下来的，而它们的无数宿主物种没能幸免于难。寄生虫会从原有的宿主向新的宿主物种跳跃。

鲁莽地将寄生虫引入新的栖息地有可能会造成灾难，其原因正是它们在发挥良好作用时还保留了巨大潜能。寄生虫拥有一整套复杂精细的战术，它们能用这些战术来对付宿主，也能通过演化来微调战术，进而入侵新的宿主物种和新的防御机制。而寄生虫一旦进入新的栖息地，我们就不可能再把它们收回来了。这是个单向的实验。

制止木薯绵粉蚧侵袭是个了不起的成功故事，但也存在惨败的事例。夏威夷的森林就是一个明证。[4]那里充满了外来的寄生虫，引入它们是为了消灭害虫。其中有寄生蝇，引入它是为了消灭一种椿象。但这种寄生蝇也能寄生寇阿虫（koa bug）——一种艳丽的本地昆虫，现在已经近乎绝迹。还有寄生蜂，引入它是为了防治危害农作物的飞蛾，但后来也扩散到了许多本地物种身上。引入寄生蜂之前夏威夷每年都会经历飞蛾大暴发，高峰期的时候飞蛾粪便从树上掉下来的声音就像在下冰雹。鸟类吃飞蛾的毛虫，用毛虫喂养雏鸟。然而自从引入寄生蜂，多种当地飞蛾每隔一二十年才能勉强暴发一次。夏威夷的森林鸟类在日益减少，生物学家认为部分原因正是飞蛾的大量死亡，鸟类就此失去了食物。没有鸟类为树木授粉和传播种子，森林本身很可能也受到了影响。

夏威夷的困境是生物防治失败的最佳例证，因为夏威夷是一个小的独立的生态小岛。批评者认为，还有许多其他的事例等待被诉说。例如在美国，20世纪曾经引入过三十余种寄生虫来杀死舞毒蛾（gypsy moth）[5]。这些寄生虫对舞毒蛾的防治收效甚微，但其中有一些开始杀死美丽的天蚕蛾，使得天蚕蛾濒临灭绝。

考虑到这些灾难，拉弗蒂和库里斯等生物学家对使用寄生虫的态度更加谨慎。他们之所以对蟹奴虫设置了如此漫长而烦琐的实验，原因就在于此。见到滨蟹死亡后，他们在珍宝蟹上重复实验。得到的结果相同：瘫痪，继而死亡。库里斯说："万一我要为珍宝蟹的灭绝而负责，我的名声会一败涂地。我会变得和引入杀人蜂的那家伙一样。那位可怜的老兄，40年以来一直过着自责的生活。问我在不在乎本地的滨蟹？当然在乎。在这个问题上，我的价值观不会向任何人妥协。"

1999年秋，拉弗蒂向同事们报告了这个坏消息。当时连北至不列颠哥伦比亚省都发现了欧洲青蟹的踪迹，那里离它在旧金山的登陆地超过了1000千米。拉弗蒂也给我发了电子邮件，我收到后立刻打电话给他。我问他失不失望。他说："怎么说呢，作为一名科学家，你永远不该感到失望。事实是客观存在的，你无法控制现实的样子。"

但看着欧洲青蟹如此蔓延，他还是会感到灰心丧气。"我的直觉说，假如你在西海岸释放蟹奴虫，它们对本地蟹类的影响很可能没这么大。我们发现的仅仅是它们有这个能力。"把蟹奴虫的幼虫和珍宝蟹放在一个容器里，这和把幼虫放进大海不是一码事。"它必须自己解决一些问题，例如它去哪儿有可能找到宿主。"

蟹奴虫及其近缘物种以阳光和宿主分泌的化学物质为线索，将自己放在可能碰到青蟹的地方。这些地方很可能让它们不会碰到其他物种。拉弗蒂告诉我，他做的另一项实验证实了这个猜想。他得到了另一种寄生性藤壶，它是蟹奴虫的近亲，生活在太平洋绵羊蟹（sheep crab）体内。随后他采集了与绵羊蟹生活在同一区域内的加利福尼亚滨蟹，但一次都没有发现滨蟹携带任何寄生性藤壶。他把滨蟹暴露在寄生虫之下，寄生虫依然可以很容易地感染它。因此，一定有什么东西在野外环境中阻止藤壶感染滨蟹。

但是，假如你想有史以来第一次在海洋中用寄生虫做生物防治，[6]你必须有百分之百的把握才行。我问拉弗蒂有没有其他阻止青蟹蔓延的点子。他说："总之我认为我们不能对这场屠杀袖手旁观。"他告诉我欧洲青蟹还有一种名叫同形蛸蛑虱（*Portunion conformis*）的寄生虫。这是一种等足目动物，与球潮虫是近亲，它在青蟹体内独立演化出了类似于蟹奴虫的生活方式。它以显微级的幼虫形态进入青蟹体内，然后破坏宿主的性腺并取而代之。它最后会占据青蟹身体的很大一部分，重量能达到青蟹体重的五分之一。通过破坏青蟹的性腺，它阉割了自己的宿主。和蟹奴虫一样，它也能让雄性青蟹雌性化。没人在实验室环境中培育过蛸蛑虱，但拉弗蒂想尝试一下。假如能够成功，他想用这种寄生虫做蟹奴虫未能通过的实验。

拉弗蒂说："这是一种极为美丽的寄生虫。"他让我想象一个半透明的大口袋，一端有个开口，里面装着许多金色的卵，"很难用语言形容。它们就像……我的天，它们不像你能想象的任何东西。”研究寄生虫有时候固然会令人沮丧，但寄生虫学家永远能从它们的美中找到慰藉。

***

赫伦和拉弗蒂在大自然参差的边缘开展工作，木薯田和牡蛎滩曾经也是荒野，但被人类改造成了一种新的大杂烩。在这里，外来物种只需要短短几周就能迁移数千英里；在这里，能够在持续性的混乱中繁衍生息的物种往往适应得最好。假如我们愿意尊重寄生虫的演化能力，寄生虫也许能够缓解我们对这些地方造成的冲击。但另一方面，我也想了解世界上相对来说尚未被人类触及的那些地区的情况，尤其是寄生虫是否能帮助它们保持完整。

因此我来到哥斯达黎加的丛林中，和丹尼尔·布鲁克斯一起采集蛙类标本。我们在瓜纳卡斯特保护区内走动，这是一个面积达22万英亩（约890平方千米）的自然保护区，由干燥林、雨林和云雾林组成，从太平洋海滩一直延伸到火山山顶。20年前，瓜纳卡斯特的森林在减少，牧场主无视畜牧业利润越来越低的事实，不断砍伐树木，为放牛而开垦草场。在该地区工作的生物学家丹尼尔·简森决定利用这个好机会。他成立基金会，开始收购牧场，雇用失业的牛仔担任“分类观察员”：通过采集物种标本、解剖和描述来记录瓜纳卡斯特地区的生物多样性。就这样，森林不但得到了拯救，而且扩大了面积，森林周围的住户有了要保护它的动力。瓜纳卡斯特保护区没有围墙。

20世纪90年代末，我访问瓜纳卡斯特的时候，简森已经基本上完成了保护区的建设。他把更多的时间花在他真正热爱的事业上——收集哥斯达黎加的蝴蝶。他在保护区总部的住所是波纹铁皮屋顶下的三个房间，你进去后必须弯下腰，因为房梁上挂着几十个塑料袋，每个里面都有一只毛虫在啃树叶。简森告诉我："我的目标是在被埋入这片土前找到所有种类的毛虫。"瓜纳卡斯特不但拥有规模可观的原始森林，更重要的是，这里的森林将会继续生长，变成一个自给自足的生态系统。他说："1000年以后你再来，会发现它依然存在。"

一天晚上，布鲁克斯和我闯进简森的住处。那天我们解剖了很多标本，见识了许多寄生虫，最后决定开车去半小时车程外的酒吧喝一杯。路上，布鲁克斯的四驱越野车的车灯照亮了路上一具毛茸茸的尸体。我们停下，倒车。是一只刚死不久的狐狸，尾巴还是一团漂亮的灰色皮毛。我们把尸体扔进车斗，掉头返回瓜纳卡斯特。我们来到简森家，布鲁克斯拎起狐狸，走向简森家的前门。他把死狐狸放在前厅的水泥地上。它看上去完好无损，只是受到了猛烈的撞击，眼睛像穹顶一样从脑袋上突出来。简森问："咦，这是怎么了？"

简森的妻子温妮从里屋出来，看着面前的情形。她的宠物豪猪埃斯皮尼塔趴在她的肩膀上，惊恐地竖起了刚毛。温妮对布鲁克斯说："你跟着猫学坏了，会带这种礼物上门。"

你需要深厚的交情才能把一只血淋淋的狐狸扔在别人家的地上，而简森和布鲁克斯自从1994年以来就有了这么好的友谊。（简森甚至用布鲁克斯的名字给他发现的一种寄生蜂命名。）他们认识时，简森正在找人帮忙统计保护区内的所有物种。没有人在这么大的尺度上完成过类似的工作，简森估计瓜纳卡斯特有235 000个物种。他梦想能编辑一份完整的物种名录供科学家当黄页使用。科学家可以从中挑选他们想研究的物种，搞清楚生物多样性如何在热带雨林中建立和维持。布鲁克斯听说了这个项目立刻就申请加入了。

布鲁克斯从20世纪70年代中期就是一名寄生虫学家了。正是他想到了如何利用宿主与寄生虫的关系来重建宿主几百万年间的流动史。他从堪萨斯的蛙类研究开始工作，但职业生涯的大部分时间在拉丁美洲，他研究刺魟、鳄鱼和其他动物体内的寄生虫。这是一项进展缓慢的工作，寄生虫学家通常只能寄希望于发现寄生虫多样性的一小部分。布鲁克斯说："我一听说这儿的情况，就把刺魟的研究内容全都交给了我的博士生。我意识到这正是我作为工作重点的那种地方。"有史以来第一次，寄生虫学家也许能够清点一个地方的所有寄生虫了。按照布鲁克斯的说法，瓜纳卡斯特将成为"已知寄生虫的宇宙"。

两人初次见面的时候，简森被布鲁克斯弄得有点迷惑。布鲁克斯把死狐狸扔在简森家的地上时，我也能从简森的表情中读到那种困惑。一个人怎么会被一具尸体搞得这么兴奋？当时布鲁克斯开始向简森传递“福音”，直到简森看到寄生虫学的光明。简森对我说：“这家伙的出现彻底改变了我对老鼠的看法。现在我眼中的老鼠就是一个装满绦虫和线虫的口袋。你抓起这只快乐的老鼠，切开它，它身体里全是寄生虫。”

炫耀过我们发现的东西后，布鲁克斯和我带着狐狸回他的棚屋。布鲁克斯打开日光灯，飞蛾穿过铁丝网蜂拥而入。他把狐狸放进冰箱，它旁边还有一只猫鼬和一只貘——都是他幸运发现的，等待他抽出时间去解剖。

喝完酒（罐装的自由古巴鸡尾酒），11点左右，我们开车回到保护区。布鲁克斯在棚屋旁停车，重新打开灯。想要观察寄生虫，最好的方法就是解剖刚死亡的尸体。随着尸体的腐烂，寄生虫会失去方向，漂离原先的栖息地，很快也会死去，尸体逐渐分解。布鲁克斯从冰箱里取出死狐狸，然后拿起手术剪。

狐狸的体内环境颇为简单：它体内充满了钩虫，这些寄生虫导致它内脏长期出血。“这家伙的钩虫感染太严重了。”正在显微镜下切开狐狸肠道的布鲁克斯说。在这次解剖中，给我留下最深刻印象的是布鲁克斯本人。解剖狐狸的时候他不停地道歉：“对不起，对不起。”还不停咒骂狐狸愚蠢的死法，控诉撞击如何挤烂了它的肺部。在瓜纳卡斯特工作的其他科学家觉得布鲁克斯像个吸血鬼，只在能够切开森林里那些美丽动物的时候，这名科学家才会对它们产生兴趣。但我从没见过任何人会像他那样发自肺腑地哀悼一只死去的动物。

1996年，在和哥斯达黎加政府磋商的时候，简森建立完整生物名录的梦想破灭了。项目资金将从清点物种这个核心目标上转移到其他地方，简森对此很不高兴，于是决定彻底放弃。按照他的说法："我们一枪打死了马。"不过，布鲁克斯还是从加拿大政府那里争取到了足够的资金，得以继续研究寄生虫。他估计保护区的940种脊椎动物体内储存着11 000种寄生虫（只包括寄生性动物和原生动物），其中大部分还不为科学界所知。布鲁克斯说："我剩下的整个职业生涯就花在清点上了。"我很想知道他为什么想要这么折腾自己。

接下来的一天，我数次向他提出这个问题，他每次告诉我的答案都不一样。在瓜纳卡斯特这样的热带森林中，生物多样性丰富得惊人，但要是没有手术刀的帮助，你根本见不到其中的大部分物种。布鲁克斯说："毫无疑问，寄生虫的物种比自生生活的物种更多。你做一种鹿的标本，同时也做了四个界的20种寄生虫的标本。"

假如这还不够，我们还可以出于文明的私心为这个项目辩护。大多数药物的起源都能追溯到某种生物体中的天然化合物，无论是来自真菌的青霉素还是洋地黄的强心苷。仅仅在过去这几年里，科学家才开始研究寄生虫的药典。虫草属的真菌会入侵昆虫，在昆虫体内萌发出花朵般的茎干，它是重要的免疫抑制剂——环孢素的来源。钩虫分泌出的化学分子能和人类血液中的凝血因子完美结合，生物技术公司正在试验将其用作外科手术时的血液稀释剂。蜱虫为了方便吸血，[7]也能对我们的血液做手脚，它使用的化学物质不但可以溶解血栓，还能降低炎症反应和杀死企图进入伤口的细菌。寄生虫还有很多其他手段在等待科学家的解释。血吸虫能从我们的血液中窃取某些物质来伪装自己，骗过人体免疫系统，但没人知道它们是怎么做到的。要是科学家能搞清楚，也许能把他们的发现应用于器官移植。医生也许能够让患者的血直接流过捐献者的肺脏，把它伪装成一个受到保护的巨大血吸虫。这样患者就不需要面对免疫抑制剂带来的危险了。这还仅仅是少数几种寄生虫，天晓得其他几百万种寄生虫都演化出了什么化学物质呢？

布鲁克斯和我从解剖任务中抽出一天去远足时，我认识到了清点寄生虫的另一个理由。我们开车爬上可可火山（Volcan Cacao）的山坡，道路是用石块铺成的，我们在一辆陆地巡洋舰的后座上颠簸。牧场主砍掉了山坡上的大部分森林，还好自然资源保护者已经买回土地，正在等待森林重新生长起来。我们在森林边缘停车，然后徒步走进去，树木的海洋顿时淹没了我们，蓝色的闪蝶在树荫中拍打翅膀，像鱼一样游过我们的头顶。我们穿过一条小溪，细雨从浓密的树冠中洒了下来。布鲁克斯停下脚步，朝着上游和下游方向张望。他说："这地方本应该到处都是蛙类。"但实际上一只都没有。

从20世纪80年代末开始，蛙类开始从中美洲的高海拔地区消失。你在可可火山上找不到任何种类的蛙。生物学家刚开始完全不知道是什么导致了蛙类的死亡，他们只知道蛙的尸体到处堆积，鸟类根本不去碰它们。直到1999年，一名生物学家才分离出了有可能是罪魁祸首的东西：一种来自美国的真菌。[8]它的孢子在水中传播，能接触到蛙类的皮肤，然后孢子会钻进蛙类的身体，吞噬其皮肤中的角蛋白，释放出一种毒素，迅速杀死宿主。这种真菌没有杀死中美洲的所有蛙类，唯一的原因是它只适应凉爽的气候，而中美洲天气太热，而且它无法在海拔1000米以下的地区生存。

到科学家辨识出这种真菌的时候，他们已经来不及有所作为了。他们只能看着这种寄生虫从一座山到另一座山向南传播。布鲁克斯说："我们应该了解那种真菌才对。要是我们清点过蛙类的寄生虫，中美洲的山顶上现在也许还会有蛙类。但我们根本不知道它的存在。"人类对寄生虫同样没有特别的防护，而寄生虫有可能会从受到侵犯的雨林中突然冒出来。发现埃博拉病毒起源的不会是医生，而是动物学家，他们能在非洲雨林中查明原先携带这种病毒的是什么动物。

但在布鲁克斯眼中，他的名录并不只是一份死亡与破坏的清单。它也许能够帮助科学家衡量瓜纳卡斯特和类似森林的生态健康情况。生态系统与人有类似之处[9]。假如一个人健康，所有组成部分都会以应有的方式互动：肺部吸收氧气，胃部消化食物，血液携带各种物质流向人体组织，肾脏滤出废物，大脑思考世界和想晚饭吃什么。但假如一个人生病了，有几个组成部分停止工作，这会搞乱人的整个身体，有时候会迫使其他组成部分跟着停工。一个生态系统能够延续几千年甚至几百万年，是因为它的各个组成部分能够良好协作：蠕虫为土壤通气，真菌与树根纠缠、提供养分，吸收碳水化合物作为交换等。水、矿物质、碳和能量在生态系统中像血液一样循环。事实证明，生态系统也会生病。引入寄生虫会杀死寇阿虫，而伤害有可能会像涟漪一样扩散，波及森林中的树木。

医生不会等患者去世才宣布他们生病了。他们会寻找容易侦测的早期线索，哪怕一开始并不知道真正的问题是什么。假如可能致命的细菌已经在人体内的某处安营扎寨，你并不需要去搞清楚作怪的究竟是什么微生物，只需要查一下有没有发烧就行了。生态学家希望能找到某种东西，这样就可以在伤害波及生态网中的所有元素之前发现这个生态系统生病了。他们一直在筛选组成生态系统的所有物种，希望能找到某个物种来扮演类似于体温指标的角色。有人研究蚂蚁和其他昆虫，有人研究在森林地表筑巢的鸣禽。很多候选者都在这样或那样的问题上无法满足要求。想要判断狼之类的顶级捕食者是否在减少，这个任务相对简单，因为它们相对来说数量较少、体形较大。

但是，等环境压力的影响沿着食物链向上传递到狼的时候，生态系统很可能已经病得无药可救了。

包括布鲁克斯在内的一些科学家认为寄生虫是生态健康的一个标志，但和大多数人心目中的方向不同。直到不久以前，大部分生态学家都将寄生虫视为环境衰败的一个标志。假如某种污染物损害了生态系统成员的免疫系统，它们就会变得更容易感染疾病。在一些情况下，这个判断确实是正确的，但你很容易错误地认为这是一般性的规则。如此想法能一直追溯到兰克斯特：寄生虫的兴起象征着退化的时代。布鲁克斯和我在低矮森林中采集的蛙类相当健康，数量也很多，甚至会在我们的路线上跳来跳去，而它们身上全都是寄生虫。寄生虫事实上标志着这个生态系统运行良好[10]，没有受到压力；而反过来——这么说也许很奇怪：假如寄生虫从一个栖息地消失，那么这个生态系统就很可能出问题了。

在寄生虫的整个生命周期中，它们对污染的毒害往往非常敏感。例如吸虫，它先从卵中孵化成微小的毛蚴，毛蚴全身覆盖头发般的纤毛，在水中游动，寻找螺类寄生；数代之后，尾蚴从螺体内钻出来，寻找哺乳类的宿主。毛蚴和尾蚴形态的吸虫的存活都依赖洁净的水体。尽管这只是科学家的推测，但确实有一些坚实的证据能表明它是正确的。新斯科舍的河流曾经因为上风向煤矿造成的空气污染而酸化，加拿大生态学家在一条严重污染的河流的水源地投放石灰，中和了酸性物质，然后在接下来的数年间捕捉鳗鱼[11]。另外还有一条未经处理的河流与加入石灰的这条河流汇集，他们在那条河流里同样捕捉鳗鱼。经过对比，他们发现加入石灰的河流中的鳗鱼携带的绦虫、吸虫和其他寄生虫要丰富得多。生态学家将调查范围扩大到新斯科舍海岸区域的大部分河流，发现受污染最严重的水体中的鳗鱼体内寄生虫最少。

寄生虫能够发挥生态哨兵的作用，还有另一个原因：它们位于许多生态网的顶端。你向一条河流倾倒含镍废水，小动物吸收了一些，不会受到很大的影响，但随着镍在食物网中逐渐上升——小鱼吃桡足动物，大鱼吃小鱼，鸟类吃大鱼——污染物的浓度会变得越来越高。而即便是顶级捕食者也会成为寄生虫的猎物，因此寄生虫会在体内凝聚更多的污染物。绦虫体内的铅或镉的浓度有可能比它们所寄生的鱼高数百倍，比鱼体外的水高数千倍[12]。

与营自生生活的生物不同，寄生虫会游历它所属的生态系统的许多个层级，有能力“报告”它在旅途中见到的损害情况。寄生虫在它的生命周期中，有可能必须经过多个宿主，它们每一个在栖息地中都占据着自己的生态位。卡平特里亚盐沼的吸虫必须生活在角螺体内，而角螺靠滩涂上的藻类生存；吸虫离开角螺后需要找到一条鲣鱼，而鲣鱼必须吃浮游生物才能生存；最后吸虫还必须进入一只健康鸟类的肠道，在那里发育为成虫。假如这些宿主中有一个消失，吸虫就会受到影响。1997年，凯文·拉弗蒂发现，在卡平特里亚盐沼退化最严重的区域，寄生虫的种类只有未退化区域内的一半，单种寄生虫的数量也少一半。盐沼的一些区域正在恢复之中，到1999年，这些区域的角螺体内的寄生虫已经恢复到了原始盐沼的水平。

这正是布鲁克斯在哥斯达黎加解剖蛙类的原因。“你发现这家伙带着九只、十只寄生虫跳来跳去，看见它健康又快乐。你了解了蛙类体内的每一种寄生虫，然后某天你发现少了些什么，那么蛙类或某个中间宿主就肯定出了问题。失去一种寄生虫，就说明生态系统的网络中失去了某些东西。”等布鲁克斯完成了他的清点工作，研究者就有可能通过卵和幼虫来辨别寄生虫，也就没有必要再让更多的宿主献出生命了。

寄生虫也许不只代表生态系统的健康状况良好，对生态系统来说甚至有可能至关重要。假如牧场主在脆弱的草原上过度放牧牛羊，就会导致这个区域的生态环境变成荒漠[13]。据生态学家所知，这样的改变几乎不可逆转，因为荒漠灌木会重新构造土壤，使得草地无法卷土重来。判断在一块特定的土地上允许放牧到什么程度，这个任务既困难又政治敏感。牧场主通常会给牲畜吃药，尽可能消灭肠道寄生虫，但寄生虫也许能够让牲畜和它们赖以为生的草保持某种微妙的平衡。某些种类的寄生性蠕虫的幼虫通过黏附在牲畜吃的草上进入牲畜体内。寄生虫进入羊的肠道后会成熟，开始吸食羊的部分食物。羊生活在寄生虫造成的影响之下，往往寿命较短，产崽较少。结果，寄生虫缩减了羊群的规模。

这样的涨落能够改变整个生态系统。假如牧场主在半干旱的草原上过度放牧羊群，随着羊群的繁殖，植物规模会缩小。但另一方面，放牧也改变了寄生虫：有了更多的羊，寄生虫能够大量繁殖，更多的幼虫挤在日益减少的草叶上，一头羊被感染的概率因此大大增加。换句话说，过度放牧会自动触发寄生虫暴发，从而缩小羊群的规模，草原于是得以恢复。很快，羊群的数量又会反弹，但由于寄生虫的管制，羊群的规模永远不会大到把草原变成荒漠的程度。牧场主与其给牲畜喂抗寄生虫的药物，最终会毁掉放牧的土地，还不如允许寄生虫控制羊群并从中获益。

但寄生虫稳定性这一理论目前基本上还只是个想法，因为科学家对大自然中的寄生虫知之甚少，这是丹尼尔·布鲁克斯待在哥斯达黎加的另一个原因。“人们能在这儿验证寄生虫稳定性的想法，因为30年以内这儿都不会变成停车场。寄生虫也许能抑制振荡，假如它们确实在产生影响，那你就不会想要消灭寄生虫了。”

换言之，为了管理瓜纳卡斯特，你必须了解这里的寄生虫。布鲁克斯说：“假如我们想保护这样的一个地方，就必须知道在微观层面这里都发生了什么。我们需要搞清楚该如何与寄生虫合作。我们需要搞清楚有机体需要什么和想要什么，这样我们就能既利用它们又不至于消灭它们了。”

布鲁克斯谈论人类的语气让我想起了寄生虫利用宿主的方式：寄生虫会演化出感知能力，知道宿主需要什么和想要什么，知道什么对宿主来说生死攸关，这样寄生虫就不至于毁灭自己了。在我为这本书往返于世界各地的时候，我时常将大自然视为它的各个组成部分的总和。从飞机上向下看，我见到了苏丹的泥泞湖畔、洛杉矶附近犹如电路板的住宅区、哥斯达黎加行将崩溃的牧场和零星的小块森林，浮现在我脑海里的是名叫盖亚的概念[14]。这是一些科学家提出的设想，他们认为生物圈（一切生命的栖息地，包括海洋、陆地和天空）是某种超级有机体。它拥有自己的新陈代谢，在整个世界的范围内循环利用碳、氮和其他元素。萤火虫用来发光的磷在萤火虫死去后进入土壤，它也许会被一棵树吸收，送进它的一片树叶，树叶反过来落入一条河并被带向大海，有光合作用的浮游生物吸收了磷，又被吃草的磷虾吃掉，磷虾通过粪便把磷释放到海洋深处，又被游荡的细菌吸收，然后循环回到海面上，最后在许多年后沉淀在海床中。盖亚和我们的身体一样，也通过新陈代谢来维持整体性和稳定性。

人类存在于盖亚之中，我们依靠它来生存。最近我们的生活方式是竭泽而渔。我们在农场里掠夺表层土壤，却不更换它；我们在海中大肆捕捞；我们成片砍伐森林。我想到了布鲁克斯刚刚说的，我们应该学会如何利用大自然但又不消灭它。

“你说得就好像我们是寄生虫。”我说。

布鲁克斯耸耸肩，他能接受这个想法。他说：“一种不会自我调节的寄生虫迟早会步入灭绝，说不定同时还会带走宿主。地球上大多数物种都是寄生虫的事实告诉我们，这种事并不经常发生。”

我思考了一下他的说法。这可以是寄生虫在我们心目中的新意义，这个意义能够取代兰克斯特的堕落者、绦虫犹太人和演化失败者的所有古老怪谈。这个意义忠于生物学，没把生命变成恐怖电影，寄生虫不会破胸而出。在这个意义中，我们是寄生虫，而地球是宿主。这个隐喻未必完美，但很有道理。我们为了我们的目标而改造生命的生理结构，我们开采肥料覆盖农田，就像寄生蜂改造宿主毛虫的生理结构，制造它需要的那些食物。我们耗尽资源，只留下废物，就像疟原虫把红细胞变成垃圾场。假如盖亚有免疫系统，那大概就是疾病和饥荒，它们能够阻止爆炸性增长的物种占领整个世界。但我们用医药、干净的厕所和其他发明躲过了这些安全机制，这些事物让我们把几十亿人口放在了这个星球上。

当寄生虫没什么可耻的。我们加入了一个历史悠久的公会，它诞生于这个星球的婴儿时期，已经是地球上最成功的生命形式。然而，我们在寄生生活方面还很笨拙。寄生虫能够极为精确地塑造宿主，为了特定的目标而改变宿主，带寄生虫返回溪流中它们祖祖辈辈的栖息地，让幼虫去燕鸥体内发育成熟。寄生虫也是造成必要伤害的专家，因为演化已经教会了它们，毫无意义的伤害终将伤害自己。假如作为寄生虫的我们也想获得成功，就必须向这些大师学习。

Epilogue

How I acquired a tapeworm to call my own

后 记

我是怎么得到一种以我命名的绦虫的

写《寄生虫星球》的时候，我正在进行一系列相亲活动。一个朋友下定决心要给我做媒，原因是她听说了一个犹太人的传说：成功做三次媒就能让你得到免试进天堂的门票。尽管我这位朋友是个华裔穆斯林，却丝毫没有影响她的热情。不幸的是，到她终于放弃我的时候，她也没有离云端的家园更近一步。一次次相亲因为各种原因而失败。不过，其中有一次失败一直到10年后的今天依然让我记忆犹新。那是个温暖的夜晚，在格林尼治村，我和一个女人坐在餐馆的天台上。在纸灯笼的包围下，我们聊起了各自以何为生。她说她在广告业工作。我说我在写书，正在用一整本书讲述寄生虫有多么迷人。她设法改变了话题。如果把那个夜晚比作自行车胎，那么我的话就是插在车胎上的一根刺。我几乎能听见车胎慢慢泄气时的嘶嘶声。

正是在讲述这本书的那个命运多舛的夜晚，我才意识到自己进入了一个多么怪诞和孤独的世界。我时常画出各种寄生虫的生命周期，在餐巾纸上用箭头标出寄生虫如何从螺类到蚂蚁到鸟类的转移过程。我知道哪一种血吸虫会入侵你肠道背后的血管，而哪一种又会潜伏在你的膀胱背后。我认为路易斯·巴斯德在科学史上的地位应该让给研究绦虫的先锋弗雷德里希·屈兴迈斯特，不过我猜在我这个时区内，只有我知道屈兴迈斯特是谁。

幸运的是，《寄生虫星球》于2000年出版的时候，我已经快乐地与妻子格蕾丝订婚了，我痴迷的东西并没有吓跑她。另外，人们得到读这本书的机会之后，我找到了许多同道中人。有一位电台节目制作人邀请我上她的节目，说我害得她做了一个星期的噩梦。她说这话的意思是恭维我。在纽约公共图书馆的一场宴会上，一位高中图书馆员和我攀谈起来。她说《寄生虫星球》在她的图书馆里被偷走了六次，创下校史纪录。这位图书馆员对我说，要是我愿意的话，能和她的学生们聊聊就再好不过了。几周后，我来到她任职的学校，带着一套我能找到的最恶心的幻灯片。

我出差去和别人谈寄生虫的时候，有时也会遇到其他想给我讲故事的人。2006年，我拜访约翰·霍普金斯大学时，一位研究疟疾的专家讲了他在赞比亚目睹的一个奇异场景。那天他走在路上，看见前方有一只蜂和一只蟑螂。他凑近了仔细看，发现蜂似乎抓着蟑螂的触角，就像牵着狗似的领着蟑螂向前走。

我怀疑他这是超出专业领域的胡言乱语，但他向我保证，以色列有一位科学家研究过这种蜂，正在研究它们是如何把蟑螂变成后代的宿主的。于是我联系了这位科学家，本·古里安大学的弗里德里克·利伯萨特。疟疾专家说的这种蜂真的存在，而且比我想象的更加怪异。

这种蜂的拉丁语名称和英语名称都很动听：扁头泥蜂（*Ampulex compressa*）[1]，英语名宝石蜂（jewel wasp）。雌性扁头泥蜂准备产卵的时候，就会去找一只蟑螂。它落在未来宿主的背上，精确无比地蜇它两次。第一次先蜇蟑螂的中腹部，使得蟑螂前腿瘫软，这种暂时瘫痪给了扁头泥蜂充足的时间，它可以趁机对着蟑螂的头部蜇第二次。

扁头泥蜂的蜇针穿过蟑螂的外骨骼，直接插进蟑螂的大脑。蜇针继续蜿蜒前进（有点像外科医生用腹腔镜蜿蜒搜寻阑尾），直到找到一个特定的神经元节点，这个节点能够产生使蟑螂行走的信号。此后扁头泥蜂注入第二种毒素，使这些神经元失去作用，这样蟑螂就无法自己行动了。

从外部来看，这一效果堪称离奇。扁头泥蜂没有让蟑螂瘫痪，假如蟑螂受到惊吓，它会跳起来，但它不会逃跑。接下来，扁头泥蜂会抓住蟑螂的一根触角，像牵狗似的领着它，走向它的墓地：扁头泥蜂的巢穴。蟑螂顺从地爬进去，静静地趴在那儿，让扁头泥蜂在它的下腹部产卵。扁头泥蜂产卵后就会离开，封住巢穴，将依然活着的蟑螂埋葬。

蜂卵孵化，幼虫在蟑螂身上咬出一个洞，然后钻进去。幼虫在蟑螂体内长大，吞噬宿主的内脏，整个过程会持续8天左右。8天后它会做好织茧的准备，而茧依然在蟑螂体内。再过四周，幼虫长成成虫。它从茧里钻出来，然后爬出蟑螂的身体。

让利伯萨特等科学家最着迷的就是扁头泥蜂的螫刺。扁头泥蜂并不想杀死蟑螂，甚至不想像蜘蛛和蛇那样让猎物瘫痪，它实在是太小了，无法把瘫痪的巨大蟑螂拖回巢穴。因此它精准地改造了蟑螂的神经网络，夺走了蟑螂的主观能动性。扁头泥蜂的毒液不仅把蟑螂变成了丧尸，还影响了蟑螂的新陈代谢，使得蟑螂对氧的摄入量降低了三分之一。以色列研究人员发现，通过注射特定的致瘫毒素或摘除扁头泥蜂用螫刺毁掉的神经元，同样能够降低蟑螂的耗氧量。然而他们只能粗略地模仿扁头泥蜂毒液的效果，这些经过处理的蟑螂很快就会脱水，在6天内死去。

扁头泥蜂的毒液能够让蟑螂暂时停止活动，同时保持蟑螂的健康，即便有幼虫正在从内部吞吃它的身体。科学家尚不清楚扁头泥蜂是如何做到这些惊人的事情的，部分原因是科学家对神经系统和新陈代谢的理解还不够透彻。数百万年的自然选择使扁头泥蜂反向工程了它的宿主。我们应该以扁头泥蜂为榜样，获取寄生虫的智慧。

刚开始我真的不敢相信，我写了整整一本关于寄生虫的书，却错过了宝石蜂这样的奇迹。然而随着时间一年一年地过去，我了解了更多的寄生虫，每一种都会唤醒那种熟悉的感觉：惊吓之余又让人肃然起敬。世界上的寄生虫实在太多了，任何人都不可能全部了解。因为科学家在不断发现新的物种，寄生虫名录每年都在增长。2009年，我发现有一种寄生虫以我的名字命名。

这事是年轻的寄生虫学家卡丽·费勒告诉我的。念大学的时候，费勒对人生感到迷惘。她受到寄生虫的吸引，但无法想象这种热忱能当饭吃。然后她读到了《寄生虫星球》，改变了主意。她去康涅狄格大学念研究生，师从寄生虫学家雅妮娜·凯拉。凯拉专门研究鲨鱼及其近亲体内的绦虫。费勒与凯拉一同前往塞内加尔和智利之类的地方，解剖鱼类，摘出它们体内的绦虫。费勒的毕业论文做的是*Acanthobothrium*属绦虫，这个属包括165个已知的物种。凯拉及同事于1999年乘坐丰饶大洋号拖网渔船前往澳大利亚以北的阿拉弗拉海，发现了一些未知的这类绦虫，费勒写作论文时对它们进行了研究。渔民捕上了一条前所未知的巨大刺鳐，但凯拉对它体内的绦虫更感兴趣，它们对科学界来说同样是未知物种。

拥有名字的动物、植物、真菌和微生物共有180万种左右，尚未命名的还有数千万种。每年科学界都会为数十万个新物种命名，因此他们还需要几个世纪才能完成这项工作。虽然我们会在孩子一出生就给他们起名，但给物种起名往往是在它被发现很久以后。科学家每次发现一个似乎不属于任何已知物种的有机体，就会去检索科学文献，看看它是不是真的是个新物种。假如是，科学家就会极为详尽地观察它，记录所有可能用来鉴定一个有机体是否属于该物种的信息。这可不是基因测序机器人，能在你出去吃午饭的时候替你完成的任务。这是古老的博物学工作。

目前已经命名的绦虫共有大约6000种，但科学家时常会发现新的物种。研究凯拉给她的刺鳐绦虫时，费勒发现样本分别属于五个新物种。开始观察细节的时候，她决定给其中之一起名叫*Acanthobothrium zimmeri*[1][2]。

我很荣幸地告诉各位，*A. zimmeri*是一种了不起的寄生虫。它拥有绦虫应该拥有的怪异解剖学结构，这种动物舍弃了大脑、眼睛和嘴巴，把皮肤变成外翻的肠道。它脑袋上有一圈样式独特的吸盘、小钩和肌肉垫，想必是用来把身体固定在宿主肠壁上的。与其他种类的绦虫一样，它小小身躯的其余部位主要由节片构成，每个节片都有自己的睾丸和卵巢。（请允许本人在此不加评论地引用费勒在《寄生虫学报》上发表的论文，她将*A. zimmeri*各个节片上的产道描述为“厚壁而曲折”。）

刚刚得知我将拥有一个以我的名字命名的物种时，虚幻的荣耀感完全征服了我。不过最后我还是回到了现实中来。对我的打击发生在得克萨斯州的阿灵顿，我去那里参加美国寄生虫学会的一场会议。我、费勒和另一位绦虫专家在走廊里谈到了新命名的*A. zimmeri*。

“哦，应该挺有道理，”他打量着我说，“*Acanthobothrium*

1　作者名卡尔·齐默（Carl Zimmer）。

很像你，也是又高又瘦。”事实上，为物种命名并不是我想象中的什么神圣仪式。有那么多物种需要命名，所以它其实是一件遵循惯例的小事。费勒给凯拉在刺鳐体内发现的另外四种绦虫的命名如下。

1. 凯拉和费勒乘坐的那条船（*A. oceanharvestae*）；

2. 费勒的祖父，她称之为“pop”（*A. popi*）；

3. 国家科学基金会的詹姆斯·罗德曼（*A. rodmani*）[1]；

4. 费勒的显微镜助理吉姆·罗马诺（*A. romanowi*）[2]。

尽管如此，我依然非常感激费勒的好意，另一方面，得知*A. zimmeri*能够帮助科学家稍微多了解一丁点生命的多样性和多样性的演化，我也不禁隐约感到了一丝为人父母的喜悦。费勒及其同事对比*A. zimmeri*和另外四种*Acanthobothrium*的DNA，发现了一件很有意思的事情：他们在同一条刺鳐体内发现的五种*Acanthobothrium*彼此之间的亲缘关系并不近。事实上，它们的近亲生活在其他种类的刺鳐体内。它们的先祖以某种方式从一种宿主跳跃到了另一种宿主体内，于是它们不得不在刺鳐肠道内部这个拥挤的生态系统中为自己争取一席之地。

就目前而言，这个跳跃的过程几乎完全是个未解之谜。科学家对*A. zimmeri*及其近亲的生命周期尚一无所知，例如这些绦虫从刺鳐体内释出的虫卵去向何方，它们在进入另一条

1　詹姆斯·罗德曼（James Rodman）。

2　吉姆·罗马诺（Jim Romanow）

刺鳐身体前会不会侵入其他的宿主。就像它们的刺鳐宿主一样，*A. zimmeri*的中间宿主有可能还没有得到命名。

我希望有朝一日科学家能搞清楚以我命名的这种寄生虫的生命周期，但我担心他们未必来得及做到这件事。与鲨鱼和其他许多种类的鳐鱼一样，刺鳐也因为过度捕捞而陷入了绝境。每次一个物种灭绝，就有可能带着另外一些物种一起灭绝。寄生虫更换宿主物种是极其罕见的事件，因此*A. zimmeri*很可能只生活在一种刺鳐体内。等它的宿主灭绝，它很可能也会随之消亡。

于是，现在我更加觉得我的存在与寄生虫的存在息息相关了。我衷心地希望在我去世很久之后，游弋于阿拉弗拉海之中的某种刺鳐依然携带着以我名字命名的寄生虫。

致　谢

在为这本书做研究的过程中，我或当面或通过电话和网络请教了许多科学家。本人要特别感谢拉里·罗伯茨，他通读了整个初稿。我向所有的这些科学家致敬，就像寄生虫必须向宿主致敬那样。我要感谢的人包括：

格雷塔·史密斯·艾比、乔纳森·巴斯金、南希·贝基奇、乔治·本茨、曼努埃尔·贝多伊、杰夫·博特纳、丹尼尔·布鲁克斯、珍妮·凯拉、迪克森·德斯波米尔斯、安德鲁·多布森、托马斯·艾克布什、杰拉尔德·埃什、唐纳德·费纳、嘉莉·菲勒、迈克尔·菲勒、斯科特·加德纳、马修·吉利根、布莱恩·格伦费尔、艾哈·哈里森、汉斯·赫伦、埃里克·霍伯格、詹斯·霍伊特、彼得·霍特斯、斯蒂芬·霍华德、弗兰克·霍华德、迈克尔·哈夫曼、希拉里·赫德、托德·胡斯潘尼、马克·哈克汉姆、约翰·亚诺维、丹尼尔·詹岑、艾斯·杰斯珀森、彼得·约翰逊、马丁·卡瓦利尔斯、克里斯托弗·金、雅各布·科埃拉、斯图亚特·克拉斯诺夫、阿尔芒·库里斯、凯文·拉弗蒂、弗雷德里克·利伯赛特、柯蒂斯·莱弗利、菲利普·洛弗德、大卫·马可利塞、斯科特·米勒、凯瑟琳·米尔顿、安德斯·莫勒、贾妮丝·摩尔、托马斯·努特曼、杰克·奥布莱恩、理查德·奥格拉迪、诺曼·佩斯、爱德华·皮尔斯、芭芭拉·佩卡斯基、柯克·法雷斯、斯图亚特·皮姆、拉莫娜·波尔维、米奇·里奇、拉里·罗伯茨、大卫·罗斯、马克·西德尔、约瑟夫·夏尔、菲利普·斯科特、安德烈·施密特·拉赫萨、比奥拉·塞诺克、迈克尔·斯特兰德、迈克尔·苏赫迪奥、苏珊·苏赫迪奥、理查德·廷斯利、约翰·汤普森、纳尔逊·汤普森、马克·托钦、乔尔·温斯托克、克林顿·怀特、马琳·祖。

另外，也要感谢大卫·伯雷比对历史的深刻见解，乔纳生·威诺使得寄生虫这一概念更容易被人们接受，感谢格雷斯·法雷尔主持的寄生虫电影马拉松，并容忍了我的这种奇异的痴迷行为，感谢埃里克·西蒙诺夫对大量令人不舒服的资源的鉴赏力，还要感谢我的编辑斯蒂芬·摩洛，他一如既往地使这一切成为可能。

词汇表

抗体 免疫系统制造的蛋白质，能够与相应抗原结合并中和后者。

抗原 能激发免疫应答的外来物质。

B细胞 制造抗体的一种免疫细胞。

血吸虫 生活在脊椎动物血液系统中的多种吸虫的统称。研究最深入的是裂体吸虫，其中包括引起血吸虫病的曼氏血吸虫。

叶绿体 植物与藻类进行光合作用的细胞器。起源于一种营自生生活的细菌，后被古代真核生物的细胞吞没。

补体 血液携带的一些分子，能够单独或与抗体联合攻击抗原。

桡足动物 一类细小的甲壳类水生动物，是许多寄生虫的中间宿主。

集聚盘绒茧蜂 一种寄生蜂，以烟草天蛾的幼虫为宿主。

象皮病 一种由丝虫引起的疾病。丝虫寄生在淋巴管内，免疫系统的反应导致淋巴液阻塞，使得四肢或生殖器肿胀。

吸虫 扁形动物门吸虫纲动物的总称。

麦地那龙线虫 一种寄生性的线虫，生活在人类的腹腔中。雌性在交配后爬出宿主的腿部以释放幼虫，幼虫寄生于桡足动物。

钩虫 一种寄生性的线虫，幼虫生活在土壤中，成虫生活在人类肠道内，消耗血液并引起贫血。

巨噬细胞 一种免疫细胞，能通过吞噬或释放毒素杀死外来生命体。

疟疾 一种疾病，特征为高烧，由原生动物疟原虫引起。

肥大细胞 肠壁和鼻腔中的一种免疫细胞，能够突然引起过敏反应。

疟原虫 导致疟疾的原生动物。

河盲症 一种由旋盘尾丝虫引起的疾病。微丝虫爬过眼球时产生的疤痕组织会导致患者失去视力。

蟹奴虫 一种生活在蟹类体内的寄生性藤壶。

血吸虫病 一种由生活在螺类和人类体内的裂体吸虫引起的疾病。最严重的症状是肝脏损伤，由免疫系统对虫卵的反应引起。

昏睡病 一种由布氏锥虫引起、采采蝇传播的疾病。导致眩晕和昏迷。治疗不及时会导致死亡。

T细胞 能够识别特异抗原的免疫细胞。杀手T细胞会杀死被病毒或其他病原体感染的细胞。炎性T细胞组织巨噬细胞的攻击。辅助T细胞协助B细胞产生抗体。

粪地弓形虫 一种原本以猫科动物及其猎物为宿主的原生动物。对人类通常无害，除了孕妇和免疫系统受损的人群。

旋毛虫 一种生活在肌肉细胞内的寄生性线虫。

锥虫 锥虫属原生动物的统称，能导致昏睡病（布氏锥虫）、恰加斯病（克氏锥虫）和其他疾病。

注 释

序 章 血管之于河流

[1] “布氏锥虫拥有诸多迷人的特征，因此成了实验生物学家的宠儿。”，Borst et al.，1997：121。

[2] 超过14亿人口的肠道内携带有状如长蛇的蛔虫，Crompton，1999。

第一章 大自然的不法分子

[1] “自然界也不缺少类似的东西，……”，Brown，1898。

[2] 后来，寄生虫变成了希腊喜剧中的一个标准角色，Damon，1997。

[3] 例如亚里士多德就识别出依靠猪舌生活的生物，Grove，1990。

[4] “我们讨论的这种物质不可能是蠕虫。”，Grove，1990：121。

[5] “它们有的长着向前的长角……”，Wilson，1995：160。

[6] 寄生虫的神秘特性制造出了……，Farley，1972。

[7] “包囊覆盖在尾蚴身上……”，Steenstrup，1845：57–58。

[8] “一种动物产下的幼体……”，Steenstrup，1845：132。

[9] “它违背了大自然的睿智设计……”，Farley，1972：120。

[10] 绦虫的自然生命周期，Grove，1990，and Foster，1965。

[11] 到1900年，人们几乎不再将细菌称为寄生虫，Worboys，1996。

[12] 列文虎克在观察自己的粪便时，Roberts and Janovy，2000。

[13] 拿破仑率领军队远征埃及的时候，Nelson，1990。

[14] 当时的一名科学家称之为“医学动物学”，Worboys，1983。

[15] “若说创造了无数星球系统的造物主……”，Desmond and Moore，1991：293。

[16] “我无法说服自己相信……”，Desmond and Moore，1991：479。

[17] 在他们看来，这种力量给演化带来了目标，Bowler，1983。

[18] 这些理念的捍卫者中有影响力巨大的……，Lester，1995。

[19] 自命不凡的小官僚、言语浮夸的公务员……，Lester，1995：59。

[20] 对兰克斯特时代的生物学家来说，Cox，1994。

[21] “寄生的生命一旦获得了牢固的地位……”，Lankester，1890：27。

[22] 德拉蒙宣称寄生“是自然界最严重的罪恶之一……”，Drummond，1883：319。

[23] “靠投机暴富的个人……”，Drummond，1883：350。

[24] “在为每日口粮争斗的过程中……”，Hitler，1971：285。

[25] “仅仅是也永远是其他民族体内的寄生虫……”，Hitler，1971：304。

[26] 在马克思和列宁看来，Brennan，1995。

[27] “这些寄生虫以其与生俱来的精致而残忍地方式……”，Brown，1898：162–163。

[28]《自由、束缚和福利国家》，Stunkard，1955。

[29] “我们在谈到生物和文化时会使用‘高等和低等’的说法……”，Lorenz，1989：41。

[30] “人类的特定特征和能力的退化……”，Lorenz，1989：45。

[31] “我相信，在这片辽阔的未知土地上……”，Steenstrup，1845：8。

第二章　未知土地

[1] 以曼氏血吸虫为例，Basch，1991。

[2] 这种微小的线虫通过未煮熟的猪肉进入人类身体，Campbell，1983。

[3] 苏克迪奥没有理会导师的忠告，Sukhdeo，1997。

[4] 在热带国家，30%～90%的牛携带肝吸虫，Spithill and Dalton，1998。

[5] 这些桡足动物每一种的外形都和其他种类截然不同，寄生性桡足动物的概览可见Benz，in preparation。

[6] 随着绦虫的进食，它们会以恐怖的速度成长，Roberts and Janovy，2000。

[7] 我们进食的时候，肠蠕动会立刻在我们的肠道中掀起波澜，Sukhdeo，1997。

[8] 肠道也是钩虫的栖身之处，Hotez et al.，1995；Hotez and Prichard，1995。

[9] 一家生物科技公司已经分离出了这些分子，有关这家公司的研究进展，见官方网站：www.corvas.com。

[10] 它们会用小钩钩住血管壁，Naitza et al.，1998。

[11] 突袭开始后15秒：只有恶性疟原虫（P. falciparum）这种疟原虫以这种方式侵袭红细胞，它会导致最严重的疟疾病症。

[12] 血红蛋白分子的核心，Ginsburg et al.，1999。

[13] 换句话说，疟原虫必须将这种……，疟原虫侵袭并重构红细胞的描述来自Foley and Tilley，1995，1998；Sinden，1985。

[14] 无论实情如何，被寄生的红细胞，Lauer et al.，1997。

[15] 旋毛虫同样是生物学上的创新大师，Capo et al.，1998；Despommier，1990；Polvere et al.，1997。

[16] 植物甚至会成为寄生植物的宿主，Press and Graves，1995；Stewart and Press，1990。

[17] 然而，也有许多昆虫只在一种植物上生活，Thompson，1994。

[18] 生活在植物根部的线虫，根结线虫的概况可见Bird，1996；Niebel，et al.；1994。

[19] 大宿主往往比小宿主拥有更多种类的寄生虫，Poulin，1995。

[20] 仅仅在一条鱼的鳃上，Rhode，1994。寄生虫小生境的其他例子可见Roberts and Janovy，2000；Kennedy and Guegan，1996。

[21] 寄生虫学家破开淡水螺的外壳时，Kuris and Lafferty，1994。

[22] 佛罗里达多胚跳小蜂，Strand and Grbic，1997。

[23] 成年丝虫生活在淋巴管里，Roberts and Janovy，2000。

[24] 母兔皮肤上的跳蚤，Hart，1994。

[25] 夏天你在亚利桑那沙漠挖开几英尺深的硬土，伪双睾虫的详细描述可见Tinsley，1990；Tinsley，1995。

第三章　30年战争

[1] 一天，一个男人走进澳大利亚的珀斯皇家医院，Harris et al.，1984。

[2] 尽管非常复杂，接下来我还是要大致描述一下我们身体杀死寄生虫的主要方式，Janeway and Travers，1994。

[3] 1909年9月，Ross and Thomson，1910。

[4] “一场争斗，一方是……”，Ross and Thomson，1910：408。

[5] 锥虫玩的是一场消耗性的“偷梁换柱”游戏，Barry，1997；Borst et al.，1997。

[6] 正因为免疫系统能够识别这些搭扣，Borst et al.，1995。

[7] 每一种利什曼原虫都会造成其特有的疾病，Bloom，1979。

[8] 利什曼原虫不需要……，Bogdan and Rollinghoff，1999；Locksley and Reiner，1995。

[9] 知道弓形虫的人并不多，弓形虫的侵袭过程可见Sher，1995。

[10] 猪肉绦虫就是这么一个了不起的例子，White et al.，1997。

[11] 做个简单的实验你就会明白……，Damian，1987。

[12] 在维多利亚湖岸边发现了一个悖论，Karanja et al.，1997。

[13] 在虫卵的蛊惑下……，Leptak and McKerrow，1997。

[14] 寄生蜂之所以能够生存，靠的是浆液中数以百万计的病毒，集聚盘绒茧蜂及其病毒的详细情况可见Beckage，1997，1998；Dushay and Beckage，1993；Lavine and Beckage，1996。

第四章　真实的恐惧

[1] 他那个时代的生物学家实在太不了解蟹奴虫了，笔者对蟹奴虫的描述来自Collis and Walker，1994；DeVries et al.，1989；Gilbert et al.，1997；Glenner and Høeg，1995；Glenner et al.，1989；Glenner et al.，2000；Hartnoll，1967；Høeg，1985a，1985b，1987，1992，1995；Lutzen and Høeg，1995；O’Brien and Van Wyk，1986；O’Brien and Skinner，1990；Raibaut and Trilles，1993。

[2] 这出木偶戏以不同的形式上演，宿主操控的总结性描述可见Moore，1995；Moore and Gotelli，1996；Poulin，1994。

[3] 寄生蜂不只是被动地吸食周围的食物，Thompson，1993。

[4] 有一种名叫同丝锈菌的真菌……，Roy，1993。

[5] 厌食症的罪魁祸首似乎正是寄生蜂，Adamo，1998。

[6] 另一种寄生蜂更进一步，Brodeur and Vet，1994。

[7] 有一些寄生性的线虫成年后……，Vance，1996。

[8] 有一种生活在家蝇体内的真菌……，Krasnoff et al.，1995。

[9] 特拉华的海岸边生活着一种吸虫……，Curtis，1987，1990。

[10] 这种吸虫名叫矛形双腔吸虫……，Roberts and Janovy，2000。

[11] 麦地那龙线虫蜷伏在桡足动物体内度过幼年时期，Roberts and Janovy，2000。

[12] 蚊子落在你的胳膊上……，蚊子所面对的挑战和疟原虫操控蚊子的详细情况可见Day and Edman，1983；James and Rossignol，1991；Koella，1999；Koella et al.，1998；Ribeiro，1995。

[13] 携带疟原虫动合子的按蚊，Anderson et al.，1999。

[14] 有一种名叫双盘吸虫的吸虫，Roberts and Janovy，2000。

[15] 有一些种类的绦虫，LoBue and Bell，1993。

[16] 它们还会改变鱼的行为方式，Tierney et al.，1993。

[17] 有一种名叫湖泊钩虾的小型甲壳类动物，Helluy and Holmes，1989。

[18] 弓形虫是种在几十亿人大脑中……，Berdoy et al.，2000。

[19] 摩尔用耐热玻璃托盘制作了小隔间……，Moore，1983。

[20] 饥饿促使三刺鱼冒着更大的风险去获取食物……，Milinski，1990。

[21] 生物学家取出被棘头虫感染的钩虾的神经元，Helluy and Holmes，1989；Maynard et al.，1996。

[22] 一种对昆虫来说无法抵御的气味会引诱甲虫去吃含有虫卵的鼠粪，Evans et al.，1992。

[23] 假如你提炼出被感染粪便的气味……，Evans et al.，1998。

[24] 绦虫会用另一些化学物质让甲虫绝育，Hurd，1998；Webb and Hurd，1999。

[25] 把被感染的甲虫放在一堆面粉上，Robb and Reid，1996。

[26] 然而绦虫一旦成熟……，Blankespoor et al.，1997。

[27] 海洋生态学家才发现海洋中充满了无数病毒，Fuhrman，1999。

[28] 数十年来，研究塞伦盖蒂平原的生态学家……，Dobson，1995。

[29] 事实上，假如你根除吸虫……，Lafferty，1993a。

[30] 结果比莫里斯的观测结果更加惊人，拉弗蒂描述他的实验可见Lafferty，1997a；Lafferty and Morris，1996。

[31] 但是，鸟为什么会选择……，拉弗蒂对这些鸟之类的宿主所做的平衡性模型可见Lafferty，1992。

[32] 生态学家格蕾塔·艾比一直在……，Aeby，1992，1998。

[33] 据记载，它们会长得大到包含15夸脱液体……，Roberts and Janovy，2000。

[34] 疏化种群只是个假象，Messier et al.，1989；Rau and Caron，1979。

[35] 它会让宿主的尸体变成性磁铁，Møller，1993。

[36] “我想知道泰坦人……”，引用Heinlein，1990：205。

[37] 寄生虫妄想症，Wykoff，1987。

第五章　向内的一大步

[1] 他发现和这些基因最相似的……，顶质体（apicoplast）的发现及其与叶绿体的关系可见Kohler et al.，1997，and the references therein。

[2] 它们就是真核生物，把蜷缩起来的DNA，部分最原始的真核生物（例如贾第鞭毛虫）缺少线粒体，但近期的基因测序研究证明它们曾经拥有这个细胞器官，只是在演化过程中失去了。结果指向最初的真核生物都拥有线粒体，Hashimoto et al.，1998。

[3] 它们早在20亿年前真核生物的黎明时期……，Knoll and Carroll，1999。

[4] 寄生行为不是某只跳蚤或棘头虫的所作所为，Dawkins，1982。

[5] ……被称为自私的DNA或基因寄生虫，Sherratt，1995。

[6] 它们中有一些窃取了宿主的基因，Xiong and Eickbush，1990。

[7] 举例来说，一种淡水扁虫为什么……，Robertson，1997。

[8] 最终，基因联盟组织起来……，生命起源的这个复杂理论见Woese，1998。

[9] 可能就是在这个时期，生命开始分化为三大演化支，Katz，1998。

[10] 假如抵御寄生虫入侵的代价变得过于巨大，Law，1998。

[11] 然而，生物学家现在已经认识到……，Doolittle，2000。

[12] 已经完成全基因组测序的物种之一是立克次氏体，Muller and Martin，1999。

[13] 这场持续几十亿年的大戏……，Roos et al.，1999。

[14] 大卫·鲁斯和同事们推测……，Waller et al.，1998。

[15] 直到7亿年前，Knoll and Carroll，1999。

[16] 很快，动物也登上了陆地，Zimmer，1998。

[17] 至少增加了50倍的其他动物分支……，Poulin，1998。

[18] 还好牙签鱼并不靠袭击人类为生，Kelley and Atz，1964。

[19] 你在那里能见到铺道蚁的蚁穴，Holldobler and Wilson，1990。

[20] 有些种类的蝴蝶能哄骗蚂蚁……，Akino et al.，1999。

[21] 初生的杜鹃比芦苇莺的幼鸟大得多……，Kilner et al.，1999。

[22] 胎儿面对的麻烦类似于……，Villereal，1997。

[23] 这个矛盾会在胎儿体内得到体现，Pennisi，1998。

[24] 换句话说，寄生虫和它们营自生生活的亲戚一样……，布鲁克斯解释了如何利用这个方法，Brooks and McLennan，1993。

[25] 绦虫起初很可能是在……，Hoberg et al.，1999a。

[26] 玻利维亚的热带旱生林是……，玻利维亚与澳大利亚哺乳动物及寄生虫的联系见Gardner and Campbell，1992。

[27] 鸟类逐渐和翼龙共享天空，Hoberg et al.，1999b。

[28] 最有可能解释这些事实的猜想……，Brooks，1992。

[29] 与人类绦虫亲缘关系最接近的物种……，Hoberg et al.，2000。

[30] 苏珊娜·苏克迪奥研究了寻常圆线虫的近亲，Sukhdeo et al.，1997。

[31] 寄生虫学家比较了在组织中游走的线虫，Read and Skorping，1995。

[32] “无聊的副产品”，Dawkins，1990。

[33] 它们就是虫瘿……，虫瘿的总结性描述见Shorthouse and Roh-fritsch，1992。

[34] 巴克内尔大学的沃伦·亚伯拉罕森……，Abrahamson，1997。

[35] 德国演化生物学家迪特·艾伯特……，Ebert，1994。

[36] 而通常来说，这个最佳毒力就已经相当凶残了，Ebert and Herre，1996。

[37] 生物学家爱德华·赫尔……，Herre，1993。

[38] 毒力法则也建立在趋同演化的基础上……，Ewald，1995。

第六章　从内而来的演化

[1] “当我们看到极为丰富的食物时……”，Darwin，1857：116。

[2] “年轻时很好，但过去这33年很糟糕。”，Adler，1997。

[3] 但有人猜测他患有恰加斯病，Adler，1989。

[4] 恰加斯病由克氏锥虫导致，Bastien，1998。

[5] 跳蚤和虱子只生活在皮肤上……，Mooring and Hart，1992。

[6] 这种监督机制直到今天……，Bingham，1997。

[7] 英国帝国学院的A. R. 克拉雷维尔德……，Kraaijeveld et al.，1998。

[8] 只需要50代……，Lively，1996。

[9] 没过多久，莱弗利就看出了明显的规律，Lively，1987。

[10] 仅仅在这一个湖里……，Fox et al.，1996。

[11] 尼日利亚生活着名叫截形小泡螺的螺类，Schrag et al.，1994a，1994b。

[12] 最出乎意料的支持性证据来自寄生虫本身，Gemmill et al.，1997。

[13] 线虫钻进老鼠的皮肤，Koga et al.，1999。

[14] 换句话说，大鼠粪类圆线虫能以有性生殖……，Viney，1999。

[15] 他和另一名博士后学生……，Dybdahl and Lively，1998。

[16] “我建议你走另一条路”，科学与文学的这个精妙对照见Lythgoe and Read，1998。

[17] 20世纪80年代初，汉密尔顿和祖克发表了他们的理论，Hamilton and Zuk，1982。

[18] 在许多验证性研究（尤其是实验室试验）中，Clayton，1991。

[19] 祖克研究了东南亚的原鸡，Zuk et al.，1995。

[20] 在一项更复杂的研究中，瑞典科学家选择了野生环颈雉，Schantz et al.，1996。

[21] 美口桨鳍丽鱼的情况似乎正是如此，Taylor et al.，1998。

[22] 免疫研究为汉密尔顿-祖克假说提供了强有力的一致性支持，See Møller，1999。

[23] 例如，老鼠闻一闻配偶候选者的尿，Kavaliers and Colwell，1995a，1995b。

[24] “雄鼠的气味……”，Penn and Potts，1998。

[25] 如此频繁交配的……，Baer and Schmid-Hempel，1999。

[26] 许多昆虫明显是为了抵御寄生虫而改变了外形，Gross，1993。

[27] 有几千种蚂蚁受到几千种相应的寄生蝇的折磨，Feener and Brown，1997。

[28] 哺乳动物持续不断地遭受……，寄生虫对哺乳动物群体的影响可见Hart，1994，1997；Hart and Hart，1994；Hart et al.，1992；Mooring and Hart，1992。

[29] 米尔顿研究中美洲的吼猴，Personal communication，Dr. Katherine Milton。

[30] 以卷叶蛾毛虫为例，Caveney et al.，1998。

[31] 牛之所以避而远之，Hart，1997。

[32] 这种气味对寄生蜂来说就像香水，DeMoraes et al.，1998。

[33] 有些动物会干脆停止进食，Kyriazakis et al.，1998。

[34] 换句话说，灯蛾毛虫演化……，Karban and English-Loeb，1997。

[35] 它们只有一个月左右的自由时间，Minchella，1985。

[36] 假如吸虫侵入了一只尚未性成熟的螺，Lafferty，1993b。

[37] 索诺兰沙漠的果蝇受到寄生虫……，Polak and Starmer，1998。

[38] 蜥蜴也需要面对自己的螨虫问题，Sorci and Clobert，1995。

[39] 熊蜂的工蜂白天会在花丛中穿梭，Muller and Schmid-Hempel，1993。

[40] 肺线虫随着牛粪掉在地上后，Robinson，1962。

[41] 新物种诞生自隔绝，物种形成的简略描述见Weiner，1994。

[42] 假如一种寄生虫想要寄生多种宿主，Kawecki，1998。

[43] 寄生虫的品系有可能比营自生生活的生物……，Bush and Kennedy，1994。

[44] 这种局部性的斗争……，Thompson，1998。

[45] 随着这些宿主群体……，Thompson，1994。

[46] 被打乱的基因有可能会……，MacDonald，1995。

[47] 制造T细胞和B细胞上的受体……，Roth and Craig，1998。

[48] 基因寄生虫一旦在新宿主体内确立地位……，DeBerardinis et al.，1998。

[49] 有一种名叫沃尔巴克氏体的细菌……，Hurst，1993；Hurst et al.，1999；Werren，1998。

第七章　两条腿的宿主

[1] 它最擅长应付旋毛虫，Bell，1998。

[2] 某种血吸虫在从螺类游向鼠类的途中……，Despres et al.，1992。

[3] 被人类留在非洲的锥虫……，Stevens and Gibson，1999。

[4] 在人类历史的早期……，Hill et al.，1994。

[5] 猫和老鼠跟随人类走遍全世界……，Cox，1994。

[6] 印加人沿着安第斯山脉……，Bastien，1998。

[7] 携带疟原虫的按蚊喜欢……，Bruce-Chwatt and de Zulueta，1980。

[8] β链上的一个突变……，Friedman and Trager，1981。

[9] 这种疾病名叫卵形红细胞症，Jarolim et al.，1991；Schofield et al.，1992。

[10] 来自过去的明确证据之一……，Senok et al.，1997。

[11] 以色列的考古学家发现了……，Hershokovitz and Edelson，1991。

[12] 这样的轻症疟疾使得儿童对疟疾免疫，Miller，1996。

[13] 1990年，密歇根大学的生物学家波比·洛，Low，1990。

[14] 当然这样的信号未必总是外在可见，Penn and Potts，1998。

[15] 利物浦大学的罗宾·邓巴认为，Dunbar，1996。

[16] 生病的黑猩猩有时候会去……，Huffman，1997。

[17] “在各自国境内根除疟疾第一次……”，Russell，1955：158。

[18] 肠道寄生虫的数量总和远远超过人类，统计数字来自Crompton，1999。

[19] 钩虫和鞭虫之类的寄生虫使得儿童……，Nokes et al.，1992。

[20] 流行病学家尝试用他们称为“失能调整生命年”，Chan，1997。

[21] 回想一下麦地那龙线虫的可怖情况，Crompton，1999；Peries and Cairncross，1997。

[22] 1700万人携带这种寄生虫，Crompton，1999。

[23] 河盲症患者服用药物后能杀死……，Meredith and Dull，1998。

[24] 随着大型水坝的建造……，Roberts and Janovy，2000。

[25] 氯喹通过将疟原虫的食物……，Ginsburg et al.，1999。

[26] 现在，全球到处都有大片地区……，耐药性疟疾的扩散跟踪见Su et al.，1997。

[27] 20世纪80年代，世界卫生组织……，Wilson and Coulson，1998。

[28] 1998年，美国海军的科学家，Shi et al.，1999。

[29] 这些吸虫能感知到宿主体内有多少同伴，Haseeb et al.，1998。

[30] 疫苗在这种情况下反而弊大于利，Good et al.，1998。

[31] 科学家发现，假如给患有血吸虫病，Wynn et al.，1995。

[32] 假如可以针对信号研发疫苗，Haseeb et al.，1998。

[33] 毒力理论的构建者之一，Ewald，1994。

[34] 1997年，艾奥瓦大学的科学家……，Newman，1999。

[35] 没有寄生虫的生活很可能也是……，Bell，1996；Lynch et al.，1998。

第八章　如何在充满寄生虫的世界中生活

[1] “每当地球改变其存在形态……”，Farley，1977：38。

[2] 科学家在19世纪80年代第一次想到可以用寄生虫……，生物控制的两篇重要评述分别是Howarth，1991；Simberloff and Stiling，1996。

[3] 它很可能从饥荒中拯救了非洲的大部分地区，对成功控制木薯绵粉蚧的评述可见Herren and Neuenschwander，1991。

[4] 夏威夷的森林就是一个明证，Howarth，1991。

[5] 例如在美国，20世纪……，Boettner，2000。

[6] 但是，假如你想有史以来第一次……，拉弗蒂探讨海洋生物控制的危

险与前景可见Lafferty and Kuris，1996。

[7] 蜱虫为了方便吸血，Durden and Keirans，1996。

[8] 直到1999年，一名生物学家才分离出了……，Morell，1999。

[9] 生态系统与人有类似之处，生态系统健康的简要介绍可见Costanza et al.，1992。

[10] 寄生虫事实上标志着这个生态系统……，Lafferty，1997b。

[11] 加拿大生态学家在一条严重污染……，Marcogliese and Cone，1997。

[12] 绦虫体内的铅或镉的浓度……，Sures et al.，1999。

[13] 假如牧场主在脆弱的草原上过度放牧牛羊……，Grenfell，1992。

[14] 浮现在我脑海里的是名叫盖亚的概念，Volk，1998。

后 记

[1] 扁头泥蜂，Libersat et al.，2009。

[2] *Acanthobthrium zimmeri*，Fyler et al.，2009。